최상위 수학 S를 위한 특별 학습 서비스

문제풀이 동영상
MATH MASTER 전 문항

상위권 학습 자료
상위권 단원평가＋경시 기출문제(디딤돌 홈페이지 www.didimdol.co.kr)

최상위 수학 S 4-2

펴낸날 [개정판 1쇄] 2022년 11월 15일 [개정판 6쇄] 2024년 10월 4일
펴낸이 이기열
펴낸곳 (주)디딤돌 교육
주소 (03972) 서울특별시 마포구 월드컵북로 122 청원선와이즈타워
대표전화 02-3142-9000
구입문의 02-322-8451
내용문의 02-323-9166
팩시밀리 02-338-3231
홈페이지 www.didimdol.co.kr
등록번호 제10-718호
구입한 후에는 철회되지 않으며 잘못 인쇄된 책은 바꾸어 드립니다.
이 책에 실린 모든 삽화 및 편집 형태에 대한 저작권은
(주)디딤돌 교육에 있으므로 무단으로 복사 복제할 수 없습니다.
상표등록번호 제40-1576339호
최상위는 특허청으로부터 인정받은 (주)디딤돌 교육의 고유한 상표이므로
무단으로 사용할 수 없습니다.
Copyright © Didimdol Co. [2361460]

최상위 수학S 4·2 학습 스케줄표

짧은 기간에 집중력 있게 한 학기 과정을 학습할 수 있도록 설계하였습니다.
방학 때 미리 공부하고 싶다면 8주 완성 과정을 이용하세요.

공부한 날짜를 쓰고 하루 분량 학습을 마친 후, 부모님께 확인 check ☑를 받으세요.

	월 일	월 일	월 일	월 일	월 일
1주	1. 분수의 덧셈과 뺄셈				
	8~11쪽	12~15쪽	16~19쪽	20~23쪽	24~27쪽
	☐	☐	☐	☐	☐

	월 일	월 일	월 일	월 일	월 일
2주	1. 분수의 덧셈과 뺄셈		2. 삼각형		
	28~29쪽	30~32쪽	34~37쪽	38~41쪽	42~45쪽
	☐	☐	☐	☐	☐

	월 일	월 일	월 일	월 일	월 일
3주	2. 삼각형			3. 소수의 덧셈과 뺄셈	
	46~49쪽	50~53쪽	54~56쪽	58~61쪽	62~65쪽
	☐	☐	☐	☐	☐

	월 일	월 일	월 일	월 일	월 일
4주	3. 소수의 덧셈과 뺄셈				
	66~69쪽	70~73쪽	74~77쪽	78~81쪽	82~84쪽
	☐	☐	☐	☐	☐

공부를 잘 하는 학생들의 좋은 습관 8가지

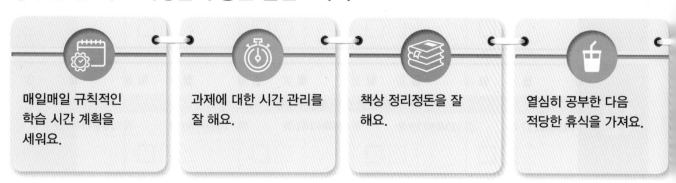

매일매일 규칙적인 학습 시간 계획을 세워요.

과제에 대한 시간 관리를 잘 해요.

책상 정리정돈을 잘 해요.

열심히 공부한 다음 적당한 휴식을 가져요.

8주 완성

표

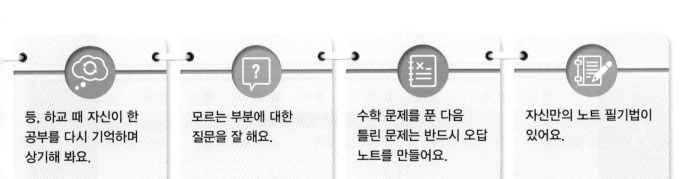

등, 하교 때 자신이 한 공부를 다시 기억하며 상기해 봐요.

모르는 부분에 대한 질문을 잘 해요.

수학 문제를 푼 다음 틀린 문제는 반드시 오답 노트를 만들어요.

자신만의 노트 필기법이 있어요.

상위권의 기준

최상위
수학
S

디딤돌

상위권의 힘, 느낌!

처음 자전거를 배울 때, 설명만 듣고 탈 수는 없습니다.
하지만, 직접 자전거를 타고 넘어져 가며
방법을 몸으로 느끼고 나면
나는 이제 '자전거를 탈 수 있는 사람'이 됩니다.
그리고 평생 자전거를 탈 수 있습니다.

수학을 배우는 것도 꼭 이와 같습니다.
자세한 설명, 반복학습 모두 필요하지만
가장 중요한 것은 "느꼈는가"입니다.
느껴야 이해할 수 있고,
이해해야 평생 '수학을 할 수 있는 사람'이 됩니다.

"최상위 수학 S는
수학에 대한 느낌과 이해를 통해
중고등까지 상위권이 될 수 있는 힘을 길러줍니다."

조건에 맞는 수를 차례로 구한다.

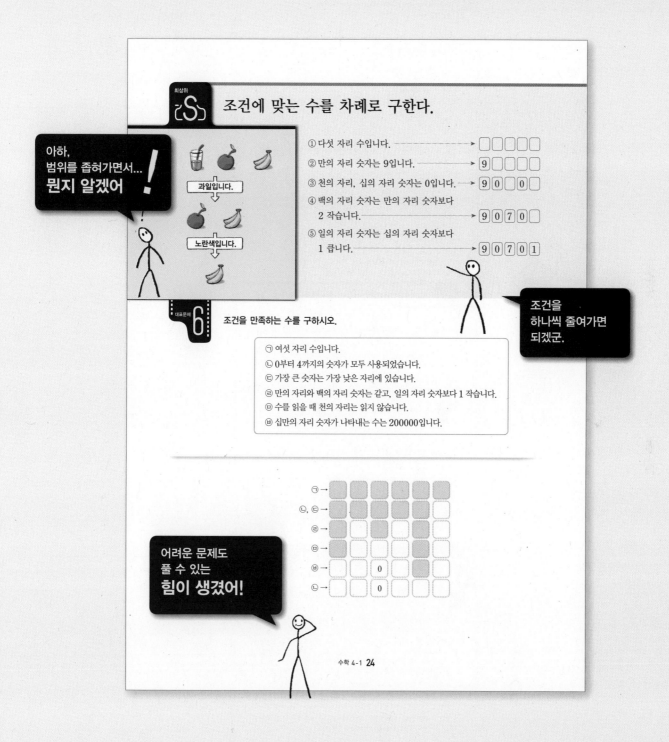

① 다섯 자리 수입니다. ⟶ ☐☐☐☐☐

② 만의 자리 숫자는 9입니다. ⟶ 9☐☐☐☐

③ 천의 자리, 십의 자리 숫자는 0입니다. ⟶ 9 0 ☐ 0 ☐

④ 백의 자리 숫자는 만의 자리 숫자보다 2 작습니다. ⟶ 9 0 7 0 ☐

⑤ 일의 자리 숫자는 십의 자리 숫자보다 1 큽니다. ⟶ 9 0 7 0 1

아하,
범위를 좁혀가면서...
뭔지 알겠어 !

과일입니다.

노란색입니다.

조건을
하나씩 줄여가면
되겠군.

대표문제 6

조건을 만족하는 수를 구하시오.

> ㉠ 여섯 자리 수입니다.
> ㉡ 0부터 4까지의 숫자가 모두 사용되었습니다.
> ㉢ 가장 큰 숫자는 가장 낮은 자리에 있습니다.
> ㉣ 만의 자리와 백의 자리 숫자는 같고, 일의 자리 숫자보다 1 작습니다.
> ㉤ 수를 읽을 때 천의 자리는 읽지 않습니다.
> ㉥ 십만의 자리 숫자가 나타내는 수는 200000입니다.

㉠ → ☐☐☐☐☐☐

㉡, ㉢ → ☐☐☐☐☐☐

㉣ → ☐☐☐☐☐☐

㉤ → ☐☐☐☐☐☐

㉥ → ☐☐☐ 0 ☐☐

㉦ → ☐☐☐ 0 ☐☐

어려운 문제도
풀 수 있는
힘이 생겼어!

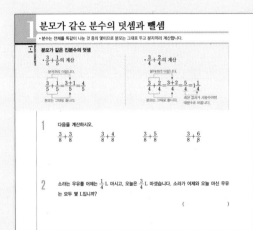

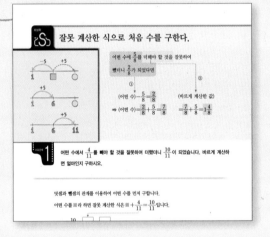

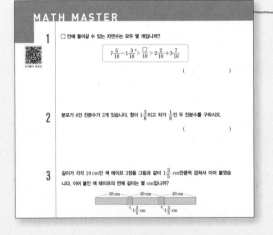

C O N T E N T S

1

분수의 덧셈과 뺄셈

1 분모가 같은 분수의 덧셈과 뺄셈

• 분수는 전체를 똑같이 나눈 것 중의 몇이므로 분모는 그대로 두고 분자끼리 계산합니다.

1-1 분모가 같은 진분수의 덧셈

• $\dfrac{3}{5}+\dfrac{1}{5}$의 계산

분자끼리 더합니다.

$$\dfrac{3}{5}+\dfrac{1}{5}=\dfrac{3+1}{5}=\dfrac{4}{5}$$

분모는 그대로 둡니다.

• $\dfrac{3}{4}+\dfrac{2}{4}$의 계산

분자끼리 더합니다.

$$\dfrac{3}{4}+\dfrac{2}{4}=\dfrac{3+2}{4}=\dfrac{5}{4}=1\dfrac{1}{4}$$

분모는 그대로 둡니다. 계산 결과가 가분수이면 대분수로 바꿉니다.

---

1 다음을 계산하시오.

$\dfrac{3}{8}+\dfrac{3}{8}$　　　　$\dfrac{3}{8}+\dfrac{4}{8}$　　　　$\dfrac{3}{8}+\dfrac{5}{8}$　　　　$\dfrac{3}{8}+\dfrac{6}{8}$

2 소라는 우유를 어제는 $\dfrac{1}{4}$ L 마시고, 오늘은 $\dfrac{3}{4}$ L 마셨습니다. 소라가 어제와 오늘 마신 우유는 모두 몇 L입니까?

(　　　　　　　　　)

3 ○ 안에는 $\dfrac{1}{9}$부터 $\dfrac{6}{9}$까지의 수가 한 번씩만 들어갈 수 있습니다. 한 줄에 놓인 수들의 합이 1이 되도록 분수를 알맞게 써넣으시오.

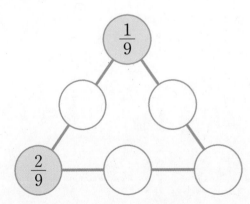

분모가 같은 진분수의 뺄셈

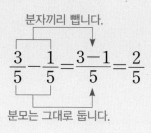

・$\dfrac{3}{5}-\dfrac{1}{5}$의 계산

분자끼리 뺍니다.

$$\dfrac{3}{5}-\dfrac{1}{5}=\dfrac{3-1}{5}=\dfrac{2}{5}$$

분모는 그대로 둡니다.

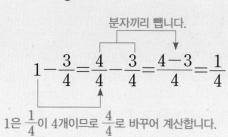

・$1-\dfrac{3}{4}$의 계산

분자끼리 뺍니다.

$$1-\dfrac{3}{4}=\dfrac{4}{4}-\dfrac{3}{4}=\dfrac{4-3}{4}=\dfrac{1}{4}$$

1은 $\dfrac{1}{4}$이 4개이므로 $\dfrac{4}{4}$로 바꾸어 계산합니다.

4 □ 안에 분수를 알맞게 써넣고, 물음에 답하시오.

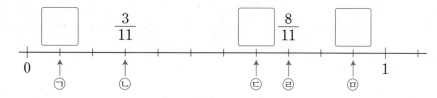

(1) 기호가 나타내는 수 중 가장 가까운 두 수를 찾아 기호를 쓰고, 두 수 사이의 거리를 구하시오.

(,   )

(2) 기호가 나타내는 수 중 가장 먼 두 수를 찾아 기호를 쓰고, 두 수 사이의 거리를 구하시오.

(,   )

덧셈과 뺄셈의 관계를 이용하여 □ 안에 알맞은 수 구하기

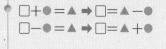

$$□-\dfrac{2}{7}=\dfrac{4}{7} \Rightarrow □=\dfrac{4}{7}+\dfrac{2}{7}=\dfrac{6}{7}$$

□가 답이 되는 식을 만듭니다.

● □+● = ▲ ➡ □ = ▲ − ●
　 □−● = ▲ ➡ □ = ▲ + ●

5 □ 안에 알맞은 분수를 써넣으시오.

$$\dfrac{6}{7}-\boxed{}=\dfrac{1}{7} \qquad \boxed{}-\dfrac{5}{13}=\dfrac{7}{13} \qquad \dfrac{3}{8}+\boxed{}=1 \qquad 1-\boxed{}=\dfrac{3}{5}$$

2 분모가 같은 대분수의 덧셈과 뺄셈

• 대분수는 (자연수)+(진분수)이므로 자연수끼리, 진분수끼리 계산한 다음 더합니다.

분모가 같은 대분수의 덧셈

• $2\frac{3}{5}+3\frac{4}{5}$의 계산

방법1 자연수끼리 더하고 진분수끼리 더합니다.

$$2\frac{3}{5}+3\frac{4}{5}=(2+3)+\left(\frac{3}{5}+\frac{4}{5}\right)=5+\frac{7}{5}=5+1\frac{2}{5}=6\frac{2}{5}$$

가분수를 대분수로 바꿉니다.

방법2 대분수를 가분수로 바꾸어 계산합니다.

$$2\frac{3}{5}+3\frac{4}{5}=\frac{13}{5}+\frac{19}{5}=\frac{32}{5}=6\frac{2}{5}$$

1 가장 큰 분수와 가장 작은 분수의 합을 구하시오.

$$3\frac{1}{4} \qquad 5\frac{3}{4} \qquad 5\frac{2}{4}$$

( )

2 □ 안에 들어갈 수 있는 자연수를 구하시오.

$$2\frac{5}{8}+1\frac{□}{8}=4\frac{3}{8}$$

( )

3 과수원에서 사과를 지후는 $3\frac{7}{12}$ kg 땄고, 은석이는 $5\frac{10}{12}$ kg 땄습니다. 지후와 은석이가 딴 사과는 모두 몇 kg입니까?

( )

분모가 같은 대분수의 뺄셈

• $3\dfrac{4}{5} - 2\dfrac{2}{5}$의 계산

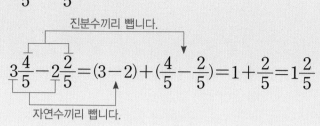

진분수끼리 뺍니다.

$$3\dfrac{4}{5} - 2\dfrac{2}{5} = (3-2) + \left(\dfrac{4}{5} - \dfrac{2}{5}\right) = 1 + \dfrac{2}{5} = 1\dfrac{2}{5}$$

자연수끼리 뺍니다.

4 다음 분수 중 2개를 선택하여 차가 가장 큰 뺄셈식을 만들어 계산하시오.

$$2\dfrac{8}{9} \qquad 4\dfrac{7}{9} \qquad 2\dfrac{4}{9} \qquad 3\dfrac{7}{9}$$

$$\boxed{} - \boxed{} = \boxed{}$$

5 □ 안에 들어갈 수 있는 자연수를 모두 구하시오.

$$6\dfrac{9}{10} - 2\dfrac{4}{10} < 4\dfrac{\square}{10}$$

(   )

6 보영이와 호진이는 찰흙을 각각 $3\dfrac{9}{11}$ kg씩 가지고 있습니다. 미술 시간에 보영이는 $2\dfrac{5}{11}$ kg 을 사용하고 호진이는 $1\dfrac{2}{11}$ kg을 사용하였다면 누구의 찰흙이 몇 kg 더 많이 남았습니까?

(,   )

받아내림이 있는 분수의 뺄셈

• 자연수는 분자와 분모가 같은 분수로 만들 수 있습니다.
• 분수끼리 뺄 수 없을 때, 자연수에서 1만큼을 분수로 바꾸어 계산합니다.

(자연수) − (분수)

• $3 - \dfrac{2}{3}$의 계산

$$3 - \dfrac{2}{3} = 2\dfrac{3}{3} - \dfrac{2}{3} = 2\dfrac{1}{3}$$

빼는 분수의 분모가 3이므로
자연수에서 1만큼을 분모가
3인 가분수로 바꿉니다.

• $7 - 2\dfrac{3}{5}$의 계산

방법1 자연수에서 1만큼을 가분수로 바꾸어 계산
합니다.

$$7 - 2\dfrac{3}{5} = 6\dfrac{5}{5} - 2\dfrac{3}{5} = 4\dfrac{2}{5}$$

방법2 자연수와 대분수를 모두 가분수로 바꾸어
계산합니다.

$$7 - 2\dfrac{3}{5} = \dfrac{35}{5} - \dfrac{13}{5} = \dfrac{22}{5} = 4\dfrac{2}{5}$$

1 수직선을 보고 □ 안에 알맞은 수를 써넣으시오.

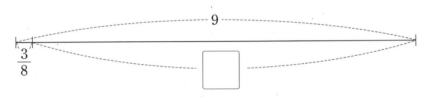

2 어머니께서 식용유 2 L를 사 오셨습니다. 이 중에서 $\dfrac{9}{15}$ L를 사용하였다면 남은 식용유는 몇 L
입니까?

( )

3 계산한 값이 3에 가장 가까운 식을 찾아 기호를 쓰시오.

$$\text{㉠ } 4 - \dfrac{5}{8} \qquad \text{㉡ } 6 - 2\dfrac{1}{8} \qquad \text{㉢ } 5 - 1\dfrac{7}{8}$$

( )

분모가 같은 대분수의 뺄셈

• $6\dfrac{5}{9}-2\dfrac{7}{9}$의 계산

방법1 빼지는 분수의 자연수에서 1만큼을 가분수로 바꾸어 계산합니다.

$$6\dfrac{5}{9}-2\dfrac{7}{9}=5\dfrac{14}{9}-2\dfrac{7}{9}=3\dfrac{7}{9}$$

1만큼을 가분수로 바꿉니다.

방법2 대분수를 가분수로 바꾸어 계산합니다.

$$6\dfrac{5}{9}-2\dfrac{7}{9}=\dfrac{59}{9}-\dfrac{25}{9}=\dfrac{34}{9}=3\dfrac{7}{9}$$

4 ○ 안에 >, =, <를 알맞게 써넣으시오.

$$3\dfrac{7}{10}-1\dfrac{3}{10}\ \bigcirc\ 6\dfrac{5}{10}-4\dfrac{9}{10}$$

5 세호와 지선이가 100 m 달리기를 하였습니다. 100 m를 세호는 $14\dfrac{6}{8}$초에 달렸고 지선이는 $16\dfrac{1}{8}$초에 달렸습니다. 누가 몇 초 더 빨리 달렸습니까?

(,   )

6 □ 안에 들어갈 수 있는 자연수를 구하시오.

$$7\dfrac{3}{6}-2\dfrac{\square}{6}<4\dfrac{5}{6}$$

(   )

잘못 계산한 식으로 처음 수를 구한다.

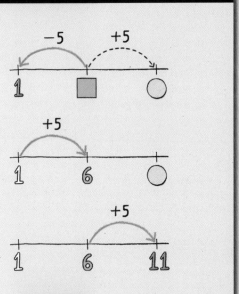

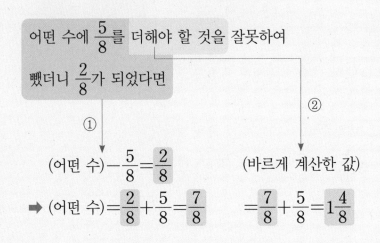

어떤 수에 $\dfrac{5}{8}$ 를 더해야 할 것을 잘못하여

뺐더니 $\dfrac{2}{8}$ 가 되었다면

① (어떤 수) $- \dfrac{5}{8} = \dfrac{2}{8}$

② (바르게 계산한 값)

➡ (어떤 수) $= \dfrac{2}{8} + \dfrac{5}{8} = \dfrac{7}{8}$

$= \dfrac{7}{8} + \dfrac{5}{8} = 1\dfrac{4}{8}$

대표문제 1

어떤 수에서 $\dfrac{4}{11}$ 를 빼야 할 것을 잘못하여 더했더니 $\dfrac{10}{11}$ 이 되었습니다. 바르게 계산하면 얼마인지 구하시오.

덧셈과 뺄셈의 관계를 이용하여 어떤 수를 먼저 구합니다.

어떤 수를 ■ 라 하면 잘못 계산한 식은 $■ + \dfrac{4}{11} = \dfrac{10}{11}$ 입니다.

➡ $■ = \dfrac{10}{11} - \boxed{} = \boxed{}$

따라서 바르게 계산하면 $\boxed{} - \dfrac{4}{11} = \boxed{}$ 입니다.

1-1 어떤 수에 $\dfrac{5}{13}$ 를 더해야 할 것을 잘못하여 뺐더니 $\dfrac{2}{13}$ 가 되었습니다. 바르게 계산하면 얼마입니까?

(   )

1-2 어떤 수에서 $\dfrac{3}{7}$ 을 빼야 할 것을 잘못하여 더했더니 1이 되었습니다. 바르게 계산하면 얼마입니까?

(   )

서술형 **1-3** 어떤 수에 $1\dfrac{3}{5}$ 을 더해야 할 것을 잘못하여 뺐더니 $3\dfrac{1}{5}$ 이 되었습니다. 바르게 계산하면 얼마인지 풀이 과정을 쓰고 답을 구하시오.

풀이 ....

....

....

답 ....

1-4 어떤 수에 $3\dfrac{7}{8}$ 을 더하고 $2\dfrac{5}{8}$ 를 빼야 할 것을 잘못하여 $3\dfrac{7}{8}$ 을 빼고 $2\dfrac{5}{8}$ 를 더했더니 $10\dfrac{3}{8}$ 이 되었습니다. 바르게 계산하면 얼마입니까?

(   )

조건을 이용하여 모르는 변의 길이를 구한다.

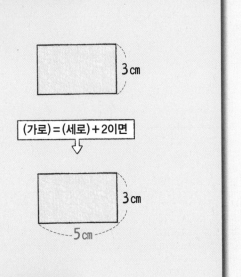

세로가 가로보다 $\dfrac{1}{5}$ cm 짧다면

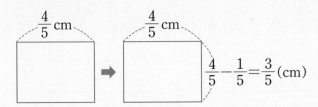

대표문제 2 직사각형의 가로는 $3\dfrac{5}{15}$ cm이고 세로는 가로보다 $1\dfrac{11}{15}$ cm 더 깁니다. 이 직사각형의 네 변의 길이의 합은 몇 cm인지 구하시오.

(직사각형의 세로)$=3\dfrac{5}{15}\ \boxed{\ }\ 1\dfrac{11}{15}=4\dfrac{\boxed{\ }}{15}=\boxed{\ }$(cm)

(직사각형의 네 변의 길이의 합)

$=3\dfrac{5}{15}+\boxed{\ }+3\dfrac{5}{15}+\boxed{\ }=\boxed{\ }\dfrac{\boxed{\ }}{15}$(cm)

2-1 직사각형의 가로는 $4\frac{3}{12}$ cm이고 세로는 가로보다 $2\frac{7}{12}$ cm 더 짧습니다. 이 직사각형의 네 변의 길이의 합은 몇 cm입니까?

( )

2-2 가로가 세로보다 $2\frac{3}{8}$ cm 더 짧은 직사각형이 있습니다. 이 직사각형의 세로가 $5\frac{1}{8}$ cm라면 네 변의 길이의 합은 몇 cm입니까?

( )

2-3 지희는 20 m의 철사를 사용하여 한 변의 길이가 $3\frac{2}{5}$ m인 정사각형을 만들었고 현우는 15 m 의 철사를 사용하여 한 변의 길이가 $2\frac{1}{5}$ m인 정사각형을 만들었습니다. 남은 철사의 길이는 누가 몇 m 더 깁니까?

정사각형의
네 변의 길이는
모두 같아.

(,)

2-4 유진이는 미술 시간에 리본을 사용하여 세로는 $8\frac{7}{9}$ m, 가로는 세로보다 $1\frac{8}{9}$ m 짧은 직사각 형 모양을 만들려고 합니다. 직사각형 모양을 만들기 위해 필요한 리본을 문구점에서 살 때, 적어도 몇 m를 사야 합니까? (단, 문구점에서는 리본을 1 m 단위로만 팝니다.)

( )

분모가 같을 때
대분수의 자연수 부분이 클수록, 분자가 클수록 큰 수이다.

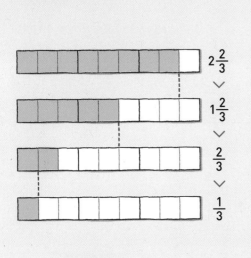

$2\frac{2}{3}$

$\vee$

$1\frac{2}{3}$

$\vee$

$\frac{2}{3}$

$\vee$

$\frac{1}{3}$

1 3 4 5 6

분모가 5이면 → $\dfrac{}{5}$

남은 수 카드 → 1 < 3 < 4 < 6

가장 큰 대분수 → $6\dfrac{4}{5}$ 가장 작은 대분수 → $1\dfrac{3}{5}$

4장의 수 카드 중에서 2장을 골라 한 번씩만 사용하여 분모가 7인 대분수를 만들려고 합니다. 만들 수 있는 가장 큰 대분수와 가장 작은 대분수의 합을 구하시오.

5 8 4 6

분모가 같은 대분수는 자연수 부분이 클수록, 자연수 부분이 같으면 분자가 클수록 큰 수입니다.

8>6>5>4이므로

가장 큰 수 ⬚을 자연수 부분에 놓고 가장 큰 분수를 만들면 $8\dfrac{6}{7}$입니다.

가장 작은 수 4를 자연수 부분에 놓고 가장 작은 분수를 만들면 $\dfrac{\boxed{}}{7}$입니다.

따라서 만들 수 있는 가장 큰 대분수와 가장 작은 대분수의 합은

$8\dfrac{6}{7}+\boxed{}\dfrac{\boxed{}}{7}=12\dfrac{\boxed{}}{7}=\boxed{}$입니다.

3-1 4장의 수 카드 중에서 2장을 골라 한 번씩만 사용하여 분모가 9인 대분수를 만들려고 합니다. 만들 수 있는 가장 큰 대분수와 가장 작은 대분수의 차를 구하시오.

3	5	1	7

(   )

3-2 6장의 수 카드를 한 번씩 모두 사용하여 분모가 같은 대분수를 만들려고 합니다. 만들 수 있는 가장 큰 대분수와 가장 작은 대분수의 차를 구하시오.

두 대분수의 분모가 같아야 하니까 분모에는 수 카드가 2장인 것을 놓아야 해.

2	4	7	8	8	9

(   )

3-3 6장의 수 카드를 한 번씩 모두 사용하여 분모가 같은 대분수를 만들려고 합니다. 만들 수 있는 가장 큰 대분수와 가장 작은 대분수의 합을 구하시오.

10	11	2	7	4	11

(   )

3-4 6장의 수 카드를 한 번씩 모두 사용하여 분모가 같은 대분수를 만들려고 합니다. 만들 수 있는 두 대분수의 합이 가장 작게 되는 값을 구하시오.

13	3	8	6	13	5

(   )

겹치는 만큼 줄어든다.

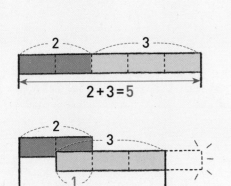

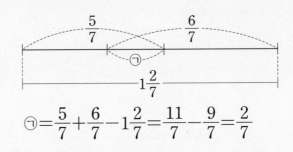

$$\bigcirc = \frac{5}{7} + \frac{6}{7} - 1\frac{2}{7} = \frac{11}{7} - \frac{9}{7} = \frac{2}{7}$$

대표문제 4 그림을 보고 ㉮에서 ㉲까지의 거리는 몇 km인지 구하시오.

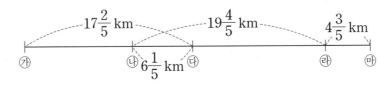

(㉮에서 ㉰까지의 거리)

=(㉮에서 ㉯까지의 거리)−(㉰에서 ㉯까지의 거리)

$$= 17\frac{2}{5} - 6\frac{1}{5} = \boxed{}\frac{\boxed{}}{5}(km)$$

(㉮에서 ㉲까지의 거리)

=(㉮에서 ㉰까지의 거리)+(㉯에서 ㉱까지의 거리)+(㉱에서 ㉲까지의 거리)

$$= \boxed{} + 19\frac{4}{5} + 4\frac{3}{5} = \left(\boxed{} + 19 + 4\right) + \left(\boxed{} + \frac{4}{5} + \frac{3}{5}\right)$$

$$= \boxed{} + \frac{\boxed{}}{5} = \boxed{} + \boxed{}\frac{\boxed{}}{5} = \boxed{}(km)$$

4-1 그림을 보고 ㉯에서 ㉰까지의 거리는 몇 km인지 구하시오.

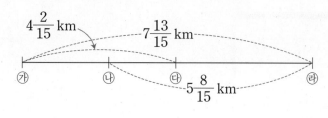

( )

4-2 그림을 보고 ㉮에서 ㉲까지의 거리는 몇 km인지 구하시오.

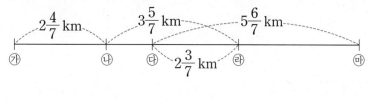

( )

4-3 그림을 보고 ㉮에서 ㉲까지의 거리는 몇 km인지 구하시오.

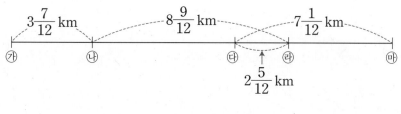

( )

4-4 그림을 보고 ㉯에서 ㉱까지의 거리는 몇 km인지 구하시오.

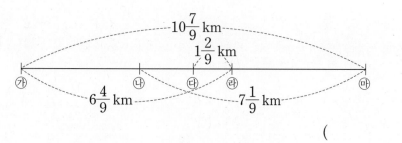

( )

복잡한 연산을 간단한 기호로 약속할 수 있다.

$$㉮ * ㉯ = ㉮ + ㉯ × ㉮$$

$$2 * 3 = 2 + 3 × 2$$

시속 100 km보다 빨리 운전하지 마시오.

시속 30 km보다 느리게 운전하지 마시오.

대표문제 5

다음과 같이 약속할 때, 8 ◎ 3과 9 ◎ 4의 차를 구하시오.

$$㉮ ◎ ㉯ = \frac{㉮ + ㉯}{㉮ - ㉯}$$

$$8 ◎ 3 = \frac{8 + \boxed{}}{8 - 3} = \frac{\boxed{}}{5} = \boxed{}$$

$$9 ◎ 4 = \frac{\boxed{} + \boxed{}}{9 - 4} = \frac{\boxed{}}{5} = \boxed{}$$

따라서 $2\frac{1}{5} \boxed{} 2\frac{3}{5}$ 이므로

$$(9 ◎ 4) - (8 ◎ 3) = \boxed{} - \boxed{} = \boxed{}$$ 입니다.

5-1 다음과 같이 약속할 때, $2 \blacktriangle 9$와 $5 \blacktriangle 6$의 합을 구하시오.

$$㉮ \blacktriangle ㉯ = \frac{㉮ \times ㉯}{㉮ + ㉯}$$

(   )

5-2 다음과 같이 약속할 때, $30 \blacklozenge 6$과 $15 \blacklozenge 3$의 **차**를 구하시오.

$$㉮ \blacklozenge ㉯ = \frac{㉮ - ㉯}{㉮ \div ㉯}$$

(   )

5-3 다음과 같이 약속할 때, $\dfrac{3}{7} \bullet 8 \blacklozenge \dfrac{6}{7}$의 값을 구하시오. (단, 앞에서부터 차례로 계산합니다.)

$$㉮ \bullet ㉯ = ㉯ - ㉮ - ㉮$$
$$㉮ \blacklozenge ㉯ = ㉮ - ㉯ - ㉯$$

(   )

5-4 $㉮ \bigstar ㉯ = ㉮ + ㉮ + ㉯$로 약속할 때, ㉠에 알맞은 수를 구하시오.

$$3\frac{4}{9} \bigstar ㉠ = 8\frac{7}{9}$$

(   )

단위 시간 동안 일한 양을 더하여 함께 하는 일의 양을 구한다.

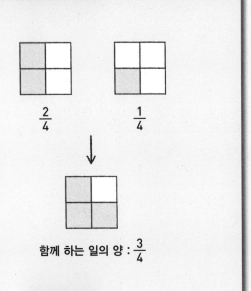

함께 하는 일의 양 : $\frac{3}{4}$

사람	(가)	(나)
하루에 일하는 양	전체의 $\frac{2}{5}$	전체의 $\frac{1}{5}$
두 사람이 함께 하루에 일하는 양	$\frac{2}{5}+\frac{1}{5}=\frac{3}{5}$	
두 사람이 번갈아 2일 동안 일하는 양	$\frac{2}{5}+\frac{1}{5}=\frac{3}{5}$	

대표문제 6

아버지와 어머니가 모내기를 하십니다. 아버지는 하루에 전체의 $\frac{3}{20}$ 만큼을 하시고 어머니는 하루에 전체의 $\frac{2}{20}$ 만큼을 하십니다. 아버지가 먼저 모내기를 시작하여 어머니와 하루씩 번갈아가며 모내기를 하신다면 며칠 만에 끝낼 수 있습니까?

아버지와 어머니가 2일 동안에 하시는 모내기의 양은 전체의

$\frac{3}{20}+\frac{2}{20}=\frac{\boxed{}}{20}$ 입니다.

따라서 일 전체의 양을 1이라 하면

$\boxed{}+\boxed{}+\boxed{}+\boxed{}=\boxed{}=1$ 이므로

$2\times\boxed{}=\boxed{}$ (일) 만에 끝낼 수 있습니다.

6-1 민재와 지혜가 고추를 땁니다. 민재는 하루에 전체의 $\dfrac{2}{15}$ 만큼을 따고 지혜는 하루에 전체의 $\dfrac{1}{15}$ 만큼을 땁니다. 민재가 먼저 고추를 따기 시작하여 지혜와 하루씩 번갈아가며 고추를 딴다면 며칠 만에 끝낼 수 있습니까?

(   )

서술형 **6-2** 어떤 일을 하는 데 승호는 하루에 전체의 $\dfrac{2}{19}$ 만큼을, 은주는 하루에 전체의 $\dfrac{3}{19}$ 만큼을 합니다. 승호가 혼자서 2일 동안 일을 한 후 나머지는 매일 은주와 함께 한다면 승호가 일을 시작한 지 며칠 만에 끝낼 수 있는지 풀이 과정을 쓰고 답을 구하시오. (단, 쉬는 날 없이 일을 합니다.)

풀이 ....

....

....

답 ....

6-3 은혜, 경태, 한나가 어떤 일을 함께 하려고 합니다. 하루에 은혜는 전체의 $\dfrac{1}{36}$ 만큼을, 경태는 전체의 $\dfrac{3}{36}$ 만큼을, 한나는 전체의 $\dfrac{4}{36}$ 만큼을 합니다. 은혜, 경태, 한나가 함께 2일 동안 일을 한 후 은혜와 경태가 함께 3일 동안 일을 합니다. 나머지는 한나 혼자서 한다고 할 때 일을 시작한 지 며칠 만에 끝낼 수 있습니까? (단, 쉬는 날 없이 일을 합니다.)

(   )

물의 높이가 일정하면 막대가 잠기는 부분의 길이도 일정하다.

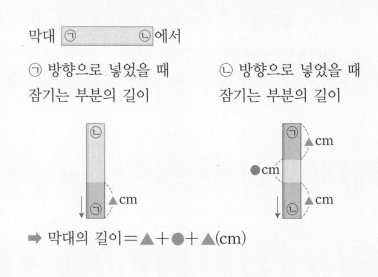

막대 ㉠   ㉡ 에서

㉠ 방향으로 넣었을 때
잠기는 부분의 길이

㉡ 방향으로 넣었을 때
잠기는 부분의 길이

➡ 막대의 길이＝▲＋●＋▲(cm)

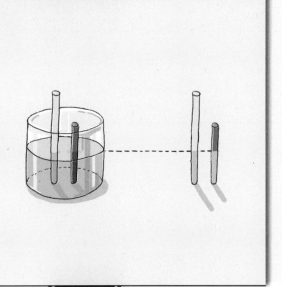

대표문제 7

막대를 연못의 바닥까지 넣었다가 꺼낸 후 젖은 부분의 길이를 재었더니 $\frac{4}{7}$ m였습니다. 이 막대를 거꾸로 하여 연못의 바닥까지 넣었다가 꺼낸 후 두 번 젖은 부분의 길이를 재었더니 $\frac{3}{7}$ m였습니다. 이 막대의 길이를 구하시오. (단, 막대는 항상 수직으로 넣고 연못 바닥은 평평합니다.)

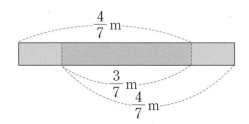

막대에서 물에 한 번 젖은 부분의 길이는 $\frac{4}{7} - \frac{3}{7} = \frac{\square}{7}$ (m)입니다.

따라서 막대의 길이는 $\frac{4}{7} + \frac{\square}{7} = \frac{\square}{7}$ (m)입니다.

7-1 막대를 연못의 바닥까지 넣었다가 꺼낸 후 젖은 부분의 길이를 재었더니 $5\frac{3}{5}$ m였습니다. 이 막대를 거꾸로 하여 연못의 바닥까지 넣었다가 꺼낸 후 두 번 젖은 부분의 길이를 재었더니 $3\frac{2}{5}$ m였습니다. 이 막대의 길이는 몇 m입니까? (단, 막대는 항상 수직으로 넣고 연못 바닥은 평평합니다.)

( )

7-2 길이가 $5\frac{10}{11}$ m인 막대를 깊이가 $3\frac{7}{11}$ m인 연못의 바닥까지 넣었다가 꺼낸 후 막대를 거꾸로 하여 바닥까지 넣었다가 꺼냈습니다. 두 번 젖은 부분의 길이는 몇 m입니까? (단, 막대는 항상 수직으로 넣고 연못 바닥은 평평합니다.)

( )

7-3 길이가 $7\frac{3}{8}$ m인 막대로 연못의 깊이를 재었습니다. 막대를 연못의 바닥까지 넣었다가 꺼낸 후 막대를 거꾸로 하여 바닥까지 넣었다가 꺼냈습니다. 막대에서 물에 젖지 않은 부분의 길이를 재었더니 $2\frac{5}{8}$ m일 때, 연못의 깊이는 몇 m입니까? (단, 막대는 항상 수직으로 넣고 연못 바닥은 평평합니다.)

( )

7-4 길이가 $18\frac{6}{13}$ m인 막대로 연못의 깊이를 재었습니다. 막대를 연못의 바닥까지 넣었다가 꺼낸 후 막대를 거꾸로 하여 바닥까지 넣었다가 꺼냈습니다. 막대에서 물에 젖지 않은 부분의 길이를 재었더니 $4\frac{12}{13}$ m일 때, 연못의 깊이는 몇 m입니까? (단, 막대는 항상 수직으로 넣고 연못 바닥은 평평합니다.)

( )

자연수, 분자, 분모의 규칙을 모두 찾는다.

1 3 5 7 …

$\dfrac{1}{\bullet}$ $\dfrac{3}{\bullet}$ $\dfrac{5}{\bullet}$ $\dfrac{7}{\bullet}$ …

$1\dfrac{\triangle}{\bullet}$ $3\dfrac{\triangle}{\bullet}$ $5\dfrac{\triangle}{\bullet}$ $7\dfrac{\triangle}{\bullet}$ …

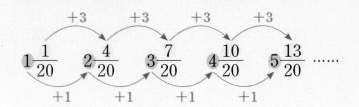

대표문제 8

규칙에 따라 수를 늘어놓은 것입니다. 늘어놓은 수들의 합을 구하시오.

$$1\dfrac{2}{13},\ 3\dfrac{4}{13},\ 5\dfrac{6}{13},\ \cdots\cdots,\ 11\dfrac{12}{13}$$

자연수 부분은 1부터 $\boxed{}$ 씩 커지고, 분수 부분의 분자는 2부터 $\boxed{}$ 씩 커지는 규칙입니다.

➡ $1\dfrac{2}{13}+3\dfrac{4}{13}+5\dfrac{6}{13}+7\dfrac{\boxed{}}{13}+9\dfrac{\boxed{}}{13}+11\dfrac{12}{13}$

$=(1+3+5+\boxed{}+\boxed{}+11)+\left(\dfrac{2}{13}+\dfrac{4}{13}+\dfrac{6}{13}+\dfrac{8}{13}+\dfrac{\boxed{}}{13}+\dfrac{\boxed{}}{13}\right)$

$=\boxed{}+\dfrac{\boxed{}}{13}=\boxed{}$

8-1 규칙에 따라 수를 늘어놓은 것입니다. 늘어놓은 수들의 합을 구하시오.

$$\frac{19}{5},\ \frac{18}{5},\ \frac{17}{5},\ \cdots\cdots,\ \frac{1}{5}$$

(   )

8-2 규칙에 따라 수를 늘어놓은 것입니다. 늘어놓은 수들의 합을 구하시오.

$$1\frac{1}{9},\ 2\frac{2}{9},\ 3\frac{3}{9},\ \cdots\cdots,\ 8\frac{8}{9}$$

(   )

8-3 규칙에 따라 수를 늘어놓은 것입니다. 늘어놓은 수들의 합을 구하시오.

$$19\frac{1}{7},\ 17\frac{3}{7},\ 15\frac{5}{7},\ \cdots\cdots,\ 1\frac{19}{7}$$

(   )

8-4 다음과 같은 규칙으로 수를 늘어놓았습니다. 첫째부터 열째까지 수들의 합을 구하시오.

$$2\frac{1}{20},\ 4\frac{2}{20},\ 6\frac{3}{20},\ 8\frac{4}{20},\ 10\frac{5}{20},\ \cdots\cdots$$

(   )

1 □ 안에 들어갈 수 있는 자연수는 모두 몇 개입니까?

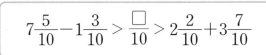

$$7\frac{5}{10}-1\frac{3}{10}>\frac{\square}{10}>2\frac{2}{10}+3\frac{7}{10}$$

(   )

2 분모가 8인 진분수가 2개 있습니다. 합이 $1\frac{3}{8}$이고 차가 $\frac{1}{8}$인 두 진분수를 구하시오.

(   )

3 길이가 각각 10 cm인 색 테이프 3장을 그림과 같이 $1\frac{3}{5}$ cm만큼씩 겹쳐서 이어 붙였습니다. 이어 붙인 색 테이프의 전체 길이는 몇 cm입니까?

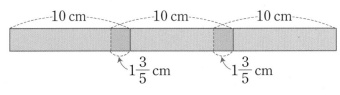

(   )

4 수 카드 5 , 6 , 7 , 8 을 한 번씩만 사용하여 다음과 같은 대분수의 덧셈식을 만들었습니다. 계산 결과가 가장 클 때의 값을 구하시오.

$$\blacklozenge\frac{\blacktriangle}{15}+\heartsuit\frac{\bigstar}{15}$$

(   )

5 길이가 20 cm인 양초가 있습니다. 이 양초에 불을 붙이고 15분이 지난 후에 양초의 길이를 재었더니 $16\dfrac{5}{9}$ cm였습니다. 길이가 같은 새 양초에 불을 붙이고 1시간이 지난 후에 남은 양초의 길이는 몇 cm입니까? (단, 양초는 일정한 빠르기로 탑니다.)

먼저 생각해 봐요!

1시간은 15분의 몇 배일까?

(   )

6 하루에 $2\dfrac{10}{60}$분씩 빨라지는 시계가 있습니다. 이 시계를 8월 10일 낮 12시 정각에 정확한 시각으로 맞추어 놓았습니다. 같은 달 13일 낮 12시에 이 시계가 가리키는 시각은 몇 시 몇 분 몇 초입니까?

(   )

서술형 **7** 무게가 똑같은 책 5권이 들어 있는 상자의 무게를 재어 보았더니 8 kg이었습니다. 이 상자에서 책 2권을 꺼낸 후 다시 상자의 무게를 재었더니 $5\dfrac{3}{13}$ kg이었다면 책 한 권의 무게는 몇 kg인지 풀이 과정을 쓰고 답을 구하시오.

풀이 ....

....

....

답 ....

8 미나, 수지, 효민 세 사람의 몸무게를 재었습니다. 미나와 수지의 몸무게의 합은 $30\frac{7}{20}$ kg, 미나와 효민이의 몸무게의 합은 $28\frac{5}{20}$ kg, 수지와 효민이의 몸무게의 합은 $31\frac{12}{20}$ kg입니다. 세 사람의 몸무게의 합을 구하시오.

(   )

9 □ 안에는 모두 같은 수가 들어갑니다. □ 안에 알맞은 수를 구하시오.

먼저 생각해 봐요!
더하는 분수의 개수와
합 사이의 관계는?

$$\frac{1}{3}+\frac{2}{3}=1$$

$$\frac{1}{5}+\frac{2}{5}+\frac{3}{5}+\frac{4}{5}=2$$

$$\vdots$$

$$\frac{1}{\square}+\frac{2}{\square}+\frac{3}{\square}+\cdots\cdots+\frac{\square-2}{\square}+\frac{\square-1}{\square}=18$$

(   )

10 분모가 11인 세 분수 ㉮, ㉯, ㉰가 있습니다. 세 분수의 합은 $12\frac{9}{11}$이고 ㉯는 ㉮보다 $3\frac{4}{11}$ 만큼 크며 ㉰는 ㉮의 2배입니다. 세 분수 ㉮, ㉯, ㉰를 각각 구하시오.

㉮ (   ), ㉯ (   ), ㉰ (   )

2

삼각형

1 이등변삼각형과 정삼각형의 성질

- 선이 모여 면이 됩니다.
- 선으로 둘러싸인 도형을 평면도형이라고 합니다.

BASIC CONCEPT 1-1

삼각형을 변의 길이에 따라 분류하기

- 이등변삼각형: 두 변의 길이가 같은 삼각형

- 정삼각형: 세 변의 길이가 같은 삼각형

세 변의 길이가 같아도 이등변삼각형이라고 할 수 있습니다.

정삼각형은 세 변의 길이가 같으므로 이등변삼각형이라고 할 수 있습니다. 하지만 이등변삼각형은 정삼각형이라고 할 수 없습니다.

1 □ 안에 알맞은 수를 써넣으시오.

(1) 이등변삼각형

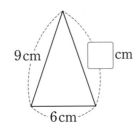

(2) 정삼각형

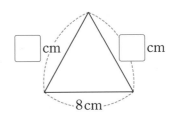

2 오른쪽 삼각형은 세 변의 길이의 합이 30 cm인 이등변삼각형입니다.
□ 안에 알맞은 수를 써넣으시오.

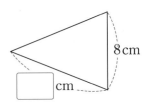

BASIC CONCEPT 1-2

이등변삼각형의 성질

- 이등변삼각형은 두 각의 크기가 같습니다.

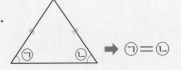

정삼각형은 세 각의 크기가 같으므로 이등변삼각형이라고 할 수 있습니다.

정삼각형의 성질

- 정삼각형은 세 각의 크기가 같습니다.
  (한 각의 크기)$= 180° \div 3 = 60°$

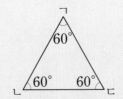

3 다음 도형은 이등변삼각형입니다. ☐ 안에 알맞은 수를 써넣으시오.

(1)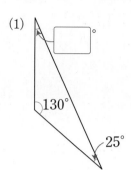

(2)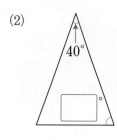

4 삼각형 ㄱㄴㄷ은 이등변삼각형입니다. 각 ㄴㄱㄷ의 크기를 구하시오.

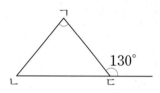

(   )

5 삼각형 ㄱㄴㄷ은 정삼각형입니다. ☐ 안에 알맞은 수를 써넣으시오.

(1)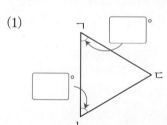

(2)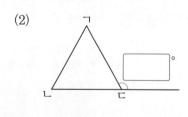

6 오른쪽 삼각형의 세 변의 길이의 합은 몇 cm입니까?

(   )

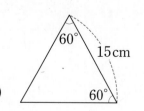

삼각형 분류하기

• 삼각형의 세 각은 예각, 직각, 둔각 중 하나이고, 세 각의 크기의 합은 항상 180°입니다.

삼각형을 각의 크기에 따라 분류하기

• 예각삼각형
  세 각이 모두 예각인 삼각형

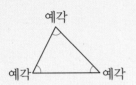

• 둔각삼각형
  한 각이 둔각인 삼각형

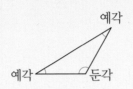

• 직각삼각형
  한 각이 직각인 삼각형

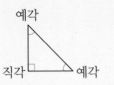

1 삼각형을 예각삼각형, 둔각삼각형, 직각삼각형으로 분류하여 기호를 쓰시오.

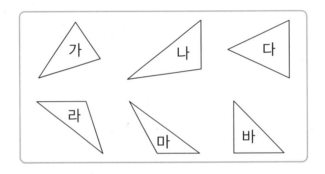

예각삼각형	둔각삼각형	직각삼각형

2 직사각형 모양의 종이를 선을 따라 오려서 여러 개의 삼각형을 만들었습니다. 예각삼각형과 둔각삼각형을 찾아 기호를 쓰시오.

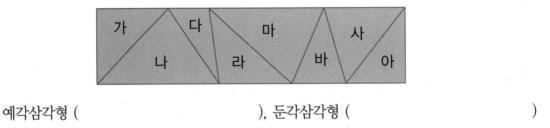

예각삼각형 (   ), 둔각삼각형 (   )

3 삼각형의 세 각 중 두 각의 크기가 각각 다음과 같을 때, 둔각삼각형을 찾아 기호를 쓰시오.

㉠ 30°, 70°   ㉡ 40°, 35°   ㉢ 50°, 40°

(   )

삼각형을 두 가지 기준으로 분류하기

• 삼각형을 변의 길이와 각의 크기에 따라 다음과 같이 분류할 수 있습니다.

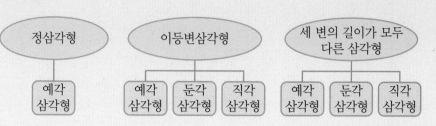

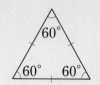

정삼각형은 세 변의 길이가 같고, 세 각이 모두 예각이므로 이등변삼각형이면서 예각삼각형입니다.

4 삼각형을 예각삼각형, 둔각삼각형, 직각삼각형으로 분류하여 기호를 쓰시오.

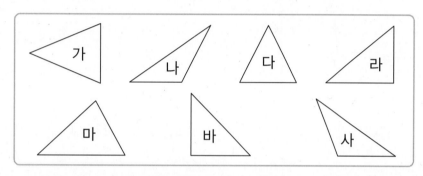

	예각삼각형	둔각삼각형	직각삼각형
이등변삼각형			
세 변의 길이가 모두 다른 삼각형			

5 다음 삼각형의 이름이 될 수 있는 것을 모두 찾아 ○표 하시오.

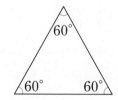

이등변삼각형	정삼각형
예각삼각형	둔각삼각형	직각삼각형

6 보기 에서 설명하는 도형을 그려 보시오.

보기

• 두 변의 길이가 같습니다.
• 한 각이 직각입니다.

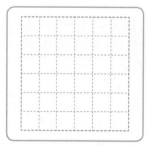

알 수 있는 것부터 차례로 구한다.

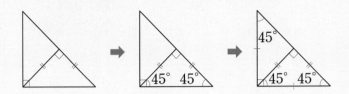

대표문제 1

그림에서 변 ㄱㄴ, 변 ㄱㄷ, 변 ㄷㄹ의 길이가 같을 때, 각 ㄴㄱㄷ의 크기를 구하시오.

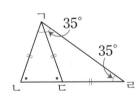

삼각형 ㄱㄷㄹ은 이등변삼각형이므로

(각 ㄷㄱㄹ)=(각 ㄷㄹㄱ)=□°이고

(각 ㄱㄷㄹ)=180°−35°−35°=□°입니다.

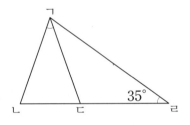

(각 ㄱㄷㄴ)=180°−110°=□°

삼각형 ㄱㄴㄷ은 이등변삼각형이므로 (각 ㄱㄴㄷ)=(각 ㄱㄷㄴ)=□°이고

(각 ㄴㄱㄷ)=180°−70°−70°=□°입니다.

1-1 오른쪽 그림에서 변 ㄱㄴ과 변 ㄴㄷ의 길이가 같고, 변 ㄹㄴ과 변 ㄹㄷ의 길이가 같을 때, 각 ㄱㄴㄹ의 크기를 구하시오.

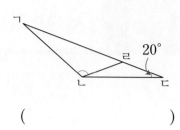

(   )

1-2 오른쪽 그림에서 변 ㄱㄴ과 변 ㄴㄹ의 길이가 같고, 변 ㄱㄷ과 변 ㄱㄹ의 길이가 같습니다. 각 ㄱㄴㄷ의 크기를 구하시오.

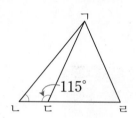

(   )

1-3 오른쪽 그림에서 삼각형 ㄱㄴㄷ은 직각삼각형이고, 삼각형 ㄹㄴㄷ은 이등변삼각형입니다. 각 ㄱㄷㄴ의 크기를 구하시오.

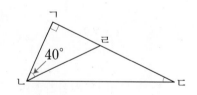

(   )

1-4 오른쪽 그림에서 삼각형 ㅁㄷㄹ은 이등변삼각형입니다. 각 ㄱㄷㅁ의 크기를 구하시오.

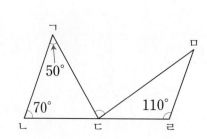

(   )

세 변의 길이가 같고 세 각의 크기가 60°로 모두 같다.

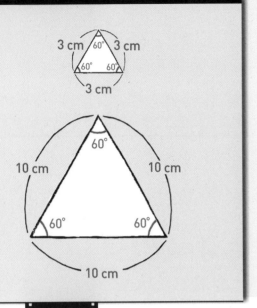

<u>24 cm의 끈</u>으로 만들 수 있는 가장 큰 <u>정삼각형의</u>

한 변의 길이는 24÷3＝8(cm)

대표문제 2

다음 이등변삼각형과 세 변의 길이의 합이 같은 정삼각형을 만들려고 합니다. 정삼각형의 한 변은 몇 cm로 해야 하는지 구하시오.

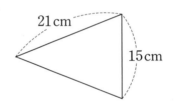

이등변삼각형은 두 변의 길이가 같으므로

(이등변삼각형의 세 변의 길이의 합)＝21＋ $\boxed{}$ ＋15＝ $\boxed{}$ (cm)입니다.

정삼각형은 세 변의 길이가 같으므로

(정삼각형의 한 변)＝57÷ $\boxed{}$ ＝ $\boxed{}$ (cm)입니다.

따라서 정삼각형의 한 변은 $\boxed{}$ cm로 해야 합니다.

2-1 오른쪽 이등변삼각형과 세 변의 길이의 합이 같은 정삼각형을 만들려고 합니다. 정삼각형의 한 변은 몇 cm로 해야 합니까?

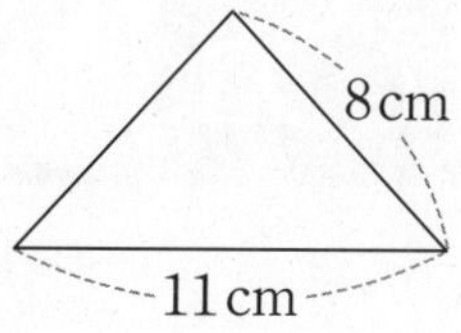

( )

서술형 **2-2** 동호는 길이가 1 m인 철사로 한 변의 길이가 9 cm인 정삼각형을 만들려고 합니다. 동호는 정삼각형을 몇 개까지 만들 수 있는지 풀이 과정을 쓰고 답을 구하시오.

풀이

답

2-3 오른쪽 그림에서 삼각형 ㄱㄴㄷ이 정삼각형일 때, 각 ㅁㄹㄷ을 구하시오.

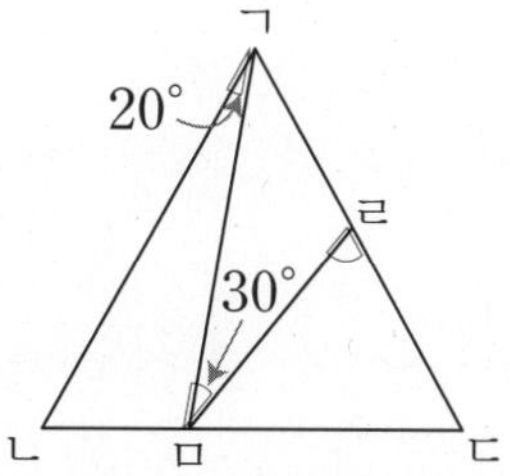

( )

2-4 오른쪽 그림에서 삼각형 ㄱㄴㄷ은 정삼각형이고 삼각형 ㄹㄴㄷ은 이등변삼각형입니다. ㉠의 크기를 구하시오.

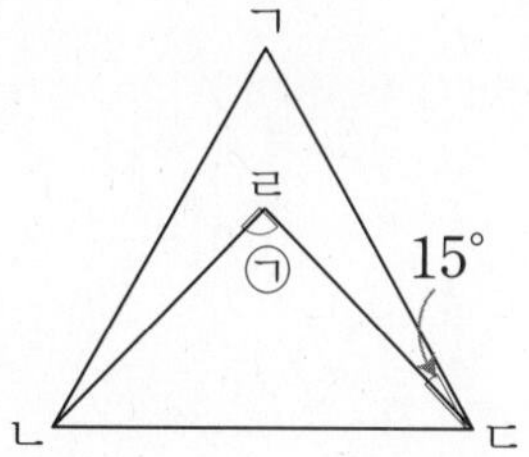

( )

도형을 접을 때 접혀진 각의 크기는 서로 같다.

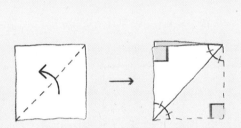

점선을 따라 종이를 접으면

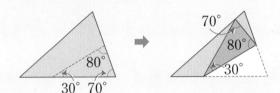

대표문제 3

그림과 같이 삼각형 모양의 종이를 접었을 때 변 ㄴㅁ과 변 ㄹㅁ의 길이가 같습니다.
각 ㅁㅂㄷ의 크기를 구하시오.

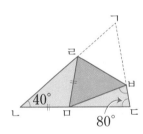

삼각형 ㄹㄴㅁ은 이등변삼각형이므로 (각 ㄹㄴㅁ)=(각 ㄴㄹㅁ)=□°이고

(각 ㄴㅁㄹ)=180°−40°−40°=□°입니다.

삼각형 ㄱㄴㄷ에서 접혀진 각의 크기는 같으므로

(각 ㄹㅁㅂ)=(각 ㄴㄱㄷ)=180°−40°−80°=□°이고

(각 ㅂㅁㄷ)=180°−(각 ㄴㅁㄹ)−(각 ㄹㅁㅂ)

=180°−100°−□°=□°입니다.

따라서 삼각형 ㅂㅁㄷ에서 (각 ㅁㅂㄷ)=180°−20°−80°=□°입니다.

3-1 오른쪽 그림과 같이 삼각형 모양의 종이를 접었습니다. 각 ㄱㅂㄹ의 크기를 구하시오.

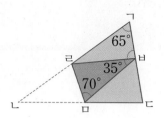

(   )

3-2 오른쪽 그림과 같이 정삼각형 모양의 종이를 접었습니다. ㉠의 크기를 구하시오.

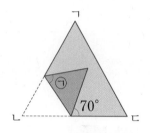

(   )

3-3 다음 그림과 같이 이등변삼각형 모양의 종이를 접었습니다. ㉠의 크기를 구하시오.

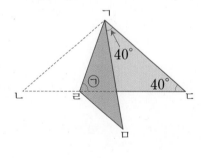

(   )

3-4 오른쪽 그림과 같이 정삼각형 모양의 종이를 접었습니다. ㉠의 크기를 구하시오.

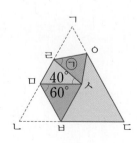

(   )

도형을 돌려도 변의 길이나 각의 크기는 변하지 않는다.

 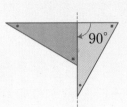

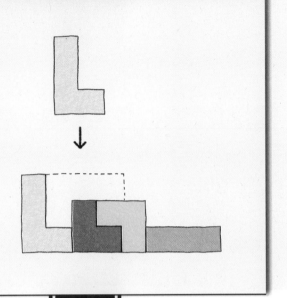

그림과 같이 정삼각형 ㄱㄴㄷ을 점 ㄱ을 중심으로 하여 시계 방향으로 90° 회전시켜 정삼각형 ㄱㄹㅁ을 만들었습니다. ㉠의 크기를 구하시오.

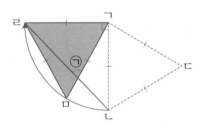

삼각형 ㄱㄴㄷ을 시계 방향으로 90° 회전시켰으므로

(각 ㅁㄱㄷ)=(각 ㄹㄱㄴ)=□°입니다.

삼각형 ㄱㄹㄴ에서 변 ㄱㄹ과 변 ㄱㄴ의 길이가 같으므로

(각 ㄱㄹㄴ)=(각 ㄱㄴㄹ)=□°입니다.

정삼각형 ㄱㄹㅁ에서 각 ㄹㄱㅁ의 크기는 □°이므로

㉠=180°−45°−60°=□°입니다.

4-1 오른쪽 그림과 같이 이등변삼각형 ㄱㄴㄷ을 점 ㄱ을 중심으로 하여 시계 반대 방향으로 90° 회전시켜 이등변삼각형 ㄱㄹㅁ을 만들었습니다. ㉠의 크기를 구하시오.

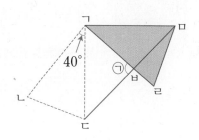

(   )

4-2 오른쪽 그림과 같이 직각삼각형 ㄱㄴㄷ을 점 ㄱ을 중심으로 하여 시계 방향으로 30° 회전시켜 삼각형 ㄱㄹㅁ을 만들었습니다. ㉠의 크기를 구하시오.

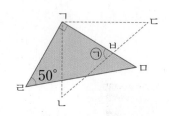

(   )

4-3 오른쪽 그림과 같이 삼각형 ㄱㄴㄷ을 점 ㄷ을 중심으로 하여 시계 방향으로 20° 회전시켜 삼각형 ㅁㄹㄷ을 만들었습니다. ㉠의 크기를 구하시오.

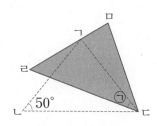

(   )

4-4 오른쪽 그림과 같이 이등변삼각형 ㄱㄴㄷ을 점 ㄴ을 중심으로 하여 시계 반대 방향으로 회전시켜 삼각형 ㄹㄴㅁ을 만들었습니다. 삼각형 ㄱㄴㄷ을 시계 반대 방향으로 몇 도만큼 회전시킨 것입니까?

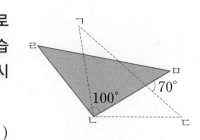

(   )

작은 도형들이 모여 큰 도형이 된다.

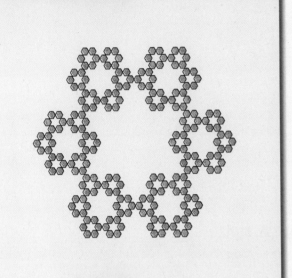

도형에서 찾을 수 있는 크고 작은 삼각형을 찾으면

1개로 된 삼각형: 4개
2개로 된 삼각형: 3개
3개로 된 삼각형: 2개
4개로 된 삼각형: 1개
➡ 4＋3＋2＋1＝10(개)

 크기가 같은 성냥개비 18개로 오른쪽 그림과 같은 모양을 만들었습니다. 이 모양에서 찾을 수 있는 크고 작은 정삼각형은 모두 몇 개인지 구하시오.

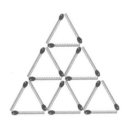

 한 변이 성냥개비 1개인 정삼각형의 개수는 ☐개입니다.

 한 변이 성냥개비 2개인 정삼각형의 개수는 ☐개입니다.

 한 변이 성냥개비 3개인 정삼각형의 개수는 ☐개입니다.

따라서 크고 작은 작은 정삼각형은 모두 ☐＋☐＋☐＝☐(개)입니다.

5-1 크기가 같은 성냥개비 23개로 오른쪽 그림과 같은 모양을 만들었습니다. 이 모양에서 찾을 수 있는 크고 작은 정삼각형은 모두 몇 개입니까?

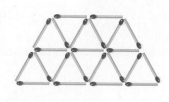

(   )

서술형 **5-2** 오른쪽 그림에서 찾을 수 있는 크고 작은 정삼각형은 모두 몇 개인지 풀이 과정을 쓰고 답을 구하시오.

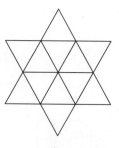

풀이 ....

....

....

답 ....

5-3 오른쪽 그림에서 찾을 수 있는 크고 작은 이등변삼각형은 모두 몇 개입니까?

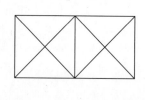

(   )

5-4 오른쪽 그림에서 찾을 수 있는 크고 작은 삼각형은 모두 몇 개입니까?

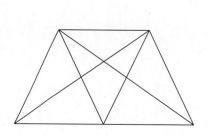

(   )

한 원의 반지름을 두 변으로 하는 삼각형은 이등변삼각형이다.

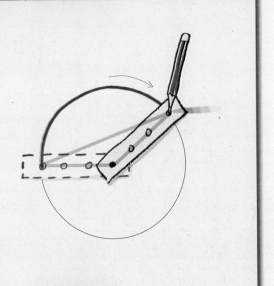

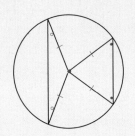

다음 그림에서 ㉠의 크기를 구하시오. (단, 점 ㅇ은 원의 중심입니다.)

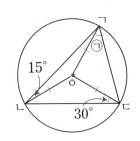

한 원에서 반지름의 길이는 모두 같으므로

변 ㄱㅇ, 변 ㄴㅇ, 변 ㄷㅇ의 길이는 모두 같습니다.

삼각형 ㄱㄴㅇ은 이등변삼각형이므로

(각 ㅇㄱㄴ)=15°, (각 ㄱㅇㄴ)=180°−15°−15°=□°입니다.

삼각형 ㅇㄴㄷ은 이등변삼각형이므로

(각 ㅇㄴㄷ)=30°, (각 ㄴㅇㄷ)=180°−30°−30°=□°입니다.

(각 ㄱㅇㄷ)=360°−□°−□°=□°

따라서 삼각형 ㄱㅇㄷ은 이등변삼각형이므로 ㉠=(180°−□°)÷2=□°입니다.

6-1 오른쪽 그림에서 ㉠의 크기를 구하시오. (단, 점 ㅇ은 원의 중심입니다.)

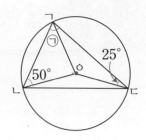

(   )

6-2 오른쪽 그림에서 삼각형 ㄱㄴㄷ은 직각삼각형입니다. ㉠과 ㉡의 크기를 각각 구하시오. (단, 점 ㅇ은 원의 중심입니다.)

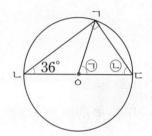

㉠ (   ), ㉡ (   )

6-3 오른쪽 그림에서 ㉠의 크기를 구하시오. (단, 점 ㅇ은 원의 중심입니다.)

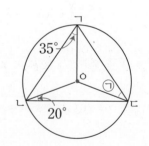

(   )

6-4 오른쪽 그림에서 변 ㄴㄹ과 변 ㄷㅇ의 길이가 같을 때, ㉠의 크기를 구하시오. (단, 점 ㅇ은 원의 중심입니다.)

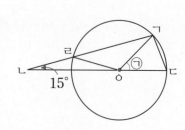

(   )

길이가 같은 변을 이용하여 이등변삼각형을 찾는다.

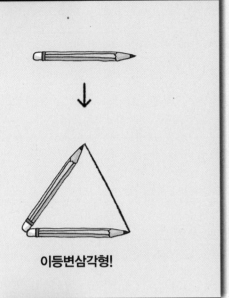

이등변삼각형!

정삼각형 2개를 이어 붙인 도형에서

색칠한 삼각형은 이등변삼각형입니다.

대표문제 7

사각형 ㄱㄴㄷㄹ은 정사각형이고 삼각형 ㄷㅁㄹ은 정삼각형입니다. ㉠의 크기를 구하시오.

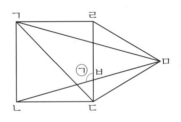

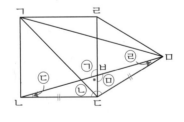

변 ㄴㄷ과 변 ㄷㅁ의 길이가 같으므로 삼각형 ㄴㄷㅁ은

이등변삼각형입니다.

㉡$=90°+60°=$ $\boxed{}$°이고,

㉢$=$㉣$=(180°-150°)÷2=$ $\boxed{}$°입니다.

삼각형 ㄷㅁㅂ에서

㉤$=180°-60°-15°=$ $\boxed{}$°이고

㉠$=$㉤이므로 ㉠$=$ $\boxed{}$°입니다.

㉠$+$ㆍ$=180°$, ㉤$+$ㆍ$=180°$ ➡ ㉠$=$㉤

7-1 오른쪽 그림에서 사각형 ㄱㄴㄷㄹ은 정사각형이고 삼각형 ㄷㅁㄹ은 정삼각형입니다. 각 ㄷㅂㅁ의 크기를 구하시오.

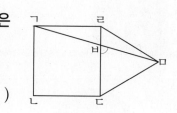

( )

7-2 오른쪽 그림에서 사각형 ㄱㄴㄷㄹ은 정사각형이고 삼각형 ㄷㅁㄹ은 정삼각형입니다. ㉠과 ㉡의 크기를 각각 구하시오.

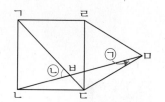

㉠ ( ), ㉡ ( )

7-3 오른쪽 그림에서 사각형 ㄱㄴㄷㄹ은 정사각형이고 삼각형 ㄱㄴㅁ은 정삼각형입니다. 각 ㄹㅁㄷ의 크기를 구하시오.

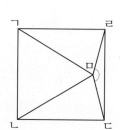

( )

7-4 오른쪽 그림에서 사각형 ㄱㄴㄷㄹ과 삼각형 ㄷㅁㅂ의 변의 길이가 모두 같습니다. ㉠의 크기를 구하시오.

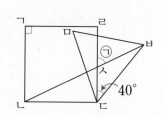

( )

최상위 S

두 점 사이의 거리가 같아야 길이가 같은 변을 만들 수 있다.

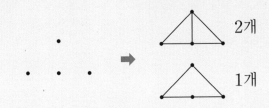

2개

1개

대표문제 **8**

다음 그림은 9개의 점을 정사각형 모양으로 놓은 것입니다. 이 점들을 꼭짓점으로 하여 만들 수 있는 이등변삼각형은 모두 몇 개인지 구하시오.

 모양의 이등변삼각형은 ☐개입니다.

모양의 이등변삼각형은 ☐개입니다.

모양의 이등변삼각형은 ☐개입니다.

모양의 이등변삼각형은 ☐개입니다.

모양의 이등변삼각형은 ☐개입니다.

따라서 만들 수 있는 이등변삼각형은 모두 ☐+☐+☐+☐+☐=☐(개)입니다.

8-1 오른쪽 그림은 10개의 점을 정삼각형 모양으로 놓은 것입니다. 이 점들을 꼭짓점으로 하여 만들 수 있는 정삼각형은 모두 몇 개입니까?

(   )

8-2 오른쪽 그림은 15개의 점을 정삼각형 모양으로 놓은 것입니다. 이 점들을 꼭짓점으로 하여 만들 수 있는 크기가 다른 정삼각형은 모두 몇 가지입니까?

(   )

8-3 오른쪽 그림은 원 위에 같은 간격으로 12개의 점을 놓은 것입니다. 이 점들을 꼭짓점으로 하여 만들 수 있는 이등변삼각형은 모두 몇 개입니까?

(   )

┌─▶ 변의 길이와 각의 크기가 모두 같은 육각형

8-4 오른쪽 그림은 7개의 점을 정육각형 모양으로 놓은 것입니다. 이 점들을 꼭짓점으로 하여 만들 수 있는 정삼각형이 <u>아닌</u> 이등변삼각형은 모두 몇 개입니까?

(   )

1 오른쪽 그림에서 사각형 ㄱㄴㄷㄹ은 정사각형이고 삼각형 ㄹㄷㅁ은 이등변삼각형입니다. 이등변삼각형 ㄹㄷㅁ의 세 변의 길이의 합이 47 cm일 때, 정사각형의 한 변은 몇 cm입니까?

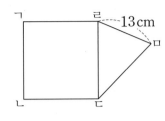

( )

2 오른쪽 그림은 정삼각형 ㄱㄴㄷ의 각 변의 한가운데 점을 이어 가면서 정삼각형을 만든 것입니다. 정삼각형 ㄱㄴㄷ의 한 변이 16 cm일 때, 정삼각형 ㅅㅇㅈ의 세 변의 길이의 합을 구하시오.

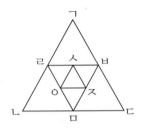

( )

3 오른쪽 그림에서 선분 ㄱㄴ, 선분 ㄴㄹ, 선분 ㄷㄹ, 선분 ㄷㅁ의 길이가 같을 때, 각 ㄹㄷㅁ의 크기를 구하시오.

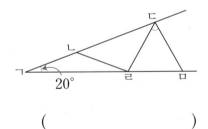

( )

4 오른쪽 그림에서 ㉠의 크기를 구하시오.

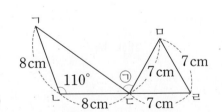

( )

5 다음 그림에서 찾을 수 있는 크고 작은 정삼각형은 모두 몇 개입니까?

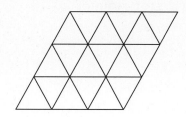

(   )

6 오른쪽 그림에서 삼각형 ㄱㄴㄷ과 삼각형 ㄹㄴㄷ은 이등변삼각형일 때, 각 ㄱㄷㄹ의 크기를 구하려고 합니다. 풀이 과정을 쓰고 답을 구하시오.

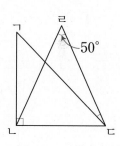

풀이 ....

....

....

답 ....

7 오른쪽 그림에서 사각형 ㄱㄴㄷㄹ은 정사각형이고 삼각형 ㅁㄱㄹ은 이등변삼각형입니다. 각 ㄱㅁㅂ의 크기를 구하시오.

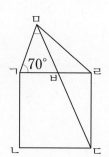

(   )

8 오른쪽 그림은 크기와 모양이 같은 이등변삼각형을 꼭짓점 ㄴ이 일치하도록 겹쳐서 붙인 것입니다. 각 ㅇㄴㅈ의 크기를 구하시오.

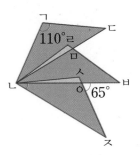

(   )

서술형 9 한 변의 길이가 4 cm인 정삼각형을 그림과 같이 한 변이 서로 맞닿게 옆으로 이어 붙여 새로운 도형을 만들려고 합니다. 정삼각형 10개를 이어 붙여 만든 도형의 둘레는 몇 cm 인지 풀이 과정을 쓰고 답을 구하시오.

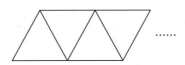

풀이 ....

....

....

답 ....

10 오른쪽 그림에서 삼각형 ㄱㄴㄷ은 정삼각형이고 사각형 ㄹㅁㅂㅅ 은 정사각형입니다. ㉠의 크기를 구하시오.

(   )

3

소수의 덧셈과 뺄셈

1 소수 두 자리 수, 소수 세 자리 수

정답과 풀이 **31쪽**

• 소수는 분수를 자릿값이 있는 수로 나타낸 것입니다.
• 소수의 자릿값은 오른쪽으로 갈수록 $\frac{1}{10}$씩 작아집니다.

1-1
BASIC CONCEPT

소수 두 자리 수

• 0.01 알아보기

분수 $\frac{1}{100}$을 소수로 0.01이라 쓰고 영 점 영일이라고 읽습니다.

$$\frac{1}{100}=0.01$$

4.69 — 사 점 육구라고 읽습니다.

일의 자리		소수 첫째 자리	소수 둘째 자리
4	.		
0	.	6	
0	.	0	9

소수 세 자리 수

• 0.001 알아보기

분수 $\frac{1}{1000}$을 소수로 0.001이라 쓰고 영 점 영영일이라고 읽습니다.

$$\frac{1}{1000}=0.001$$

4.695 — 사 점 육구오라고 읽습니다.

4.695는 1이 4개, 0.1이 6개, 0.01이 9개, 0.001이 5개인 수입니다.

---

1 □ 안에 알맞은 소수를 써넣으시오.

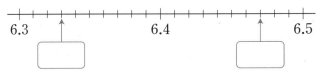

6.3   6.4   6.5

---

2 숫자 8이 0.008을 나타내는 수를 찾아 기호를 쓰시오.

㉠ 2.083   ㉡ 1.893   ㉢ 4.728   ㉣ 8.561

(   )

---

3 □ 안에 알맞은 수를 써넣으시오.

3.205는 1이 3개, ☐이 2개, 0.001이 ☐개인 수입니다.

---

2 소수 사이의 관계, 소수의 크기 비교

- 같은 숫자라도 자리에 따라 나타내는 값이 다릅니다.
- 높은 자리일수록 큰 값을 나타냅니다.

1, 0.1, 0.01, 0.001의 관계

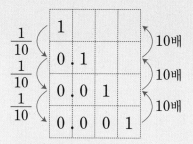

$\dfrac{1}{10}$ 〈 10배

소수의 크기 비교

높은 자리 숫자부터 차례로 비교합니다. ➡ 높은 자리일수록 자릿값이 크기 때문입니다.

1.532
4.521 ➡ 1.532 $<$ 4.521
1<4 ➡ 아랫자리 숫자는 비교하지 않아도 됩니다.

3.065
3.212 ➡ 3.065 $<$ 3.212
0<2

0.945
0.927 ➡ 0.945 $>$ 0.927
4>2

8.723
8.729 ➡ 8.723 $<$ 8.729
3<9

1 빈 곳에 알맞은 수를 써넣으시오.

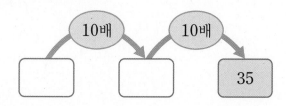

2 큰 수부터 차례로 기호를 쓰시오.

⊙ 4.032　　ⓒ 4.302　　ⓒ 4.043

(　　　　　　　　)

3 소수의 덧셈

- 세로로 쓸 때 소수점끼리 맞춥니다.
- 아랫자리에서 10은 바로 윗자리에서 1입니다.

3-1
BASIC CONCEPT

소수 한 자리 수의 덧셈

· 0.6+3.7의 계산

일의 자리	소수 첫째 자리
1	
0 .	6
+ 3 .	7
4 .	3

- 소수점끼리 맞추어 세로로 쓰고 같은 자리 수끼리 더합니다.
- 각 자리 수의 합이 10이거나 10보다 크면 윗자리로 받아올림하여 계산합니다.

소수 두 자리 수의 덧셈

· 2.73+4.18의 계산

일의 자리	소수 첫째 자리	소수 둘째 자리
	1	
2 .	7	3
+ 4 .	1	8
6 .	9	1

- 소수점끼리 맞추어 세로로 쓰고 소수 둘째 자리의 합, 소수 첫째 자리의 합, 일의 자리의 합의 순서로 더합니다.

---

1 다음을 계산하시오.

(1)
$$\begin{array}{r} 5.3 \\ + 1.8 \\ \hline \end{array}$$

(2)
$$\begin{array}{r} 7.2\,5 \\ + 2.0\,9 \\ \hline \end{array}$$

(3)
$$\begin{array}{r} 4.5\,6 \\ + 3.4\,4 \\ \hline \end{array}$$

2 주어진 두 길이의 합을 m로 나타내시오.

(1)

56 cm	1 m 28 cm

(   )

(2)

3 m 9 cm	91 cm

(   )

3 계산 결과를 비교하여 ○ 안에 >, =, <를 써넣으시오.

(1) $0.38+0.86$ ◯ $0.36+0.88$ (2) $1.75+1.23$ ◯ $1.57+1.32$

4 민수는 과일 가게에서 사과 $0.8\,kg$과 배 $0.9\,kg$을 샀습니다. 민수가 산 사과와 배의 무게는 모두 몇 kg입니까?

(   )

5 은희네 집에서 서점까지의 거리는 $1.95\,km$이고, 서점에서 학교까지의 거리는 $4.27\,km$입니다. 은희네 집에서 서점을 지나 학교까지 가는 거리는 몇 km입니까?

(   )

덧셈의 교환법칙   중등연계

덧셈에서는 두 수를 바꾸어 더해도 결과는 같습니다.

$\underset{5.8}{1.6+4.2}=\underset{5.8}{4.2+1.6}$ ➡ $\boxed{a+b=b+a}$

6 □ 안에 알맞은 수나 기호를 써넣으시오.

(1) $2.5+0.7=0.7+\boxed{}$

(2) $6.49+5.87=\boxed{}+6.49$

(3) $A+B=\boxed{}+A$

4 소수의 뺄셈

• 자릿수가 다른 소수의 차는 소수점을 맞춥니다.
• 윗자리에서 1은 아랫자리에서 10입니다.

소수 한 자리 수의 뺄셈

• 3.6－1.9의 계산

일의 자리	소수 첫째 자리
2 3	10 6
－ 1	9
1	7

• 소수점끼리 맞추어 세로로 쓰고 같은 자리 수끼리 뺍니다.
• 각 자릿수끼리 뺄 수 없을 때에는 윗자리에서 받아내림하여 계산합니다.

소수 두 자리 수의 뺄셈

• 0.74－0.36의 계산 ── 소수 둘째 자리부터 차례로 계산합니다.

일의 자리	소수 첫째 자리	소수 둘째 자리
0	6 7	10 4
－ 0	3	6
0	3	8

---

1 다음을 계산하시오.

(1)
```
    5.6
 － 0.8
```

(2)
```
   9.7 2
 － 2.7 5
```

2 □ 안에 알맞은 수를 써넣으시오.

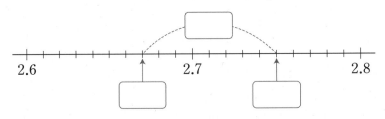

3 소수 두 자리 수의 뺄셈을 한 것입니다. ㉠, ㉡, ㉢에 알맞은 수를 각각 구하시오.

```
   ㉠.8 3
 － 6.㉡ 4
   2.5 ㉢
```

㉠ (   ), ㉡ (   ), ㉢ (   )

4-2
BASIC CONCEPT

자릿수가 다른 소수의 덧셈과 뺄셈

소수점끼리 맞추어 세로로 쓰고 같은 자리 수끼리 계산합니다.

• 1.2+2.84의 계산

	일의 자리	소수 첫째 자리	소수 둘째 자리
	1	2	
+	2	8	4
	4	0	4

• 4.3−0.52의 계산

	일의 자리	소수 첫째 자리	소수 둘째 자리
	3	12	10
	4	3	
−	0	5	2
	3	7	8

4 계산이 잘못된 곳을 찾아 바르게 계산하고 잘못된 이유를 쓰시오.

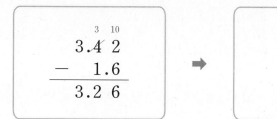

이유 _____

_____

5 훈호의 키는 150.43 cm입니다. 예지의 키가 훈호보다 12.8 cm 더 작다면 예지의 키는 몇 cm입니까?

(   )

6 물병에 1.5 L의 물이 들어 있습니다. 가림이가 식사 후에 물을 0.85 L 마셨다면, 물병에 남은 물은 몇 L입니까?

(   )

계산한 방법과 순서를 거꾸로 하면 처음 수가 된다.

어떤 수의 $\frac{1}{10}$인 수가 0.05이면

어떤 수는 0.05의 10배인 0.5입니다.

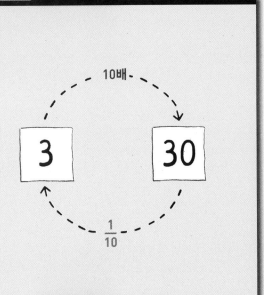

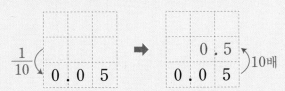

대표문제 1

어떤 수의 $\frac{1}{100}$인 수는 65.42보다 0.007 작다고 합니다. 어떤 수를 구하시오.

65.42보다 0.007 작은 수는 $65.42 - 0.007 =$ [ ] 입니다.

어떤 수 $\xleftarrow[\text{100배}]{\frac{1}{100}}$ [ ]

어떤 수의 $\frac{1}{100}$인 수가 [ ] 이므로 어떤 수는 [ ] 의 100배인 수입니다.

따라서 어떤 수는 [ ] 입니다.

1-1 어떤 수의 $\dfrac{1}{100}$인 수는 0.1이 3개, 0.01이 24개, 0.001이 17개인 수와 같습니다. 어떤 수를 구하시오.

( )

1-2 어떤 수의 $\dfrac{1}{100}$인 수는 36.54보다 0.08 크다고 합니다. 어떤 수를 구하시오.

( )

1-3 어떤 수의 10배인 수는 29.54보다 0.61 작다고 합니다. 어떤 수를 구하시오.

( )

1-4 다음에서 ㉠은 ㉡의 몇 배입니까?

> • ㉠의 $\dfrac{1}{10}$인 수는 6.7보다 0.23 작습니다.
>
> • ㉡의 10배인 수는 5.98보다 0.49 큽니다.

( )

도형의 둘레는 모든 변의 길이의 합이다.

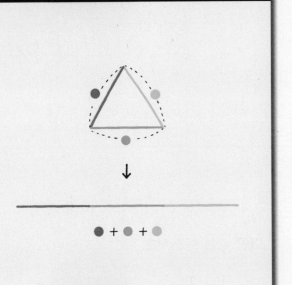

한 변의 길이가 0.5 cm인 정사각형은 네 변의 길이가 같으므로

$$(둘레)=0.5+0.5+0.5+0.5=2(cm)$$

0.5 cm

길이가 4 m인 철사를 겹치지 않게 사용하여 다음과 같은 정삼각형을 한 개 만들었습니다. 사용하고 남은 철사는 몇 m인지 구하시오.

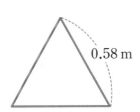

0.58 m

정삼각형은 세 변의 길이가 모두 같으므로 세 변의 길이는 □ m로 같습니다.

(사용한 철사의 길이)=(정삼각형의 둘레)이므로

(정삼각형의 둘레)=0.58+0.58+0.58=□(m)

➡ (사용하고 남은 철사의 길이)=4−□=□(m)

2-1 철사를 겹치지 않게 사용하여 오른쪽과 같은 직사각형을 한 개 만들었습니다. 사용한 철사는 몇 m입니까?

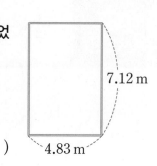

7.12 m

4.83 m

(   )

2-2 길이가 3 m인 끈을 겹치지 않게 사용하여 오른쪽과 같은 이등변삼각형을 한 개 만들었습니다. 사용하고 남은 끈은 몇 m입니까?

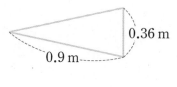

0.36 m

0.9 m

(   )

서술형 **2-3** 한 변의 길이가 0.16 m인 정사각형 모양의 액자가 있습니다. 이 액자의 네 변을 따라 길이가 85 cm인 색 테이프를 겹치지 않게 이어 붙였습니다. 액자에 붙이고 남은 색 테이프는 몇 m인지 풀이 과정을 쓰고 답을 구하시오.

풀이

답

2-4 가로가 1.97 m이고 세로는 가로보다 0.83 m 더 짧은 직사각형 모양의 칠판이 있습니다. 이 칠판의 네 변에 리본을 겹치지 않게 이어 붙였더니 0.78 m의 리본이 남았습니다. 처음에 있던 리본은 몇 m입니까?

(   )

잘못 계산한 식으로 처음 수를 구한다.

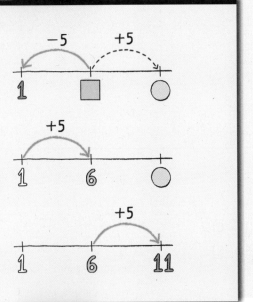

어떤 수에 0.5를 더해야 할 것을 잘못하여 뺐더니 0.3이 되었다면

① (어떤 수)−0.5=0.3
  (어떤 수)=0.3+0.5
        =0.8

② (바르게 계산한 값)
  =0.8+0.5=1.3

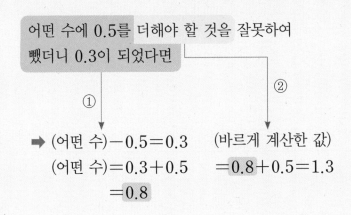

대표문제 3 어떤 수에서 6.7을 빼야 할 것을 잘못하여 더했더니 15.29가 되었습니다. 바르게 계산하면 얼마입니까?

어떤 수를 먼저 구한 후 바르게 계산합니다.

어떤 수를 ■라 하면 잘못 계산한 식은 ■+6.7=15.29입니다.

➡ ■=15.29−6.7=□

따라서 바르게 계산하면 □−6.7=□ 입니다.

3-1 어떤 수에서 0.6을 빼야 할 것을 잘못하여 더했더니 1.32가 되었습니다. 바르게 계산하면 얼마입니까?

(   )

3-2 어떤 수에 5.84를 더해야 할 것을 잘못하여 뺐더니 27.63이 되었습니다. 바르게 계산하면 얼마입니까?

(   )

서술형 **3-3** 어떤 수에서 1.63을 빼야 할 것을 잘못하여 16.3을 뺐더니 10.94가 되었습니다. 바르게 계산하면 얼마인지 풀이 과정을 쓰고 답을 구하시오.

풀이 _____

_____

_____

답 _____

3-4 어떤 수에 8.5를 더한 다음 3.75를 빼야 하는데 8.5를 빼고 3.75를 더했더니 5.9가 되었습니다. 바르게 계산하면 얼마입니까?

(   )

최상위 S 두 수의 차가 작을수록 가깝다.

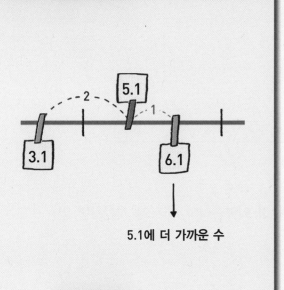

수 카드 3장을 한 번씩 모두 사용하여
1에 가장 가까운 소수 두 자리 수를 만들 때

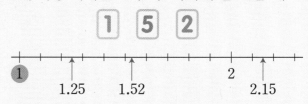

➡ 1.25가 1에 가장 가깝습니다.

대표문제 4

수 카드 4장을 한 번씩 모두 사용하여 소수 두 자리 수를 만들려고 합니다. 만들 수 있는 소수 두 자리 수 중에서 30에 가장 가까운 수를 구하시오.

30에 가까운 소수 두 자리 수를 만들려면 십의 자리에 2 또는 3을 놓아야 합니다.

• 십의 자리 수가 2일 때: 남은 수 카드는 7>4>3이므로

  30에 가장 가까운 수가 되려면 높은 자리부터 큰 수를 차례로 씁니다. ➡ 2□.□□

• 십의 자리 수가 3일 때: 남은 수 카드는 2<4<7이므로

  30에 가장 가까운 수가 되려면 높은 자리부터 작은 수를 차례로 씁니다. ➡ 3□.□□

$\underset{=2.57}{30-27.43}$ ◯ $\underset{=2.47}{32.47-30}$ 이므로

만들 수 있는 소수 두 자리 수 중에서 30에 가장 가까운 수는 □ 입니다.

4-1 수 카드 4장을 한 번씩 모두 사용하여 소수 두 자리 수를 만들려고 합니다. 만들 수 있는 소수 두 자리 수 중에서 60에 가장 가까운 수를 구하시오.

3 6 5 4

(   )

4-2 수 카드 4장을 한 번씩 모두 사용하여 소수 세 자리 수를 만들려고 합니다. 만들 수 있는 소수 세 자리 수 중에서 1에 가장 가까운 수를 구하시오.

0 5 1 9

(   )

4-3 수 카드 4장을 한 번씩 모두 사용하여 소수 두 자리 수를 만들려고 합니다. 만들 수 있는 소수 두 자리 수 중에서 20에 가장 가까운 수와 둘째로 가까운 수의 합을 구하시오.

4 2 1 8

(   )

비교하는 숫자가 9이거나 0일 때,

□의 바로 아랫자리를 비교한다.

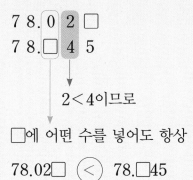

7 8 . 0 2 □
7 8 . □ 4 5

↓

2<4이므로

□에 어떤 수를 넣어도 항상

78.02□ < 78.□45

3.□4
3.95

↓

□에 어떤 숫자가 놓여도 항상

3.□4 < 3.95

대표문제 5

□ 안에는 0부터 9까지의 수가 들어갈 수 있습니다. 크기가 작은 수부터 차례로 기호를 쓰시오.

ㄱ 79.□98   ㄴ 7□.096   ㄷ 70.0□2

□ 안에 가장 작은 수와 가장 큰 수를 넣어 수의 크기를 비교합니다.

□ 안에 0을 넣으면 ㄱ 79.098, ㄴ 70.096, ㄷ 70.002가 되므로 □ < □ < □ 입니다.

□ 안에 9를 넣으면 ㄱ 79.998, ㄴ 79.096, ㄷ 70.092가 되므로 □ < □ < □ 입니다.

따라서 □ 안에 어떤 수를 넣더라도 □ < □ < □ 이므로 크기가 작은 수부터 차례로

기호를 쓰면 □, □, □ 입니다.

5-1 □ 안에는 0부터 9까지의 수가 들어갈 수 있습니다. 크기가 큰 수부터 차례로 기호를 쓰시오.

> ㉠ 6□.095   ㉡ 60.0□3   ㉢ 69.11□

(   )

5-2 □ 안에는 0부터 9까지의 수가 들어갈 수 있습니다. 크기가 큰 수부터 차례로 기호를 쓰시오.

> ㉠ 49.□6   ㉡ 50.83□   ㉢ 4□.027   ㉣ 5□.891

(   )

5-3 소수 세 자리 수를 크기가 작은 수부터 차례로 쓴 것입니다. 0에서 9까지의 수 중에서 □ 안에 알맞은 수를 써넣으시오.

> 18.3□8   18.30□   1□.052

5-4 0에서 9까지의 수 중에서 □ 안에 알맞은 수를 써넣으시오.

> 28.□7 < 28.□93 < 28.0□5 < 2□.031

두 식의 값이 같은 경우를 생각하여 조건에 맞는 수를 구한다.

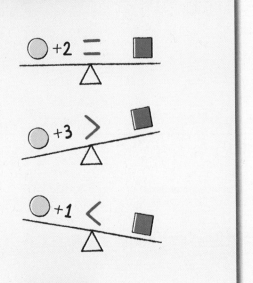

□ 안에 들어갈 수 있는 가장 큰 소수 한 자리 수

$2.5+□<4.7$

① $2.5+□=4.7$ ➡ $□=2.2$

② $2.5+□<4.7$ ➡ $□=2.1, 2, 1.9$ ……

가장 큰 소수 한 자리 수

대표문제 6

□ 안에 들어갈 수 있는 수 중에서 가장 큰 소수 두 자리 수를 구하시오.

$$□+4.17 < 10.45-2.71$$

< 를 = 로 놓고 계산했을 때의 □를 먼저 구합니다.

$□+4.17=10.45-2.71$, $□+4.17=\boxed{}$

➡ $□=\boxed{}-4.17=\boxed{}$

□ 안에 들어갈 수 있는 수는 $\boxed{}$ 보다 작은 수이므로

□ 안에 들어갈 수 있는 가장 큰 소수 두 자리 수는 $\boxed{}$ 입니다.

6-1 □ 안에 들어갈 수 있는 수 중에서 가장 큰 소수 두 자리 수를 구하시오.

$$\square - 8.32 < 4.06$$

(   )

6-2 □ 안에 들어갈 수 있는 수 중에서 가장 작은 소수 두 자리 수를 구하시오.

$$3.57 + \square > 15.8 - 3.98$$

(   )

6-3 □ 안에 들어갈 수 있는 수 중에서 가장 큰 소수 세 자리 수를 구하시오.

$$6.82 + 2.34 < 9.31 - \square$$

(   )

6-4 □ 안에 공통으로 들어갈 수 있는 소수 두 자리 수는 모두 몇 개입니까?

$$10 - 7.52 > \square \qquad\qquad \square + 4.73 > 6.45 + 0.7$$

(   )

덜어 낸 양으로 담는 그릇의 무게를 구한다.

물 3 L가 들어 있는 통의 무게: (물 3 L)＋(통)＝3.2(kg)
물 1 L를 덜어 낸 후 통의 무게: (물 2 L)＋(통)＝2.3(kg)

$$
\begin{array}{r}
(물\ 3\,L)+(통)=3.2(kg) \\
-\ )\ (물\ 2\,L)+(통)=2.3(kg) \\
\hline
(물\ 1\,L)\qquad\quad=0.9(kg)
\end{array}
$$

➡ (통의 무게)＝3.2－(0.9＋0.9＋0.9)＝0.5(kg)
　　　　　　　　　　　　　물 3 L의 무게

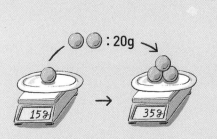

접시의 무게 : 5g

대표문제 7

무게가 똑같은 음료수 5병이 들어 있는 상자의 무게를 재어 보았더니 0.89 kg이었습니다. 이 상자에서 음료수 1병을 꺼낸 후 다시 상자의 무게를 재었더니 0.74 kg이었다면 빈 상자의 무게는 몇 kg입니까?

음료수의 1병의 무게를 먼저 구합니다.

(음료수 1병의 무게)

＝(음료수 5병이 들어 있는 상자의 무게)－(음료수 1병을 꺼낸 후 상자의 무게)

＝0.89－0.74＝ ☐ (kg)

(음료수 5병의 무게)＝ ☐ ＋ ☐ ＋ ☐ ＋ ☐ ＋ ☐ ＝ ☐ (kg)

➡ (빈 상자의 무게)＝(음료수 5병이 들어 있는 상자의 무게)－(음료수 5병의 무게)

＝0.89－ ☐ ＝ ☐ (kg)

7-1 무게가 똑같은 사과 10개가 들어 있는 바구니의 무게를 재어 보았더니 4.25 kg이었습니다. 이 바구니에 사과 1개를 넣고 다시 무게를 재었더니 4.63 kg이었다면 빈 바구니의 무게는 몇 kg 입니까?

(   )

서술형 7-2 무게가 똑같은 책 10권이 들어 있는 상자의 무게를 재어 보았더니 9.48 kg이었습니다. 이 상자에서 책 1권을 꺼낸 후 다시 상자의 무게를 재었더니 8.56 kg이었다면 빈 상자의 무게는 몇 kg인지 풀이 과정을 쓰고 답을 구하시오.

풀이 ....

....

....

답 ....

7-3 물이 가득 들어 있는 병의 무게를 재어 보았더니 1 kg이었습니다. 이 병에 들어 있는 물의 $\frac{1}{3}$을 마신 후 다시 무게를 재었더니 0.72 kg이었습니다. 빈 병의 무게는 몇 kg입니까?

(   )

7-4 식용유 1 L가 들어 있는 병의 무게가 1.2 kg입니다. 이 병에 들어 있는 식용유를 600 mL 사용한 후 다시 무게를 재었더니 0.66 kg이었습니다. 빈 병의 무게는 몇 kg입니까?

(   )

모르는 수가 하나만 있는 식으로 만든다.

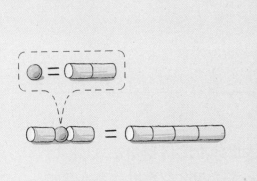

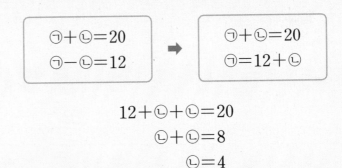

$$ㄱ+ㄴ=20$$
$$ㄱ-ㄴ=12$$
$$\Rightarrow$$
$$ㄱ+ㄴ=20$$
$$ㄱ=12+ㄴ$$

$$12+ㄴ+ㄴ=20$$
$$ㄴ+ㄴ=8$$
$$ㄴ=4$$

대표문제 8 합이 12.46이고, 차가 5.68인 두 소수를 각각 구하시오.

두 소수 중에서 큰 수를 ㄱ, 작은 수를 ㄴ이라고 하면

$ㄱ+ㄴ=12.46$, $ㄱ-ㄴ=5.68$입니다.

$(ㄱ+\cancel{ㄴ})+(ㄱ-\cancel{ㄴ})=$ ☐ $+$ ☐

$ㄱ+ㄱ=$ ☐

☐ $=9.07+$ ☐ 이므로 $ㄱ=$ ☐ 입니다.

$ㄱ+ㄴ=12.46$에서 ☐ $+ㄴ=12.46$

따라서 $ㄴ=12.46-$ ☐ $=$ ☐ 입니다.

8-1 두 수 ㉠과 ㉡을 각각 구하시오.

$$㉠+㉡=7.45 \qquad ㉠-㉡=2.63$$

㉠ (   )

㉡ (   )

8-2 합이 6.42이고, 차가 1.58인 두 소수 중에서 큰 수의 $\dfrac{1}{100}$인 수를 구하시오.

(   )

8-3 합이 4.72이고, 차가 1.9인 두 소수 중에서 작은 수의 100배인 수를 구하시오.

(   )

8-4 세 수 ㉠, ㉡, ㉢이 있습니다. ㉠과 ㉡의 합은 4.23, ㉡과 ㉢의 합은 8.35, ㉠과 ㉢의 합은 5.42입니다. ㉠, ㉡, ㉢을 각각 구하시오.

㉠ (   )

㉡ (   )

㉢ (   )

연속하는 자연수는 1씩 커진다.

연속하는 세 자연수는 다음과 같이 나타낼 수 있습니다.

① □−2　　□−1　　□

② □−1　　□　　□+1

③ □　　□+1　　□+2

④ □+1　　□+2　　□+3

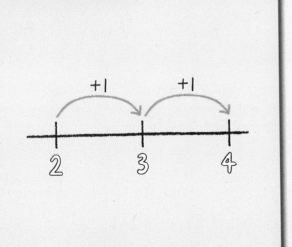

대표문제 9

연속하는 한 자리 자연수 5개를 작은 수부터 차례로 쓰면 ㉠, ㉡, ㉢, ㉣, ㉤입니다. 소수 ㉠.㉡㉢과 ㉢.㉣㉤의 합이 6보다 크고 7보다 작을 때, ㉠.㉡㉢의 100배를 구하시오.

㉠, ㉡, ㉢, ㉣, ㉤은 연속하는 자연수이므로 ㉢=㉠+□입니다.

㉠.㉡㉢과 ㉢.㉣㉤의 합이 6보다 크고 7보다 작으므로

┌ 0.㉡㉢+0.㉣㉤>1일 때

㉠+㉢은 5이거나 □입니다.

└ 0.㉡㉢+0.㉣㉤<1일 때

㉠+㉢이 5가 되는 자연수 ㉠과 ㉢은 없습니다.

㉠+㉢=□일 때, ㉠=□, ㉢=□입니다.

따라서 ㉠.㉡㉢은 □이므로 ㉠.㉡㉢의 100배는 □입니다.

9-1

연속하는 한 자리 자연수 5개를 작은 수부터 차례로 쓰면 ㉠, ㉡, ㉢, ㉣, ㉤입니다. 소수 ㉠.㉡㉢과 ㉢.㉣㉤의 합이 9보다 크고 10보다 작을 때, ㉢.㉣㉤의 $\frac{1}{10}$은 얼마입니까?

(   )

9-2

연속하는 한 자리 자연수 6개를 작은 수부터 차례로 쓰면 ㉠, ㉡, ㉢, ㉣, ㉤, ㉥입니다. 소수 ㉠.㉡㉢과 ㉣.㉤㉥의 합이 12보다 크고 13보다 작을 때, ㉥의 $\frac{1}{100}$은 얼마입니까?

(   )

9-3

앞의 수와의 차가 0.01씩인 소수 두 자리 수 ㉠, ㉡, ㉢의 합이 6.39일 때, ㉢의 100배는 얼마입니까? (단, ㉠<㉡<㉢입니다.)

(   )

9-4

수직선에 일정한 간격으로 소수를 늘어놓았습니다. ㉡과 ㉢의 합과 2.5와 ㉠의 합의 차가 0.44일 때, ㉠, ㉡, ㉢을 각각 구하시오.

눈금 한 칸의 크기를 ■라 하면 2.5에서 오른쪽으로 1칸씩 갈수록 수는 ■씩 커져.

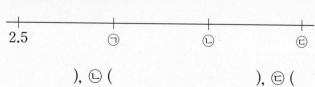

㉠ (   ), ㉡ (   ), ㉢ (   )

1 수직선에서 □ 안에 알맞은 수를 구하시오.

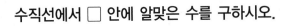

( )

2 어떤 수의 $\frac{1}{100}$ 인 수가 0.729이면 어떤 수의 1000배인 수는 얼마입니까?

( )

3 0에서 9까지의 수 중에서 □ 안에 들어갈 수 있는 수를 모두 구하시오.

$$5.47 + 2.79 > 8.\square3$$

( )

4 3, 4, 5, 6, 7을 □ 안에 한 번씩 모두 써넣어 다음 뺄셈식을 만들려고 합니다. 차가 가장 크게 되도록 뺄셈식을 만들고 차를 구하시오.

( )

5 대전에서 대구까지의 거리는 청주에서 대전까지의 거리보다 몇 km 더 멉니까?

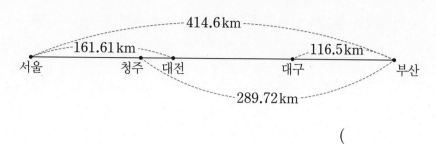

(   )

서술형 **6** 지호는 무게가 3.97 kg인 상자를 들고 몸무게를 재어 보았더니 36.51 kg이었습니다. 상자를 내려놓고 가방을 메고 몸무게를 다시 재어 보았더니 34.9 kg이었습니다. 가방의 무게는 몇 kg인지 풀이 과정을 쓰고 답을 구하시오.

풀이 ....

....

....

답 ....

7 다음 조건을 모두 만족하는 소수 세 자리 수를 모두 구하시오.

> ㉠ 6.2보다 크고 6.43보다 작습니다.
>
> ㉡ 소수 둘째 자리 수는 소수 첫째 자리 수의 3배입니다.
>
> ㉢ 소수 셋째 자리 수와 어떤 수를 곱하면 항상 어떤 수가 됩니다.

(   )

8 떨어진 높이의 $\dfrac{1}{10}$ 만큼 튀어 오르는 공이 있습니다. 이 공을 $73\,\mathrm{m}$ 높이에서 수직으로 떨어뜨렸을 때, 세 번째로 튀어 오른 공의 높이는 몇 m입니까?

(   )

서술형 **9** 일정한 빠르기로 소라는 20분 동안 $2.36\,\mathrm{km}$를 가고, 민석이는 30분 동안 $3.92\,\mathrm{km}$를 갑니다. 두 사람이 같은 지점에서 동시에 출발하여 서로 반대 방향으로 직선 거리를 간다면 1시간 후 두 사람 사이의 거리는 몇 km인지 풀이 과정을 쓰고 답을 구하시오.

풀이

답

10 어떤 소수와 그 소수의 소수점을 빼서 만든 자연수의 차가 4115.43입니다. 어떤 소수는 얼마입니까?

(   )

먼저 생각해 봐요!

차가 소수 두 자리 수이면 어떤 소수는 소수 몇 자리 수일까?

4

사각형

1 수직과 평행

- 두 개의 직선은 겹치거나, 한 점에서 만나거나, 서로 만나지 않습니다.
- 두 직선이 한 점에서 만나면 각이 생깁니다.

수직인 직선

- 두 직선이 만나서 이루는 각이 직각일 때, 두 직선은 서로 수직이라고 합니다.
- 두 직선이 서로 수직으로 만나면 한 직선을 다른 직선에 대한 수선이라고 합니다.

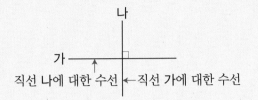

직선 나에 대한 수선 ← 직선 가에 대한 수선

수선 긋기

- 삼각자를 사용하여 수선 긋기

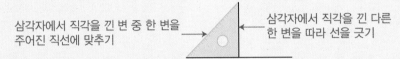

삼각자에서 직각을 낀 변 중 한 변을 주어진 직선에 맞추기 → ← 삼각자에서 직각을 낀 다른 한 변을 따라 선을 긋기

- 각도기를 사용하여 수선 긋기

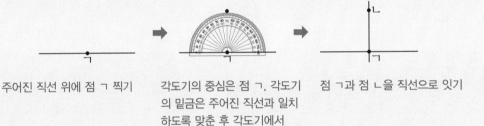

주어진 직선 위에 점 ㄱ 찍기 / 각도기의 중심은 점 ㄱ, 각도기의 밑금은 주어진 직선과 일치하도록 맞춘 후 각도기에서 90°가 되는 눈금 위에 점 찍기 / 점 ㄱ과 점 ㄴ을 직선으로 잇기

---

1 서로 수직인 변이 있는 도형을 모두 찾아 기호를 쓰시오.

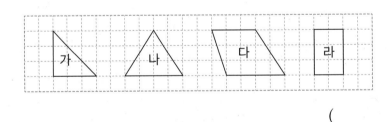

(   )

2 사각형 ㄱㄴㄷㄹ에서 직선 가와 수직인 변을 모두 찾아 쓰시오.

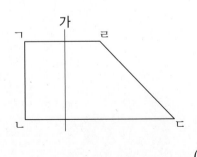

(   )

평행과 평행선

• 한 직선에 수직인 두 직선을 그었을 때, 그 두 직선은 서로 만나지 않습니다. 이와 같이 서로 만나지 않는 두 직선을 평행하다고 합니다.

• 평행한 두 직선을 평행선이라고 합니다.

평행선

평행선 사이의 거리

• 평행선의 한 직선에서 다른 직선에 수직인 선분을 그었을 때, 이 선분의 길이를 평행선 사이의 거리라고 합니다.

← 평행선 사이의 거리

3 오른쪽 그림에서 평행선은 모두 몇 쌍입니까?

다 라 마 바

가

나

(   )

4 직선 가와 직선 나는 서로 평행합니다. 평행선 사이의 거리는 몇 cm입니까?

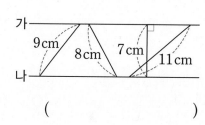

가

9 cm 8 cm 7 cm 11 cm

나

(   )

• 평행선과 한 직선이 만나서 생기는 각 중에 같은 위치에 있는 두 각을 동위각이라 하고 엇갈린 위치에 있는 두 각을 엇각이라고 합니다.

중등 연계

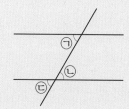

동위각: ㉠=㉢

엇각: ㉠=㉡

5 직선 가와 직선 나, 직선 다와 직선 라는 서로 평행합니다. □ 안에 알맞은 수를 써넣으시오.

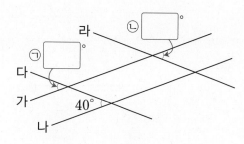

라

㉡   °

㉠   °

다

가

40°

나

2 사다리꼴, 평행사변형, 마름모

• 4개의 선분으로 둘러싸인 도형을 사각형이라고 합니다.
• 변의 길이와 각의 크기로 사각형의 이름이 정해집니다.

사다리꼴: 평행한 변이 한 쌍이라도 있는 사각형

평행사변형: 마주 보는 두 쌍의 변이 서로 평행한 사각형

평행사변형의 성질

• 마주 보는 두 변의 길이가 같습니다.
• 마주 보는 두 각의 크기가 같습니다.
• 이웃한 두 각의 크기의 합이 180°입니다.

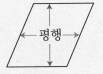

1 사다리꼴은 모두 몇 개입니까?

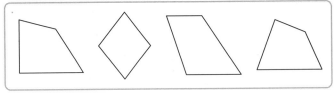

( )

2 평행사변형을 보고 □ 안에 알맞은 수를 써넣으시오.

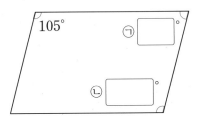

3 사다리꼴을 잘라 평행사변형을 만들려면 어느 부분을 자르면 됩니까?

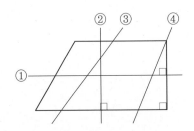

( )

마름모: 네 변의 길이가 모두 같은 사각형

마름모의 성질

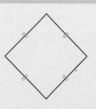

• 마주 보는 두 각의 크기가 같습니다.

• 이웃한 두 각의 크기의 합이 180°입니다.

• 마주 보는 꼭짓점끼리 이은 선분이 서로 수직으로 만나고 이등분합니다.

4 마름모를 모두 찾아 기호를 쓰시오.

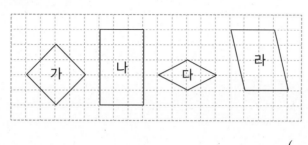

(   )

5 다음 도형은 마름모입니다. ☐ 안에 알맞은 수를 써넣으시오.

(1)

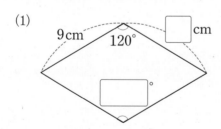

(2)

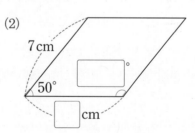

6 오른쪽 마름모의 둘레는 몇 cm입니까?

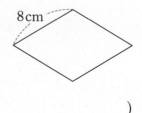

(   )

3 여러 가지 사각형

3-1
BASIC CONCEPT

• 사각형은 변의 길이와 각의 크기로 포함 관계가 생깁니다.

직사각형의 성질	정사각형의 성질
• 네 각이 모두 직각입니다.	• 네 각이 모두 직각입니다.
• 마주 보는 두 변의 길이가 같습니다.	• 네 변의 길이가 모두 같습니다.
• 마주 보는 두 쌍의 변이 서로 평행합니다.	• 마주 보는 두 쌍의 변이 서로 평행합니다.

1 □ 안에 알맞은 수를 써넣으시오.

(1)
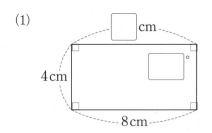

(2)
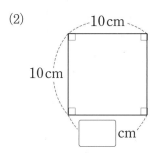

2 정사각형에 대한 설명으로 잘못된 것은 어느 것입니까? (   )

① 마주 보는 두 쌍의 변은 서로 평행합니다.
② 평행사변형이라고 말할 수 없습니다.
③ 직사각형이라고 말할 수 있습니다.
④ 네 각의 크기가 모두 같습니다.
⑤ 네 변의 길이가 모두 같습니다.

3 다음 사각형을 보고 알맞은 말에 ○표 하고 그 이유를 쓰시오.

정사각형이라고 할 수 (있습니다 , 없습니다).

이유 ....

3-2 BASIC CONCEPT

사각형의 관계

성질	사다리꼴	평행사변형	마름모	직사각형	정사각형
마주 보는 한 쌍의 변이 서로 평행합니다.	○	○	○	○	○
마주 보는 두 쌍의 변이 서로 평행합니다.		○	○	○	○
네 변의 길이가 모두 같습니다.			○		○
네 각의 크기가 모두 같습니다.				○	○
네 변의 길이가 모두 같고 네 각의 크기가 모두 같습니다.					○

4 사각형을 보고 물음에 답하시오.

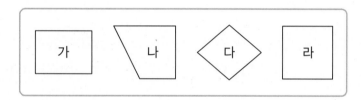

(1) 평행사변형을 모두 찾아 기호를 쓰시오. ( )

(2) 직사각형을 모두 찾아 기호를 쓰시오. ( )

5 다음 조건을 모두 만족하는 사각형을 모두 쓰시오.

> • 마주 보는 두 쌍의 변이 서로 평행합니다.
> • 네 변의 길이가 모두 같습니다.

( )

6 오른쪽 사각형의 이름이 될 수 있는 것을 모두 찾아 기호를 쓰시오.

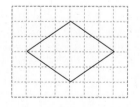

㉠ 정사각형	㉡ 평행사변형
㉢ 사다리꼴	㉣ 직사각형

( )

직사각형의 세로 사이의 거리는 가로의 길이와 같다.

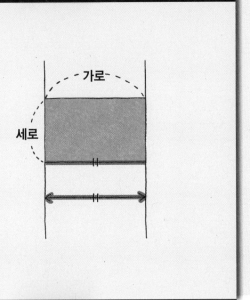

직사각형 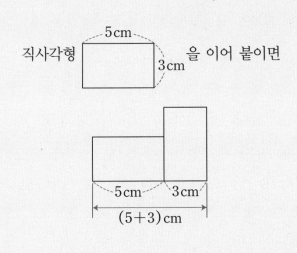 을 이어 붙이면

대표문제 1

크기가 서로 다른 정사각형 가, 나, 다를 겹치지 않게 이어 붙인 것입니다. 변 ㄱㄴ과 변 ㄹㄷ이 서로 평행할 때, 변 ㄱㄴ과 변 ㄹㄷ 사이의 거리는 몇 cm인지 구하시오.

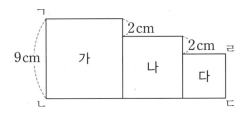

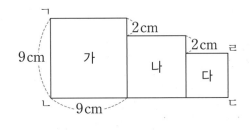

정사각형은 네 변의 길이가 모두 같습니다.

(나의 한 변의 길이)=9－2=☐(cm)

(다의 한 변의 길이)=☐－☐=☐(cm)

따라서 변 ㄱㄴ과 변 ㄹㄷ 사이의 거리는

9+☐+☐=☐(cm)입니다.

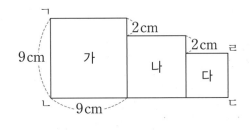

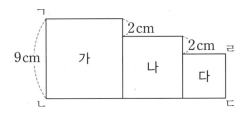

1-1 크기가 다른 정사각형 가, 나, 다를 겹치지 않게 이어 붙인 것입니다. 변 ㄱㄴ과 변 ㄹㄷ이 서로 평행할 때, 변 ㄱㄴ과 변 ㄹㄷ 사이의 거리는 몇 cm입니까?

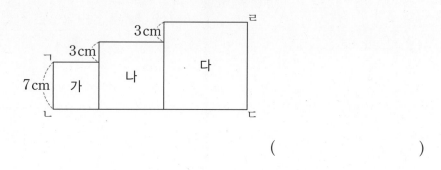

(   )

1-2 오른쪽 그림은 크기가 다른 정사각형 가, 나, 다를 겹치지 않게 이어 붙인 것입니다. 도형에서 가장 먼 평행선 사이의 거리는 몇 cm입니까?

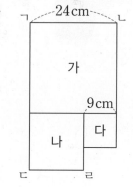

(   )

1-3 크기가 같은 직사각형 4개를 겹치지 않게 이어 붙인 것입니다. 변 ㄱㄴ과 변 ㄹㄷ 사이의 거리는 몇 cm입니까?

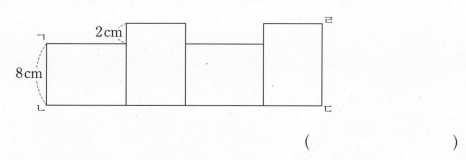

(   )

수직은 직선(180°)의 절반(90°)이다.

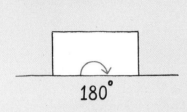

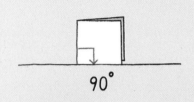

직선 ㉮, ㉯가 수직이면 직선 ㉰가 이루는 각이 180°이므로

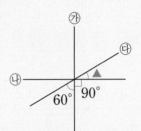

$$60° + 90° + ▲ = 180°$$

$$▲ = 30°$$

대표문제 2

선분 ㄷㅇ과 선분 ㅁㅇ은 서로 수직입니다. ㉠의 크기를 구하시오.

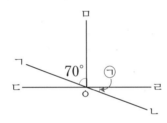

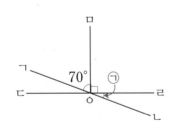

선분 ㄷㅇ과 선분 ㅁㅇ이 서로 수직이므로

(각 ㅁㅇㄹ)＝(각 ㅁㅇㄷ)＝ ☐ °입니다.

한 직선이 이루는 각의 크기는 180°이므로

㉠＝180°－(각 ㄱㅇㅁ)－(각 ㅁㅇㄹ)

＝180°－ ☐ °－ ☐ °＝ ☐ °입니다.

2-1 오른쪽 그림에서 선분 ㄷㅇ과 선분 ㄹㅇ은 서로 수직입니다. ㉠의 크기를 구하시오.

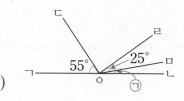

(   )

서술형 **2-2** 오른쪽 그림에서 직선 ㄷㄹ과 직선 ㅁㅂ은 서로 수직입니다. ㉠의 크기는 몇 도인지 풀이 과정을 쓰고 답을 구하시오.

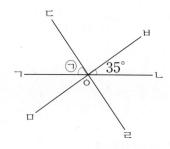

풀이 ....

....

....

답 ....

2-3 오른쪽 그림에서 선분 ㅁㅇ은 선분 ㄷㅇ에 대한 수선입니다. ㉠과 ㉡의 크기를 각각 구하시오.

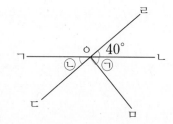

㉠ (   )

㉡ (   )

2-4 오른쪽 그림에서 선분 ㄱㅁ과 선분 ㄷㅁ, 선분 ㄴㅁ과 선분 ㄹㅁ은 각각 서로 수직입니다. 각 ㄱㅁㄹ의 크기가 145°일 때, ㉠의 크기를 구하시오.

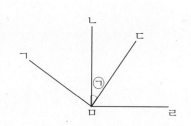

(   )

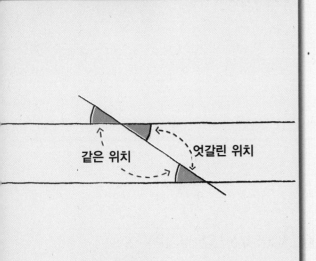

같은 위치　엇갈린 위치

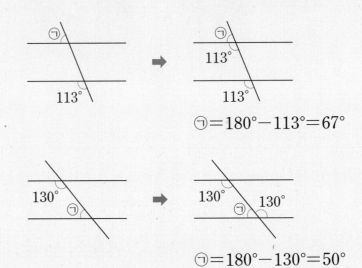

$㉠ = 180° - 113° = 67°$

$㉠ = 180° - 130° = 50°$

대표문제 3

그림에서 직선 가와 직선 나는 서로 평행합니다. ㉠의 크기를 구하시오.

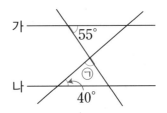

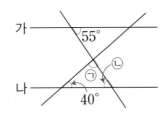

평행한 두 직선이 한 직선과 만날 때 생기는 엇갈린 위치에 있는 각의 크기는 서로 같습니다.

㉡은 55°의 엇갈린 위치에 있는 각이므로 ㉡ = ☐°입니다.

따라서 삼각형의 세 각의 크기의 합은 ☐°이므로

$㉠ = 180° - 40° -$ ☐$° =$ ☐$°$입니다.

3-1 오른쪽 그림에서 직선 가와 직선 나는 서로 평행합니다. ㉠의 크기를 구하시오.

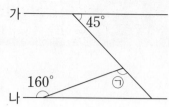

(   )

3-2 오른쪽 그림에서 직선 가와 직선 나는 서로 평행합니다. ㉠의 크기를 구하시오.

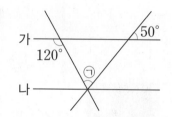

(   )

3-3 오른쪽 그림에서 직선 가와 직선 나는 서로 평행합니다. ㉠과 ㉡의 크기의 차가 20°일 때, ㉠과 ㉡의 크기를 각각 구하시오.

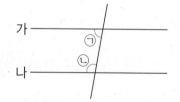

㉠ (   ), ㉡ (   )

3-4 오른쪽 그림에서 직선 가와 직선 나는 서로 평행하고, 세 직선 다, 라, 마도 각각 서로 평행합니다. ㉠과 ㉡의 크기를 각각 구하시오.

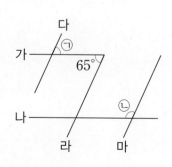

㉠ (   ), ㉡ (   )

수직선을 그어 각을 닫힌 도형으로 만든다.

(사각형의 네 각의 크기의 합)＝360°

➡ ㉠＝360°－60°－110°－90°

＝100°

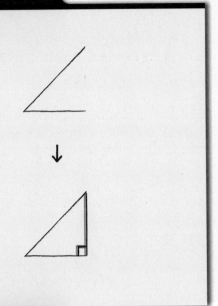

직선 가와 직선 나는 서로 평행합니다. ㉠의 크기를 구하시오.

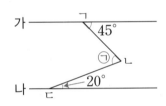

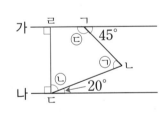

평행한 두 직선 사이에 수선인 직선을 긋습니다.

점 ㄷ에서 직선 가에 수선을 그어 만나는 점을 점 ㄹ이라 하면

직선 나와 선분 ㄷㄹ은 서로 수직이므로

㉡＝90°－20°＝ ☐°입니다.

한 직선이 이루는 각의 크기는 180°이므로

㉢＝180°－45°＝ ☐°입니다.

사각형의 네 각의 크기의 합은 ☐°이므로

㉠＋㉡＋90°＋㉢＝360°, ㉠＋ ☐°＋90°＋ ☐°＝360°

따라서 ㉠＝360°－ ☐°－90°－ ☐°＝ ☐°입니다.

4-1 오른쪽 그림에서 직선 가와 직선 나는 서로 평행합니다. ㉠의 크기를 구하시오.

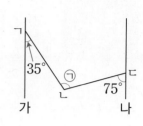

(   )

4-2 오른쪽 그림에서 직선 가와 직선 나는 서로 평행합니다. ㉠의 크기를 구하시오.

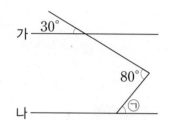

(   )

4-3 오른쪽 그림에서 직선 가와 직선 나는 서로 평행합니다. ㉠의 크기를 구하시오.

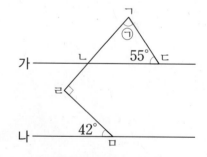

(   )

4-4 오른쪽 그림에서 직선 가와 직선 나는 서로 평행합니다. ㉠의 크기가 ㉡의 크기의 2배일 때, ㉠과 ㉡의 크기를 각각 구하시오.

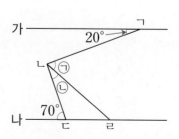

㉠ (   ), ㉡ (   )

종이를 접을 때 접힌 각의 크기는 서로 같다.

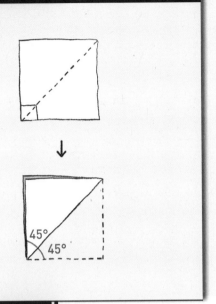

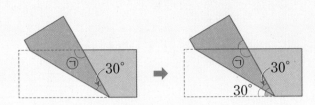

평행한 두 직선과 한 직선이 만날 때
생기는 같은 위치에 있는 각은 서로 같으므로
색칠한 각의 크기는 같습니다.

🔺=30°+30°=60°

➡ ㉠=180°-60°=120°

대표문제 5

그림과 같이 직사각형 모양의 종이를 접었습니다. ㉠의 크기를 구하시오.

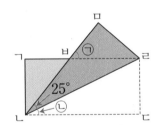

직사각형 모양의 종이를 접었을 때 생기는 접은 각과 접힌 각의 크기
는 같습니다.

㉡=(각 ㅁㄴㄹ)= ☐°

(각 ㅁㄴㄷ)=25°+25°=50°

평행한 두 직선이 한 직선과 만날 때 생기는 같은 위치에 있는 각의
크기는 같습니다.

따라서 ㉠=(각 ㅁㄴㄷ)= ☐°입니다.

5-1 오른쪽 그림과 같이 직사각형 모양의 종이를 접었습니다. ㉠과
㉡의 크기를 각각 구하시오.

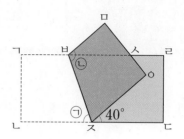

㉠ (   ), ㉡ (   )

5-2 오른쪽 그림과 같이 직사각형 모양의 종이를 접었습니다. ㉠의
크기를 구하시오.

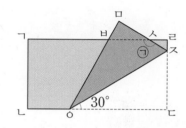

(   )

5-3 오른쪽 그림과 같이 직사각형 모양의 종이를 접었습니다. ㉠과 ㉡
의 크기를 각각 구하시오.

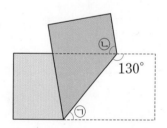

㉠ (   ), ㉡ (   )

5-4 그림과 같이 직사각형 모양의 종이를 접었습니다. ㉠의 크기를 구하시오.

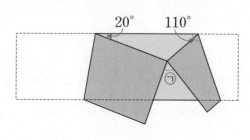

(   )

작은 도형이 모여 큰 도형이 된다.

도형에서 찾을 수 있는 크고 작은 삼각형은

1개로 된 삼각형: 9개
4개로 된 삼각형: 3개
9개로 된 삼각형: 1개

➡ 9+3+1=13(개)

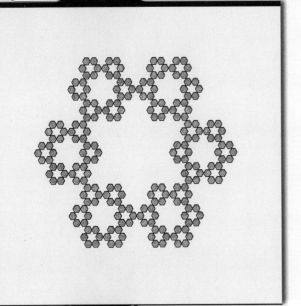

대표문제 6

도형에서 찾을 수 있는 크고 작은 마름모는 모두 몇 개인지 구하시오.

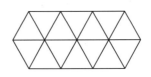

정삼각형 2개, 8개로 이루어진 마름모를 각각 찾아봅니다.

정삼각형 2개로 이루어진 마름모

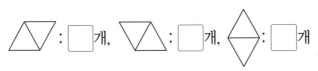

➡ ☐ + ☐ + ☐ = ☐ (개)

정삼각형 8개로 이루어진 마름모

➡ ☐ + ☐ = ☐ (개)

따라서 도형에서 찾을 수 있는 크고 작은 마름모는 ☐ + ☐ = ☐ (개)입니다.

6-1 다음 그림은 정삼각형 25개를 겹치지 않게 이어 붙인 것입니다. 도형에서 찾을 수 있는 크고 작은 마름모는 모두 몇 개입니까?

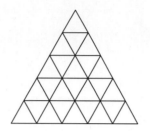

(   )

6-2 오른쪽 그림에서 찾을 수 있는 크고 작은 평행사변형은 모두 몇 개입니까?

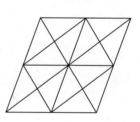

(   )

6-3 다음 그림에서 찾을 수 있는 크고 작은 사각형 중에서 ★을 반드시 포함하는 사각형은 모두 몇 개입니까?

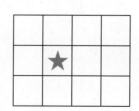

(   )

한 모양을 이어 붙인

도형의 둘레는 그 모양의 변의 개수로 알 수 있다.

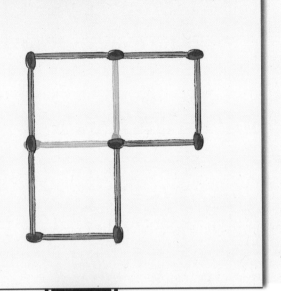

왼쪽 직사각형을 이어 붙여 오른쪽과 같은 도형을 만들면

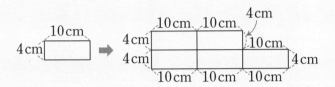

오른쪽 도형은 10 cm와 4 cm인 변들로 둘러싸여 있습니다.

대표문제 7

다음 도형은 직사각형과 정사각형을 겹치지 않게 이어 붙인 것입니다. 직사각형 ㄱㄴㄷㄹ 의 네 변의 길이의 합은 몇 cm인지 구하시오.

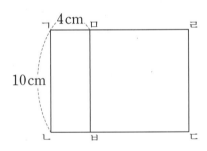

직사각형은 마주 보는 변의 길이가 같고, 정사각형은 네 변의 길이가 모두 같습니다.

(선분 ㄱㄴ)＝(선분 ㅁㅂ)＝ ☐ cm이고

정사각형 ㅁㅂㄷㄹ은 네 변의 길이가 모두 같으므로

(선분 ㄹㄷ)＝(선분 ㅁㄹ)＝ ☐ cm입니다.

(선분 ㄱㄹ)＝(선분 ㄱㅁ)＋(선분 ㅁㄹ)＝4＋ ☐ ＝ ☐ (cm)

따라서 직사각형 ㄱㄴㄷㄹ의 네 변의 길이의 합은

10＋ ☐ ＋10＋ ☐ ＝ ☐ (cm)입니다.

7-1 오른쪽 도형은 크기가 같은 정사각형 2개와 직사각형 1개를 겹치지 않게 이어 붙인 것입니다. 직사각형 ㄱㄴㄷㄹ의 네 변의 길이의 합은 몇 cm입니까?

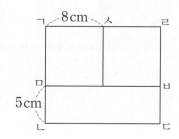

( )

7-2 오른쪽 도형은 크기가 같은 직사각형 4개를 겹치지 않게 이어 붙인 것입니다. 직사각형 ㄱㄴㄷㄹ의 네 변의 길이의 합은 몇 cm입니까?

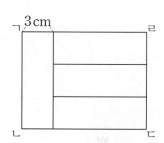

( )

7-3 오른쪽 도형은 크기가 같은 직사각형 4개를 겹치지 않게 이어 붙인 것입니다. 정사각형 ㄱㄴㄷㄹ의 둘레와 정사각형 ㅂㅅㅇㅈ의 둘레의 차는 몇 cm입니까?

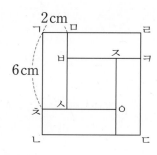

( )

7-4 가로가 48 cm이고 세로가 64 cm인 직사각형의 긴 변을 반으로 자른 것이 직사각형 가이고, 남은 직사각형의 긴 변을 다시 반으로 자른 것이 직사각형 나입니다. 같은 방법으로 직사각형의 긴 변을 계속 반으로 자를 때, 직사각형 마의 네 변의 길이의 합은 몇 cm입니까?

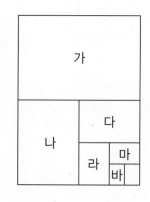

( )

평행사변형에서 이웃하는 각의 크기의 합은 180°이다.

각 ㄴㄱㄹ과 각 ㄱㄴㄷ을 이등분하는 선이 만나는
점을 ㅁ이라고 할 때

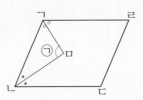

(각 ㄴㄱㄹ)+(각 ㄱㄴㄷ)=180°이므로
(각 ㅁㄱㄴ)+(각 ㄱㄴㅁ)=90°

➡ ㉠=180°−90°=90°

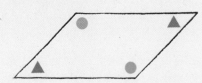

$●+●+▲+▲=360°$

$●+▲=180°$

대표문제 8

사각형 ㄱㄴㄷㄹ은 평행사변형입니다. 선분 ㄱㅁ과 선분 ㄱㄹ의 길이가 같을 때 ㉠의 크기를 구하시오.

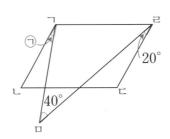

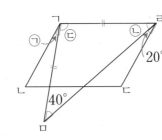

(변 ㄱㅁ)=(변 ㄱㄹ)이므로 삼각형 ㄱㅁㄹ은 이등변삼각형입니다.
㉡=(각 ㄱㅁㄹ)=40°, ㉢=180°−40°−40°=□°입니다.

(각 ㄱㄹㄷ)=40°+20°=□°입니다.

평행사변형에서 이웃하는 두 각의 크기의 합은 180°이므로

(각 ㄴㄱㄹ)=180°−60°=□°입니다.

따라서 ㉠=(각 ㄴㄱㄹ)−㉢=□°−□°=□°입니다.

8-1 오른쪽 사각형 ㄱㅁㄷㄹ은 평행사변형입니다. ㉠의 크기를 구하시오.

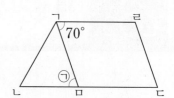

( )

8-2 사각형 ㄱㄴㄷㄹ은 평행사변형입니다. ㉠의 크기를 구하시오.

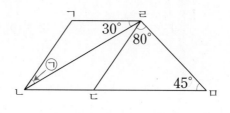

( )

8-3 오른쪽 사각형 ㄱㄴㄷㄹ은 평행사변형입니다. 선분 ㄱㅁ과 선분 ㅁㄹ의 길이가 같을 때 ㉠의 크기를 구하시오.

( )

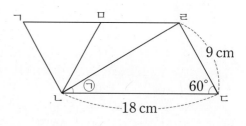

8-4 오른쪽 그림은 평행사변형 ㄱㄴㄷㄹ 안에 이등변삼각형 ㅁㄴㄷ과 정삼각형 ㅁㄷㄹ을 그린 것입니다. ㉠, ㉡, ㉢의 크기를 각각 구하시오.

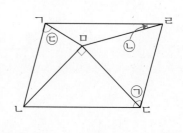

㉠ ( ), ㉡ ( ), ㉢ ( )

평행선을 그어 두 평행선과 한 직선이 만나는 각을 만든다.

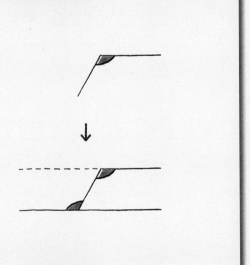

직선 가와 직선 나가 서로 평행할 때,

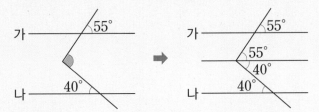

평행선과 한 직선이 만나서 생기는 같은 위치에 있는 각의 크기와 엇갈린 위치에 있는 각의 크기는 각각 같으므로

◆=55°+40°=95°

 대표문제 9

선분 ㄱㄴ과 선분 ㄹㅁ이 서로 평행할 때, ㉠의 크기를 구하시오.

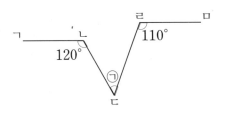

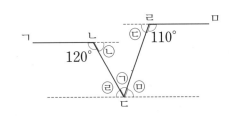

선분 ㄱㄴ에 평행하고 점 ㄷ을 지나는 직선을 그어 봅니다.

한 직선이 이루는 각의 크기는 180°이므로

㉡=180°−120°=☐°,

㉢=180°−110°=☐°입니다.

평행한 두 직선이 한 직선과 만날 때 생기는 엇갈린 위치에 있는 각의 크기는 서로 같으므로

㉣=㉡=☐°, ㉤=㉢=☐°입니다.

따라서 ㉠=180°−☐°−☐°=☐°입니다.

9-1 선분 ㄱㄴ과 선분 ㄹㅁ이 서로 평행할 때, ㉠의 크기를 구하시오.

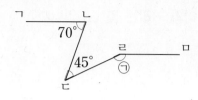

( )

9-2 선분 ㄱㄴ과 선분 ㅁㅂ이 서로 평행할 때, ㉠의 크기를 구하시오.

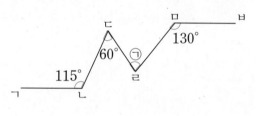

( )

9-3 선분 ㄱㄴ과 선분 ㅁㅂ이 서로 평행할 때, ㉠의 크기를 구하시오.

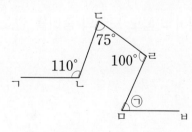

( )

1 오른쪽 그림에서 직선 가, 나, 다는 서로 평행합니다. 직선 가와 직선 다 사이의 거리는 몇 cm입니까?

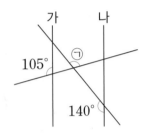

(   )

2 오른쪽 그림에서 직선 가와 직선 나는 서로 평행합니다. ㉠의 크기를 구하시오.

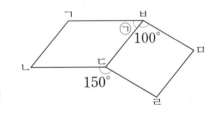

(   )

3 오른쪽 도형은 평행사변형과 마름모를 겹치지 않게 이어 붙인 것입니다. ㉠의 크기를 구하시오.

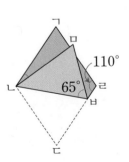

(   )

4 오른쪽 그림과 같이 마름모 모양의 종이를 접었습니다. 각 ㄱㄴㅁ의 크기를 구하시오.

(   )

5 오른쪽 사각형 ㄱㄴㄷㄹ은 선분 ㄱㄹ과 선분 ㄴㄷ이 평행한 사각형입니다. 선분 ㄱㄴ, 선분 ㄱㄹ, 선분 ㄱㅁ의 길이가 모두 같을 때 ㉠과 ㉡의 크기를 각각 구하시오.

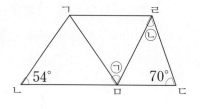

㉠ (   ), ㉡ (   )

서술형 **6** 오른쪽 도형은 평행사변형 ㄱㄴㄷㅁ과 이등변삼각형 ㅁㄷㄹ을 겹치지 않게 이어 붙인 것입니다. 변 ㄱㄴ의 길이는 몇 cm인지 풀이 과정을 쓰고 답을 구하시오.

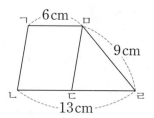

풀이 ....

....

....

답 ....

7 직선 가와 직선 나는 서로 평행합니다. ㉠과 ㉡의 크기의 차를 구하시오.

(   )

8 오른쪽 그림은 평행사변형 ㄱㄴㄷㄹ의 변 ㄱㄴ과 변 ㄱㄹ에 각각 수선을 그은 것입니다. 각 ㄴㅇㅂ의 크기를 구하시오.

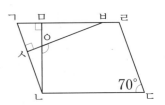

(   )

9 직선 가와 직선 나는 서로 평행합니다. ㉠의 크기를 구하시오.

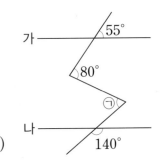

(   )

10 그림은 16개의 점을 같은 간격으로 찍은 것입니다. 이 점들을 꼭짓점으로 하여 만들 수 있는 정사각형이 아닌 직사각형은 모두 몇 개입니까? (단, 모양과 크기가 같은 직사각형은 같은 것으로 생각합니다.)

$$
\begin{matrix}
\cdot & \cdot & \cdot & \cdot \\
\cdot & \cdot & \cdot & \cdot \\
\cdot & \cdot & \cdot & \cdot \\
\cdot & \cdot & \cdot & \cdot \\
\end{matrix}
$$

(   )

5

꺾은선그래프

꺾은선그래프

• 꺾은선그래프로 나타내면 자료의 변화를 파악하는 데 편리합니다.
• 물결선을 사용하면 변화하는 모양이 더 뚜렷하게 나타납니다.

꺾은선그래프: 수량을 점으로 표시하고, 그 점들을 선분으로 이어 그린 그래프

물결선을 사용한 꺾은선그래프: 필요 없는 부분을 물결선(≈)으로 생략할 수 있습니다.

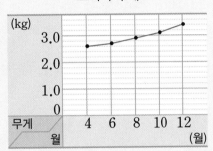

토끼의 무게

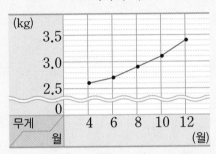

토끼의 무게

무게의 변화하는 모습을 알아보기 편리합니다.

[1~4] 연우가 운동장의 온도를 조사하여 나타낸 그래프입니다. 물음에 답하시오.

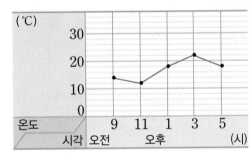

㉮ 운동장의 온도

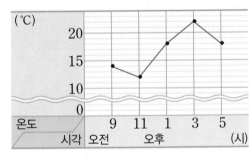

㉯ 운동장의 온도

1 ㉮, ㉯와 같은 그래프를 무슨 그래프라고 합니까?

( )

2 꺾은선그래프의 가로와 세로는 각각 무엇을 나타냅니까?

가로 ( )

세로 ( )

3 두 그래프의 세로 눈금 한 칸의 크기는 각각 얼마를 나타냅니까?

㈎ (   )

㈏ (   )

4 ㈎와 ㈏ 그래프 중 온도의 변화를 더 뚜렷하게 알 수 있는 것은 어느 것입니까?

(   )

1-2
BASIC CONCEPT

그래프의 특징

막대그래프	꺾은선그래프
• 각 자료의 상대적인 크기를 비교하기 쉽습니다. • 전체적으로 비교하기 쉽습니다. • 수량의 크기를 정확하게 나타낼 수 있습니다.	• 자료의 변화 정도를 쉽게 알 수 있습니다. • 늘어나고 줄어드는 변화를 쉽게 알 수 있습니다. • 조사하지 않은 중간값을 예상할 수 있습니다.

[**5**~**6**] 정우의 나이별 몸무게를 두 그래프로 나타내었습니다. 물음에 답하시오.

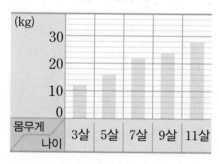

정우의 몸무게

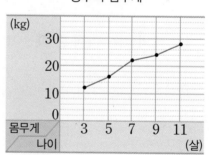

정우의 몸무게

5 몸무게의 변화를 한눈에 알아보기 쉬운 것은 막대그래프와 꺾은선그래프 중 무엇입니까?

(   )

6 막대그래프와 꺾은선그래프의 다른 점을 쓰시오.

....

....

2 꺾은선그래프 내용 알아보기

• 자료를 목적에 맞게 정리하면 많은 정보를 빠르게 알 수 있습니다.
• 정리된 자료를 통해 새로운 정보를 예상할 수 있습니다.

꺾은선그래프 내용 알아보기

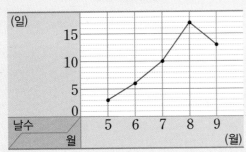

• 비가 온 날이 가장 적은 달은 5월입니다.
• 비가 온 날수가 8월까지 증가하다가 줄어들고 있습니다.
• 지난달에 비해 비가 온 날수가 가장 많이 증가한 달은 8월입니다.

[1~4] 감자 싹의 키를 조사하여 나타낸 꺾은선그래프입니다. 물음에 답하시오.

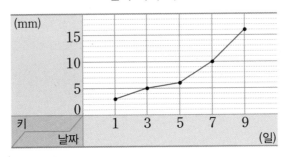

1 감자 싹의 키가 가장 큰 때는 며칠입니까?

( )

2 5일에 감자 싹의 키는 몇 mm입니까?

( )

3 9일에 감자 싹의 키는 7일에 감자 싹의 키보다 몇 mm 더 큽니까?

( )

4 11일에 감자 싹의 키는 어떻게 변할 것이라고 예상합니까?

....

....

꺾은선그래프의 기울기

꺾은선그래프에서 선분의 기울어진 모양으로 자료의 변화하는 모양을 알 수 있고, 기울어진 정도로 자료의 변화 정도를 알 수 있습니다.

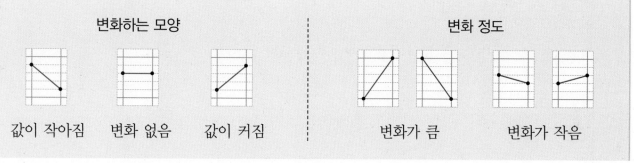

변화하는 모양			변화 정도	
값이 작아짐	변화 없음	값이 커짐	변화가 큼	변화가 작음

[5~6] 지원이의 영어 점수를 나타낸 꺾은선그래프입니다. 물음에 답하시오.

영어 점수

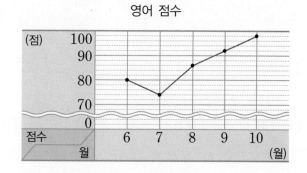

5 영어 점수가 낮아지는 때는 몇 월과 몇 월 사이입니까?

( )

6 영어 점수의 변화가 가장 큰 때는 몇 월과 몇 월 사이입니까?

( )

3 꺾은선그래프 그리기

• 꺾은선그래프를 그릴 때 점과 점을 선분으로 반듯하게 이어야 합니다.

꺾은선그래프 그리기

턱걸이 횟수

요일	월	화	수	목	금
횟수(회)	5	7	14	10	12

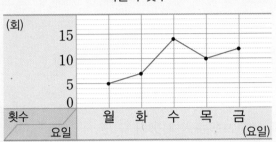

① 가로와 세로 중 어느 쪽에 조사한 수를 나타낼 것인가를 정합니다. ➡ 가로: 요일, 세로: 횟수
② 눈금 한 칸의 크기를 정하고, 조사한 수 중에서 가장 큰 수를 나타낼 수 있도록 눈금의 수를 정합니다.
③ 가로 눈금과 세로 눈금이 만나는 자리에 점을 찍습니다.
④ 점들을 선분으로 잇습니다.
⑤ 알맞은 제목을 씁니다.

[1~3] 어느 과일 가게의 멜론 판매량을 조사하여 나타낸 표를 보고 꺾은선그래프로 나타내려고 합니다. 물음에 답하시오.

멜론 판매량

요일	월	화	수	목	금	토	일
판매량(개)	8	14	18	28	30	26	22

1 가로와 세로에는 각각 무엇을 나타내는 것이 좋겠습니까?

가로 (　　　　　　　)
세로 (　　　　　　　)

2 세로 눈금 한 칸을 멜론 2개로 나타낸다면 수요일의 멜론 판매량은 몇 칸인 곳에 점을 찍어야 합니까?

(　　　　　　　)

3 표를 보고 꺾은선그래프로 나타내시오.

멜론 판매량

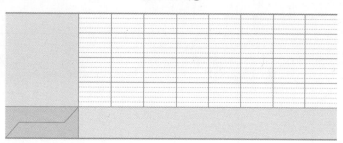

물결선을 사용하여 꺾은선그래프 그리기

색연필의 길이

날짜	1	2	3	4	5
길이(cm)	17	16.4	16	15.6	15.2

가장 작은 값이 15.2이므로
15부터 시작하고 필요 없는
부분은 물결선으로 나타냅니다.

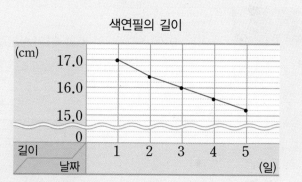

① 가로와 세로 중 어느 쪽에 조사한 수를 나타낼 것인가를 정합니다.
② 물결선으로 나타낼 부분을 정하고 물결선을 그립니다.
③ 세로 눈금 한 칸의 크기를 정합니다. → 눈금의 간격을 작게 하면 변화의 정도를 더 뚜렷하게 알 수 있습니다.
④ 가로 눈금과 세로 눈금이 만나는 자리에 점을 찍습니다.
⑤ 점들을 선으로 잇고 알맞은 제목을 씁니다.

---

4 어느 마을의 강수량을 조사하여 나타낸 표입니다. 표를 보고 물결선을 사용하여 꺾은선그래프로 나타내시오.

강수량

월	6	7	8	9	10
강수량(mm)	180	230	250	190	150

강수량

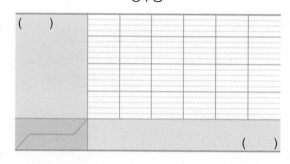

자료 값이 클수록 높은 곳에 점이 찍힌다.

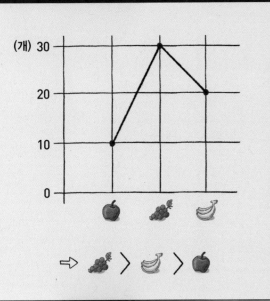

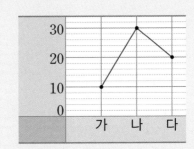

- 자료 값 중 가장 큰 값은 나로 30입니다.
- 자료 값 중 가장 작은 값은 가로 10입니다.
➡ 두 자료 값의 차는 30−10=20입니다.

대표문제 1 어느 아이스크림 가게의 아이스크림 판매량을 조사하여 나타낸 꺾은선그래프입니다. 아이스크림의 판매량이 가장 많은 때와 가장 적은 때의 차는 몇 개인지 구하시오.

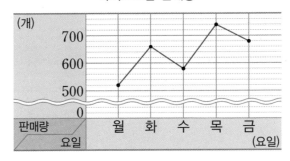

아이스크림 판매량

세로 눈금 5칸의 크기가 ☐ 개이므로

세로 눈금 한 칸의 크기는 ☐ ÷ ☐ = ☐ (개)입니다.

아이스크림 판매량이 가장 많은 때는 ☐ 요일로 ☐ 개이고,

가장 적은 때는 ☐ 요일로 ☐ 개입니다.

➡ (아이스크림 판매량의 차)= ☐ − ☐ = ☐ (개)

1-1 어느 공장의 접시 생산량을 조사하여 나타낸 꺾은선그래프입니다. 접시의 생산량이 가장 많은 때와 가장 적은 때의 차는 몇 개입니까?

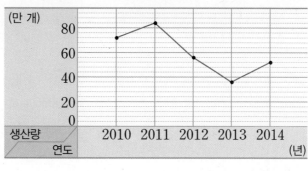

접시 생산량

(　　　　　　　　　　　　　)

1-2 어느 컴퓨터 판매 회사의 판매량을 조사하여 나타낸 꺾은선그래프입니다. 판매량이 전년도에 비해 가장 많이 늘어난 해는 언제이고, 몇 대 늘었습니까?

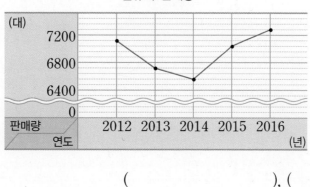

컴퓨터 판매량

(　　　　　　　　　　), (　　　　　　　　　　)

각 항목의 자료 값을 모두 더하면 합계를 알 수 있다.

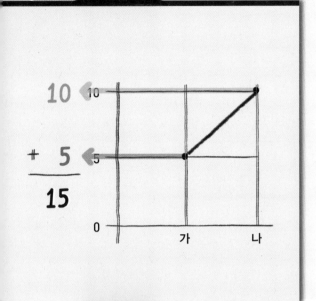

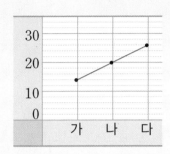

➡ (가+나+다)=14+20+26=60

대표문제 2

어느 가게의 5일 동안의 호떡 판매량을 조사하여 나타낸 꺾은선그래프입니다. 판매한 호떡은 모두 몇 개인지 구하시오.

호떡 판매량

(개)
40
20
0
호떡 수   5   6   7   8   9
날짜   (일)

세로 눈금 5칸의 크기가 ☐ 개이므로

세로 눈금 한 칸의 크기는 ☐ ÷ ☐ = ☐ (개)입니다.

호떡 판매량은 5일에 ☐ 개, 6일에 ☐ 개, 7일에 ☐ 개,

8일에 ☐ 개, 9일에 ☐ 개입니다.

➡ (5일 동안의 호떡 판매량)

= ☐ + ☐ + ☐ + ☐ + ☐ = ☐ (개)

2-**1** 영은이가 줄넘기를 한 횟수를 조사하여 나타낸 꺾은선그래프입니다. 5일 동안 줄넘기를 한 횟수는 모두 몇 회입니까?

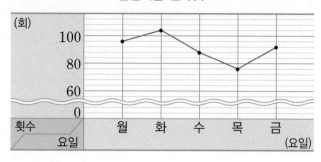

(   )

2-**2** 어느 가게의 햄버거 판매량을 조사하여 나타낸 꺾은선그래프입니다. 햄버거 1개가 3000원일 때, 조사한 기간 동안의 햄버거 판매액은 모두 얼마입니까?

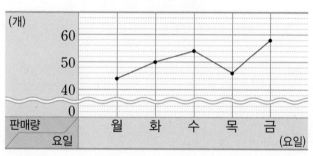

(   )

꺾은선그래프는 조사하지 않은 중간값을 알 수 있다.

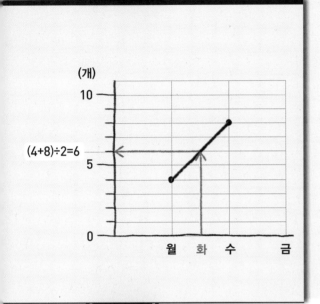

$(4+8) \div 2 = 6$

월 평균 기온

9월 평균 기온은 8월 평균 기온과 10월 평균 기온의 중간값입니다.

➡ (9월 평균 기온)=$(28+16) \div 2 = 22$(℃)

어느 도시의 기온을 조사하여 나타낸 꺾은선그래프입니다. 오후 1시의 기온은 약 몇 ℃ 인지 구하시오.

도시의 기온

세로 눈금 5칸의 크기가 ☐ ℃이므로

세로 눈금 한 칸의 크기는 ☐ ÷ ☐ = ☐ (℃)입니다.

오후 12시의 기온은 ☐ ℃이고, 오후 2시의 기온은 ☐ ℃입니다.

따라서 오후 1시의 기온은 ☐ ℃와 ☐ ℃의 중간값인

약 (☐ + ☐) ÷ 2 = ☐ ÷ 2 = ☐ (℃)입니다.

서술형 **3-1** 주아의 몸무게를 매년 1월에 조사하여 나타낸 꺾은선그래프입니다. 주아가 10살인 해의 7월에 몸무게는 약 몇 kg인지 풀이 과정을 쓰고 답을 구하시오.

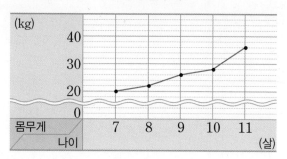

주아의 몸무게

풀이 ....

....

....

답

3-2 봉숭아 싹의 키를 4일마다 조사하여 나타낸 꺾은선그래프입니다. 28일에 잰 봉숭아 싹의 키는 14일에 잰 봉숭아 싹의 키보다 약 몇 cm 늘었습니까?

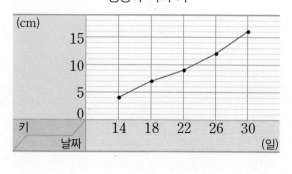

봉숭아 싹의 키

( )

알 수 있는 것부터 차례로 꺾은선으로 나타낸다.

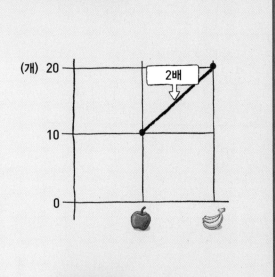

마을별 인구

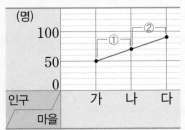

① 나 마을의 인구가 가 마을의 인구보다 20명 더 많으면
나 마을의 인구는 50+20=70(명)입니다.

② 나 마을의 인구와 다 마을의 인구의 합이 160명이면
다 마을의 인구는 160-70=90(명)입니다.

대표문제 4

어느 공장의 액자 생산량을 조사하여 나타낸 꺾은선그래프입니다. 이 공장의 7월의 액자 생산량은 6월의 액자 생산량보다 80개 더 많고, 7월과 8월의 액자 생산량의 합은 640개입니다. 꺾은선그래프를 완성하시오.

액자 생산량

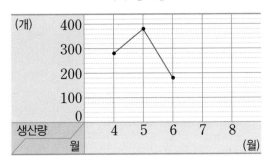

세로 눈금 5칸의 크기가 100개이므로

세로 눈금 한 칸의 크기는 □÷□=□(개)입니다.

6월의 액자 생산량이 □개이므로

(7월의 액자 생산량)=□+□=□(개)이고,

7월과 8월의 액자 생산량의 합은 640개이므로

(8월의 액자 생산량)=□-□=□(개)입니다.

7월과 8월의 자료 값에 알맞게 점을 찍고

선분으로 차례로 연결하여 꺾은선그래프를 완성합니다.

4-1 어느 회사의 휴대 전화 판매량을 조사하여 나타낸 꺾은선그래프입니다. 2016년도의 휴대 전화 판매량은 2015년도의 휴대 전화 판매량보다 800대 더 적고, 2016년도와 2017년도의 휴대 전화 판매량의 합은 4000대입니다. 꺾은선그래프를 완성하시오.

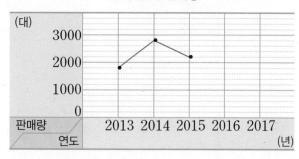

4-2 어느 공연장의 입장객 수를 조사하여 나타낸 꺾은선그래프입니다. 5월부터 9월까지의 입장객 수는 모두 6100명이고, 9월의 입장객 수는 8월의 입장객 수보다 300명 더 적습니다. 꺾은선그래프를 완성하시오.

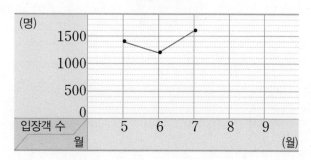

세로 눈금 한 칸의 크기가 커질수록 자료 값의 칸 수는 줄어든다

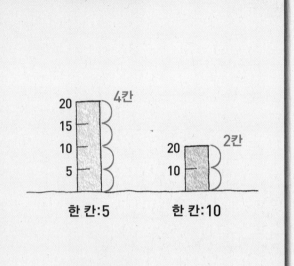

한 칸:5   한 칸:10

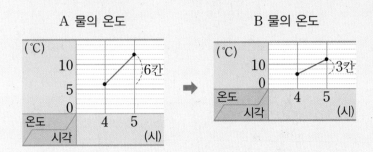

4시의 온도는 6℃이고 5시의 온도는 12℃이므로
(A 그래프에서 4시와 5시의 칸 수의 차)=6칸
(B 그래프에서 4시와 5시의 칸 수의 차)=3칸

 해바라기의 키를 조사하여 나타낸 꺾은선그래프입니다. 세로 눈금 한 칸의 크기를 2 cm 로 하여 꺾은선그래프를 다시 그린다면 12일과 16일의 세로 눈금은 몇 칸 차이가 나는지 구하시오.

해바라기의 키

```
(cm)
50
45
40
0
키
  날짜        4   8   12   16   20
                              (일)
```

세로 눈금 5칸의 크기가 5 cm이므로

세로 눈금 한 칸의 크기는 ☐÷☐=☐(cm)입니다.

해바라기의 키는 12일에 ☐cm, 16일에 ☐cm입니다.

(해바라기의 키의 차)=(16일의 해바라기의 키)−(12일의 해바라기의 키)

=☐−☐=☐(cm)

세로 눈금 한 칸의 크기를 2 cm로 하면 세로 눈금은 ☐÷2=☐(칸) 차이가 납니다.

5-1 어느 회사의 인형 판매량을 조사하여 나타낸 꺾은선그래프입니다. 세로 눈금 한 칸의 크기를 5개로 하여 꺾은선그래프를 다시 그린다면 10월과 11월의 세로 눈금은 몇 칸 차이가 나겠습니까?

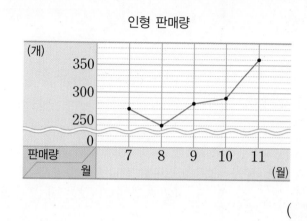

인형 판매량

(   )

5-2 어느 도시의 신생아 수를 조사하여 나타낸 꺾은선그래프입니다. 이 그래프의 세로 눈금 한 칸의 크기를 다르게 하여 다시 그렸더니 신생아 수가 가장 많은 해와 가장 적은 해의 세로 눈금의 차가 36칸이었습니다. 다시 그린 그래프는 세로 눈금 한 칸의 크기를 몇 명으로 한 것입니까?

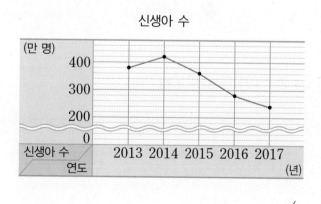

신생아 수

(   )

두 그래프 사이의 간격이 클수록 값의 차이가 크다.

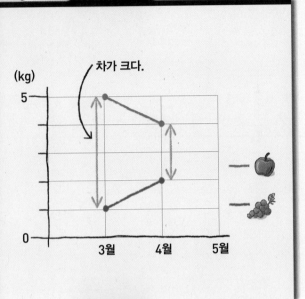

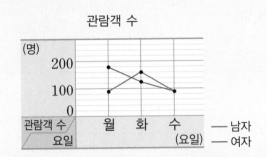

관람객 수

• 월요일에는 여자 관람객이 남자 관람객보다 많습니다.

• 관람객 수의 차가 가장 큰 때는 월요일입니다.

• 관람객 수가 같은 때는 수요일입니다.

대표문제 6 민선이와 윤민이의 몸무게를 매년 5월에 조사하여 나타낸 꺾은선그래프입니다. 두 사람의 몸무게의 차가 가장 작은 때는 언제인지 또, 이때 몸무게의 차는 몇 kg인지 구하시오.

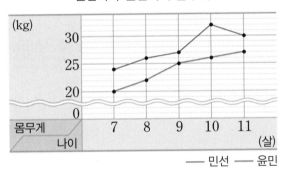

민선이와 윤민이의 몸무게

세로 눈금 5칸의 크기가 5 kg이므로

세로 눈금 한 칸의 크기는 ▢÷▢=▢(kg)입니다.

두 사람의 몸무게의 차가 가장 작은 때는 두 꺾은선 사이의 간격이 가장 작은 ▢살 때입니다.

이때 민선이의 몸무게는 ▢kg이고, 윤민이의 몸무게는 ▢kg이므로

(두 사람의 몸무게의 차)=▢－▢=▢(kg)입니다.

6-1 근형이와 수연이의 팔굽혀펴기 횟수를 조사하여 나타낸 꺾은선그래프입니다. 두 사람의 기록의 차가 가장 큰 때의 기록의 차는 몇 회입니까?

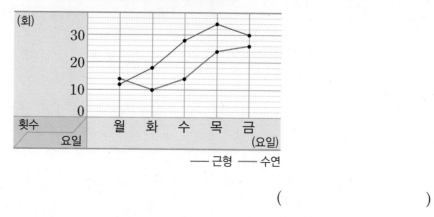

근형이와 수연이의 팔굽혀펴기 횟수

(   )

6-2 A 도시와 B 도시의 기온을 조사하여 나타낸 꺾은선그래프입니다. A 도시의 기온이 B 도시의 기온보다 더 높은 때 중에서 기온의 차가 가장 큰 때의 기온의 차는 몇 ℃입니까?

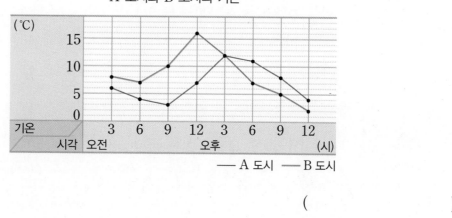

A 도시와 B 도시의 기온

(   )

눈금 한 칸의 크기가 다른 두 그래프는
각각의 자료 값을 구하여 비교한다.

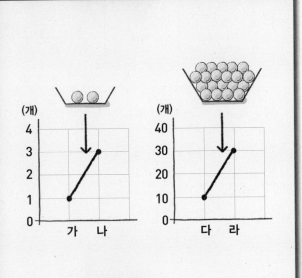

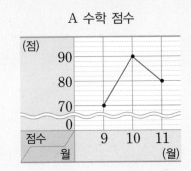

A 수학 점수

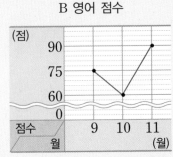

B 영어 점수

- (A에서 가장 큰 값과 가장 작은 값의 차)＝90－70＝20(점)
- (B에서 가장 큰 값과 가장 작은 값의 차)＝90－60＝30(점)
- 점수의 차가 더 큰 것은 B 그래프입니다.

대표문제 7

어느 쿠키 가게의 초코 쿠키와 딸기 쿠키의 판매량을 조사하여 나타낸 꺾은선그래프입니다. 판매량이 가장 많은 날과 가장 적은 날의 판매량의 차가 더 큰 쿠키는 무엇입니까?

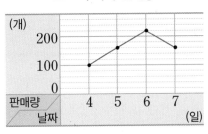

초코 쿠키의 판매량

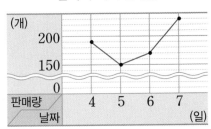

딸기 쿠키의 판매량

왼쪽 꺾은선그래프는 세로 눈금 한 칸의 크기가 ▢÷▢＝▢(개)이고,

오른쪽 꺾은선그래프는 세로 눈금 한 칸의 크기가 ▢÷▢＝▢(개)입니다.

판매량이 가장 많은 날과 가장 적은 날의 판매량의 차를 각각 구하면

초코 쿠키: ▢－▢＝▢(개), 딸기 쿠키: ▢－▢＝▢(개)

따라서 판매량이 가장 많은 날과 가장 적은 날의 판매량의 차가 더 큰 쿠키는

▢ 쿠키입니다.

7-1 두 공장의 연필 생산량을 조사하여 나타낸 꺾은선그래프입니다. 생산량이 가장 많은 달과 가장 적은 달의 생산량의 차가 더 큰 공장은 어느 공장입니까?

튼튼 공장의 연필 생산량

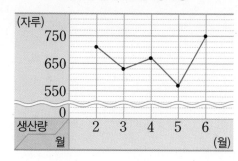

단단 공장의 연필 생산량

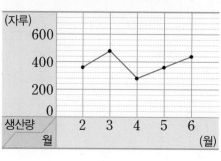

( )

7-2 ㉮, ㉯, ㉰, ㉱ 과수원의 귤 수확량을 조사하여 나타낸 꺾은선그래프입니다. 조사한 기간 동안 수확량이 가장 많은 해와 가장 적은 해의 수확량의 차가 가장 큰 과수원은 어느 과수원입니까?

㉮와 ㉯ 과수원의 귤 수확량

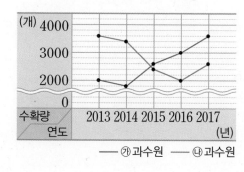

㉰와 ㉱ 과수원의 귤 수확량

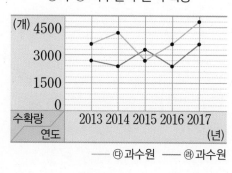

( )

가로에 시간, 세로에 거리를 나타내면 기울기는 빠르기다.

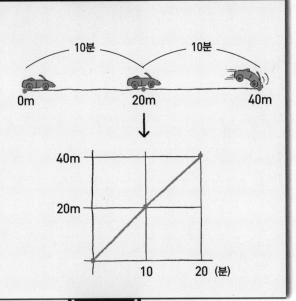

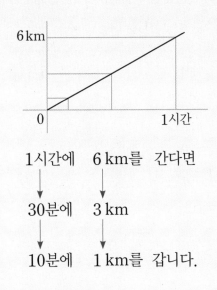

1시간에   6 km를 간다면

↓   ↓

30분에   3 km

↓   ↓

10분에   1 km를 갑니다.

대표문제 8

제현이가 자전거를 타고 집에서 4 km 떨어진 친구네 집에 가는 데 걸린 시간과 거리의 관계를 나타낸 꺾은선그래프입니다. 제현이가 자전거를 타고 움직인 시간은 몇 분인지 구하시오.

집에서 떨어진 거리

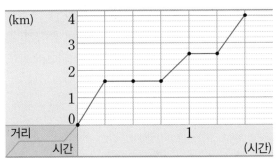

가로 눈금 4칸의 크기가 [ ]시간이므로

가로 눈금 한 칸의 크기는 [ ]분입니다.

꺾은선그래프에서 제현이가 움직인 구간은 선이 기울어진 구간이므로

집에서 친구네 집까지 가는 데 자전거를 타고 움직인 시간은

[ ]분+[ ]분+[ ]분=[ ]분입니다.

8-1

우진이가 집에서 900 m 떨어진 마트까지 가는 데 걸린 시간과 거리의 관계를 나타낸 꺾은
선그래프입니다. 우진이는 5분 동안 뛰다가 그 후로는 걸어서 마트에 도착했습니다. 우진이
가 처음부터 걸어간다면 집에서 마트까지 가는 데 몇 분 걸립니까? (단, 우진이의 뛰거나 걷
는 빠르기는 각각 일정합니다.)

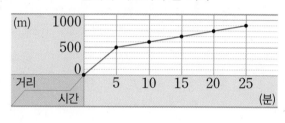

집에서 마트까지 간 거리

(   )

8-2

윤혁이와 형이 집에서 1800 m만큼 떨어진 공원까지 가는 데 걸린 시간과 거리의 관계를 나
타낸 꺾은선그래프입니다. 윤혁이는 형과 동시에 출발하여 일정한 빠르기로 뛰다가 10분 후
부터는 걷기 시작하여 형과 동시에 공원에 도착했습니다. 윤혁이가 처음부터 걸어간다면 형
보다 몇 분 늦게 공원에 도착합니까? (단, 윤혁이와 형이 뛰거나 걷는 빠르기는 각각 일정합
니다.)

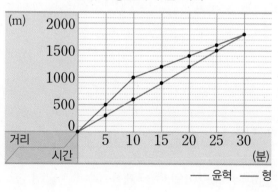

집에서 공원까지 간 거리

(   )

MATH MASTER

1 오른쪽은 어느 미술관에 방문한 관람객 수를 조사하여 나타낸 꺾은선그래프입니다. 한 명의 입장료가 10000원일 때, 전체 입장료가 전날보다 줄어든 날은 언제이고, 얼마나 줄었습니까?

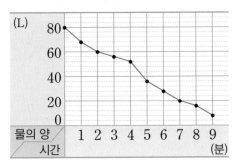

관람객 수

(   ), (   )

2 80 L 들이의 통에 가득 차 있던 물이 흘러나오고 있습니다. 오른쪽은 통에 남아 있는 물의 양을 조사하여 나타낸 꺾은선그래프입니다. 물이 가장 많이 흘러나온 때는 몇 분과 몇 분 사이이고, 그때에 나온 물의 양은 몇 L입니까?

통에 남아 있는 물의 양

(   ), (   )

3 오른쪽은 진아와 정민이의 몸무게를 매년 1월에 조사하여 나타낸 꺾은선그래프입니다. 9살인 해의 7월에 두 사람의 몸무게의 차는 약 몇 kg입니까?

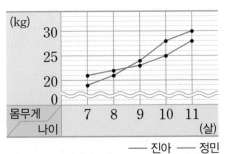

진아와 정민이의 몸무게

(   )

4 다현이와 진우의 키를 매년 8월에 조사하여 나타낸 꺾은선그래프입니다. 다현이와 진우의 키가 같은 때는 모두 몇 번입니까?

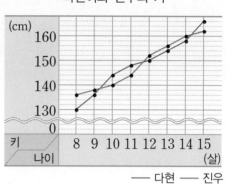

다현이와 진우의 키

( )

5 오른쪽은 민재의 휴대 전화 데이터 사용량을 매월 마지막날에 조사하여 나타낸 꺾은선그래프입니다. 조사한 기간 동안 민재가 사용한 데이터가 모두 700 MB일 때, ㉠＋㉡을 구하시오.

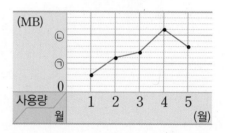

데이터 사용량

( )

6 두한이가 8월부터 매월 마지막 날에 저금한 금액과 찾은 금액을 조사하여 나타낸 꺾은선그래프입니다. 12월 31일에 통장에 남아 있는 돈은 얼마입니까? (단, 이자는 생각하지 않습니다.)

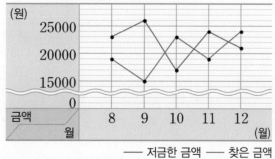

저금한 금액과 찾은 금액

( )

7

270 L 들이의 통에 물을 담는 데 처음에는 1개의 수도꼭지를 사용하다가 도중에 같은 양의 물이 나오는 수도꼭지 1개를 더 사용했습니다. 다음은 통에 담기는 물의 양을 나타낸 꺾은선그래프입니다. 물을 가득 담는 데 몇 분이 걸리는지 풀이 과정을 쓰고 답을 구하시오.

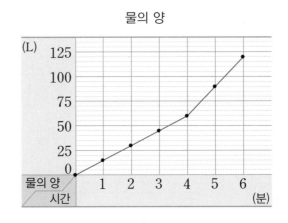

물의 양

풀이 ....

....

....

답 ....

8

어느 서점에 방문한 사람의 수를 조사하여 나타낸 꺾은선그래프입니다. 수요일에서 목요일까지 늘어난 사람의 수는 목요일에서 금요일까지 줄어든 사람의 수의 3배일 때, 꺾은선그래프를 완성하시오.

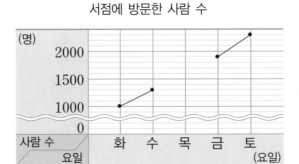

서점에 방문한 사람 수

9 시온이와 예림이의 수학 점수를 나타낸 꺾은선그래프입니다. 8월부터 12월까지의 시온이의 수학 점수의 합은 예림이의 수학 점수의 합보다 34점 더 높다고 합니다. 꺾은선그래프를 완성하시오.

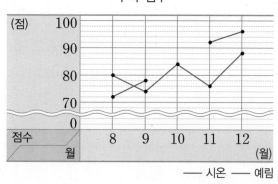

수학 점수

— 시온 — 예림

10 어느 가게에서 4가지 종류의 도넛 ㉠, ㉡, ㉢, ㉣을 만듭니다. 왼쪽은 요일별 도넛 생산량을 나타낸 꺾은선그래프이고, 오른쪽은 수요일의 종류별 도넛 생산량을 나타낸 막대그래프입니다. 도넛 ㉢ 한 개의 가격이 2000원일 때 수요일에 만든 도넛 ㉢을 모두 팔았다면 수요일에 도넛 ㉢의 판매 금액은 모두 얼마입니까?

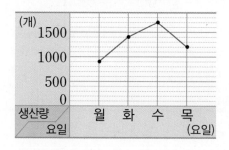

요일별 도넛 생산량

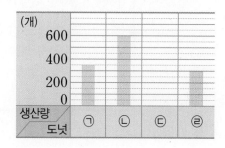

수요일의 종류별 도넛 생산량

(   )

Brain👍

가로, 세로, 굵은 선으로 나누어진 부분에 1, 2, 3, 4, 5, 6이 각각 한 번씩만 들어가도록 빈칸을 모두 채워 보세요.

		2			1
		1		5	
		3	6		
2		6	5		3
	2		1		
1			3		5

6

다각형

1 다각형과 정다각형

- 곧은 선으로 둘러싸인 도형을 다각형이라고 합니다.
- 둘러싸인 선의 개수만큼 각이 생깁니다.
- 모든 다각형은 삼각형으로 나눌 수 있습니다.

다각형: 선분으로만 둘러싸인 도형
두 점을 곧게 이은 선

삼각형   사각형   오각형

변의 수에 따라 삼각형, 사각형, 오각형이라고 부릅니다.

정다각형: 변의 길이가 모두 같고 각의 크기가 모두 같은 다각형

정삼각형 정사각형 정오각형

변의 수에 따라 정삼각형, 정사각형, 정오각형이라고 부릅니다.

[1~2] 도형을 보고 물음에 답하시오.

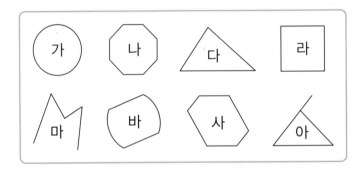

1 선분으로만 둘러싸인 도형을 모두 찾아 기호를 쓰시오.

(   )

2 정다각형을 모두 찾아 기호를 쓰시오.

(   )

3 오른쪽 정다각형의 이름을 쓰고 둘레를 구하시오.

이름 (   )
둘레 (   )

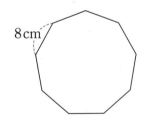

8 cm

4 한 변의 길이가 2 cm이고 둘레가 24 cm인 정다각형의 이름은 무엇입니까?

(   )

정다각형의 각의 크기

- 정■각형은 삼각형 (■－2)개로 나눌 수 있습니다.
- (정■각형의 모든 각의 크기의 합)＝180°×(■－2)
- (정■각형의 한 각의 크기)＝180°×(■－2)÷■

나누어진 삼각형의 개수

정■각형은 ■개의 각의 크기가 모두 같습니다.

정다각형	정사각형	정오각형	정육각형
삼각형의 수(개)	4－2＝2(개)	5－2＝3(개)	6－2＝4(개)
모든 각의 크기의 합	180°×2＝360°	180°×3＝540°	180°×4＝720°
한 각의 크기	360°÷4＝90°	540°÷5＝108°	720°÷6＝120°

5 정팔각형의 모든 각의 크기의 합을 구하시오.

( )

6 정십각형의 한 각의 크기를 구하시오.

( )

내각: 다각형의 안쪽에 있는 각

외각: 다각형의 한 변을 늘였을 때 바깥쪽에 만들어지는 각

중등 연계

내각 / 외각 ➡ (내각)＋(외각)＝180°

7 오른쪽 도형은 오각형입니다. ㉠의 크기를 구하시오.

( )

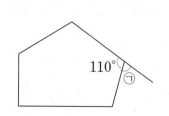

110°

㉠

2 대각선

- 대각선은 마주 보는 꼭짓점끼리 이은 선분입니다.
- 도형의 꼭짓점의 수가 많을수록 그을 수 있는 대각선의 수도 많아집니다.

대각선: 다각형에서 선분 ㄱㄷ, 선분 ㄴㄹ과 같이 서로 이웃하지 않는 두
꼭짓점을 이은 선분

여러 가지 사각형의 대각선의 성질

- 두 대각선의 길이가 같은 사각형: 직사각형, 정사각형
- 두 대각선이 서로 수직으로 만나는 사각형: 마름모, 정사각형
- 한 대각선이 다른 대각선을 반으로 나누는 사각형: 평행사변형, 마름모, 직사각형, 정사각형
- 두 대각선이 서로 수직으로 만나고 길이가 같은 사각형: 정사각형

평행사변형   마름모   직사각형   정사각형

[1~2] 도형을 보고 물음에 답하시오.

1 두 대각선이 서로 수직으로 만나는 사각형을 모두 찾아 기호를 쓰시오.

(   )

2 두 대각선의 길이가 같은 사각형을 모두 찾아 기호를 쓰시오.

(   )

3 다음 조건을 모두 만족하는 사각형의 이름을 쓰시오.

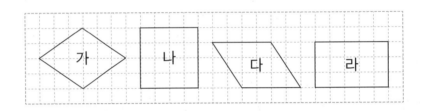

- 네 각의 크기가 모두 같습니다.
- 두 대각선이 서로 수직으로 만납니다.

(   )

대각선의 수

• ■각형의 꼭짓점의 수는 ■개이고 한 꼭짓점에서 그을 수 있는 대각선은 (■−3)개입니다.

➡ (■각형의 대각선의 수)=(■−3)×■÷2

각 꼭짓점에서 대각선을 그으면 2번씩 겹칩니다.

다각형			
	사각형	오각형	육각형
대각선의 수(개)	$(4-3) \times 4 \div 2 = 2$(개)	$(5-3) \times 5 \div 2 = 5$(개)	$(6-3) \times 6 \div 2 = 9$(개)

4 오른쪽 다각형에 그을 수 있는 대각선은 모두 몇 개입니까?

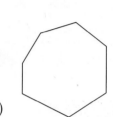

(   )

5 십각형에 그을 수 있는 대각선은 모두 몇 개입니까?

(   )

6 어떤 다각형의 한 꼭짓점에서 그을 수 있는 대각선의 수가 5개일 때, 이 다각형에 그을 수 있는 대각선의 수는 몇 개입니까?

(   )

3 여러 가지 모양 만들기와 모양 채우기

• 모양 조각은 길이가 같은 변끼리 이어 붙입니다.
• 한 모양 조각의 크기를 수로 나타내면 다른 모양 조각의 크기도 수로 나타낼 수 있습니다.

모양 조각의 이름 알아보기

| 정삼각형 | 마름모 | 사다리꼴 | 정육각형 | 정사각형 |

모양 조각을 사용하여 같은 모양을 서로 다른 방법으로 채우기

(예) △ ◇ ⬠ 모양 조각을 사용하여 정육각형을 채우기

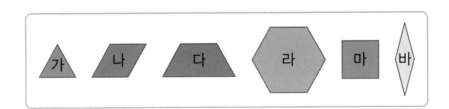

한 가지 모양 조각으로 채우는 방법   두 가지 모양 조각으로 채우는 방법

[1~6] 모양 조각을 보고 물음에 답하시오.

가 나 다 라 마 바

1 모양 조각 중에서 마름모를 모두 찾아 기호를 쓰시오.

(   )

2 가 모양 조각 3개를 이어 붙여서 만들 수 있는 모양 조각을 찾아 기호를 쓰시오.

(   )

3 한 가지 모양 조각으로 라 모양 조각을 채우려면 각각의 모양 조각이 몇 개씩 필요합니까?

가 (   )
나 (   )
다 (   )

4 모양 조각을 사용하여 서로 다른 평행사변형을 2개 만들어 보시오. (단, 같은 모양 조각을 여러 번 사용해도 됩니다.)

5 모양 조각을 사용하여 다음 모양을 만들어 보시오. (단, 같은 모양 조각을 여러 번 사용해도 됩니다.)

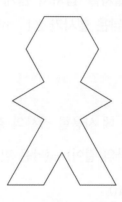

6 모양 조각을 가장 적게 사용하여 다음 모양을 채워 보시오. (단, 같은 모양 조각을 여러 번 사용해도 됩니다.)

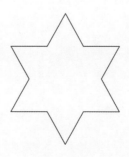

한 변의 길이와 변의 개수를 곱한 값이 도형의 둘레이다.

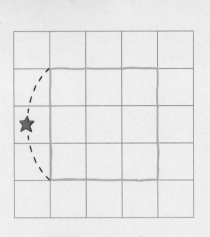

(둘레) = ★ × 4

길이가 30 cm인 끈을 겹치지 않게 사용하여
한 변의 길이가 4 cm인 정다각형을 만들고
6 cm의 끈이 남았다면

(사용한 끈의 길이)＝30－6＝24(cm)

한 변의 길이가 4 cm인 정다각형의 둘레는
4×(변의 수)＝24(cm)이므로
➡ (변의 수)＝24÷4＝6(개)

대표문제 1 길이가 120 cm인 철사를 겹치지 않게 사용하여 한 변의 길이가 8 cm인 정다각형을 한 개 만들었습니다. 남은 철사가 24 cm일 때 만든 정다각형의 이름을 쓰시오.

(정다각형을 한 개 만드는 데 사용한 철사의 길이)

＝(처음 가지고 있던 철사의 길이)－(남은 철사의 길이)

＝120－24＝ ☐ (cm)

(정다각형의 변의 수)

＝(정다각형을 한 개 만드는 데 사용한 철사의 길이)÷(한 변의 길이)

＝ ☐ ÷8＝ ☐ (개)

따라서 만든 정다각형의 이름은 ☐ 입니다.

1-1 길이가 200 cm인 철사를 겹치지 않게 사용하여 한 변의 길이가 12 cm인 정다각형을 한 개 만들었습니다. 남은 철사가 20 cm일 때 만든 정다각형의 이름은 무엇입니까?

(   )

1-2 길이가 90 cm인 색 테이프를 겹치지 않게 모두 사용하여 한 변의 길이가 5 cm인 정육각형과 한 변의 길이가 6 cm인 정다각형을 한 개씩 만들었습니다. 한 변의 길이가 6 cm인 정다각형의 이름은 무엇입니까?

(   )

^{서술형} **1-3** 길이가 100 cm인 끈을 겹치지 않게 사용하여 한 변의 길이가 4 cm인 정팔각형과 한 변의 길이가 7 cm인 정다각형을 한 개씩 만들었더니 5 cm가 남았습니다. 한 변의 길이가 7 cm인 정다각형의 이름은 무엇인지 풀이 과정을 쓰고 답을 구하시오.

풀이

답 _____

1-4 오른쪽 정오각형 모양을 만들었던 철사를 펴서 가장 큰 정십삼각형을 만들었습니다. 만든 정십삼각형의 한 변의 길이는 정오각형의 한 변의 길이보다 몇 cm 짧아집니까?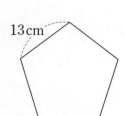

(   )

평행사변형의 한 대각선은 다른 대각선을 반으로 나눈다.

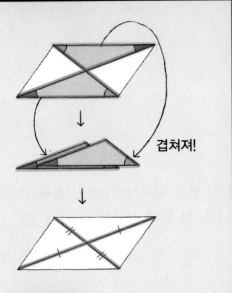

겹쳐져!

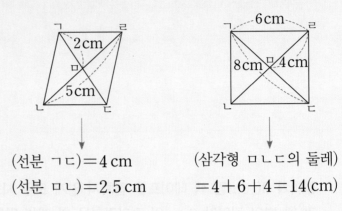

(선분 ㄱㄷ)=4 cm

(선분 ㅁㄴ)=2.5 cm

(삼각형 ㅁㄴㄷ의 둘레)

=4+6+4=14(cm)

대표문제 2

평행사변형 ㄱㄴㄷㄹ에서 삼각형 ㅁㄴㄷ의 둘레는 몇 cm인지 구하시오.

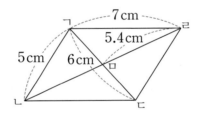

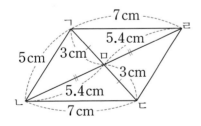

평행사변형의 한 대각선은 다른 대각선을 반으로 나눕니다.

(선분 ㄴㅁ)=(선분 ㄹㅁ)=☐ cm

(선분 ㄷㅁ)=6÷2=☐(cm)

평행사변형에서 마주 보는 변의 길이는 같으므로

(선분 ㄴㄷ)=(선분 ㄱㄹ)=☐ cm입니다.

➡ (삼각형 ㅁㄴㄷ의 둘레)

=☐+☐+☐=☐(cm)

2-1 오른쪽 평행사변형 ㄱㄴㄷㄹ에서 삼각형 ㄱㄴㅁ의 둘레는 몇 cm입니까?

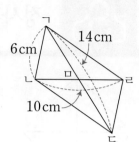

(   )

2-2 오른쪽 직사각형 ㄱㄴㄷㄹ에서 삼각형 ㅁㄴㄷ의 둘레는 몇 cm입니까?

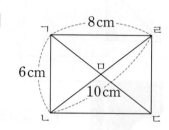

(   )

2-3 오른쪽 마름모 ㄱㄴㄷㄹ에서 선분 ㄴㅁ의 길이는 몇 cm입니까?

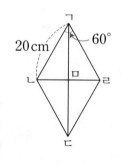

(   )

2-4 오른쪽 마름모 ㄱㄴㄷㄹ의 두 대각선의 길이의 합이 14 cm이고 차가 2 cm일 때, 삼각형 ㄱㄴㅁ의 둘레는 몇 cm입니까?

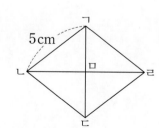

(   )

정사각형의 두 대각선의 길이는 서로 같고 수직 이등분된다.

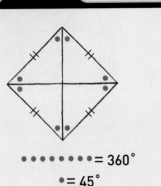

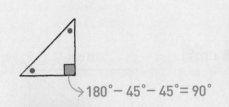

● ● ● ● ● ● ● ● ● = 360°

● = 45°

→ 180° − 45° − 45° = 90°

사각형 ㄱㄴㄷㄹ이 정사각형일 때

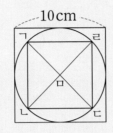

(원의 지름)=10 cm

➡ (선분 ㄴㄹ)=10 cm

정사각형은 대각선의 길이가 같고,
한 대각선이 다른 대각선을 반으로
나누므로

대표문제 3

다음 그림은 한 변이 16 cm인 정사각형 안에 원을 그리고, 그 원 위의 네 점을 이어 다시 정사각형 ㄱㄴㄷㄹ을 그린 것입니다. 선분 ㄴㅇ의 길이는 몇 cm인지 구하시오.

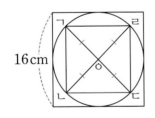

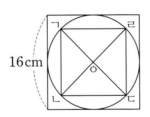

(큰 정사각형의 한 변의 길이)=(원의 지름)=☐ cm

원의 지름과 선분 ㄴㄹ의 길이가 같고 선분 ㄴㄹ은
사각형 ㄱㄴㄷㄹ의 대각선입니다.

정사각형은 한 대각선이 다른 대각선을 반으로 나누므로

(선분 ㄴㅇ)=(선분 ㄴㄹ)÷2=☐÷2=☐(cm)입니다.

3-1 다음 그림은 점 ㅇ이 원의 중심이고 반지름이 20 cm인 원 안에 직사각형 ㄱㄴㄷㄹ을 그린 것입니다. 직사각형 ㄱㄴㄷㄹ의 대각선의 길이의 합은 몇 cm입니까?

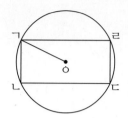

(   )

3-2 다음 그림은 한 변이 30 cm인 정사각형 안에 원을 그리고, 그 원 위의 네 점을 이어 다시 정사각형 ㄱㄴㄷㄹ을 그린 것입니다. 선분 ㄱㅇ의 길이는 몇 cm입니까?

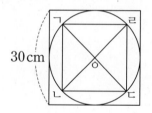

30 cm

(   )

3-3 다음 그림은 한 변이 26 cm인 정사각형 안에 원을 그리고, 그 원 위의 네 점을 이어 다시 정사각형 ㄱㄴㄷㄹ을 그린 것입니다. 사각형 ㄱㄴㄷㄹ의 대각선의 길이의 합은 몇 cm입니까?

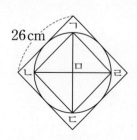

26 cm

(   )

모든 다각형은 몇 개의 삼각형으로 나눠진다.

(삼각형의 세 각의 크기의 합)=180°임을 이용하여
다각형의 모든 각의 크기의 합을 구할 수 있습니다.

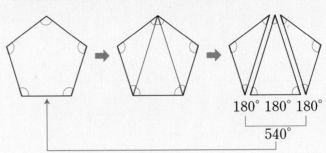

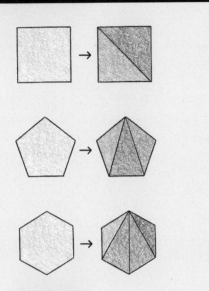

대표문제 4

정구각형에서 ㉠의 크기를 구하시오.

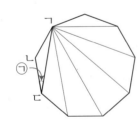

정구각형의 한 각의 크기를 먼저 구합니다.

정구각형은 삼각형 7개로 나눌 수 있으므로

(정구각형의 모든 각의 크기의 합)=180°×7=□°이고,

(정구각형의 한 각의 크기)=□°÷9=□°입니다.

(변 ㄱㄴ)=(변 ㄴㄷ)이므로 삼각형 ㄱㄴㄷ은 이등변삼각형입니다.

따라서 ㉠=(180°−□°)÷2=□°입니다.

4-1 오른쪽 도형은 정십이각형입니다. ㉠의 크기를 구하시오.

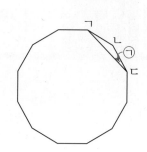

(   )

서술형 **4-2** 오른쪽 도형은 정육각형입니다. ㉠의 크기는 몇 도인지 풀이 과정을 쓰고 답을 구하시오.

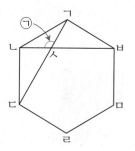

풀이

답

4-3 다음 그림은 정오각형에 대각선을 모두 그은 것입니다. ㉠, ㉡, ㉢, ㉣, ㉤의 크기의 합을 구하시오.

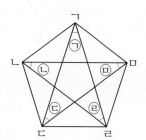

(   )

직선은 한 바퀴(360°)의 절반(180°)이다.

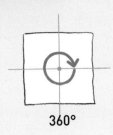

360°

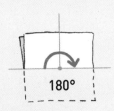

180°

도형의 한 변을 연장한 선은 직선입니다.

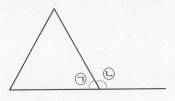

➡ ㉠＋㉡＝180°

➡ ㉡＝180°－㉠

5 대표문제

다음은 정육각형의 각 변을 길게 늘인 것입니다. ㉠, ㉡, ㉢, ㉣, ㉤, ㉥의 크기의 합을 구하시오.

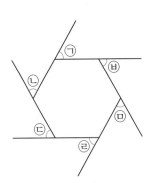

한 직선이 이루는 각의 크기는 180°이므로 직선 6개가 이루는

각의 크기는 180°×6＝☐°입니다.

정육각형은 사각형 2개로 나눌 수 있으므로

(정육각형의 모든 각의 크기의 합)＝360°×2＝☐°입니다.

따라서 ㉠＋㉡＋㉢＋㉣＋㉤＋㉥

＝☐°－☐°＝☐°입니다.

5-1 오른쪽 그림은 정십각형의 한 변을 길게 늘인 것입니다. ㉠의 크기를 구하시오.

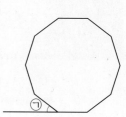

(   )

5-2 오른쪽 그림은 정오각형의 각 변을 길게 늘인 것입니다. ㉠, ㉡, ㉢, ㉣, ㉤의 크기의 합을 구하시오.

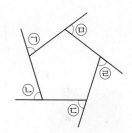

(   )

5-3 오른쪽 그림은 한 변의 길이가 같은 정육각형 2개와 정오각형 1개를 한 꼭짓점에서 만나도록 이어 붙여 놓은 것입니다. ㉠의 크기를 구하시오.

(   )

5-4 오른쪽 그림은 한 변의 길이가 같은 정오각형과 정팔각형을 한 변이 맞닿게 이어 붙여 놓은 것입니다. ㉠의 크기를 구하시오.

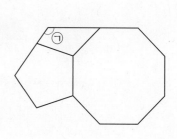

(   )

조각을 하나씩 늘려가며 만들 수 있는 모양의 개수를 구한다.

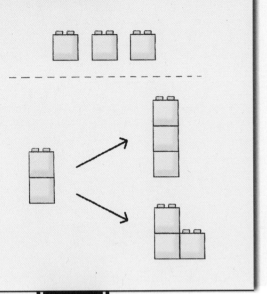

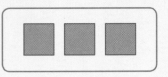

2개의 조각으로 만들 수 있는 모양

1개의 조각을 더 붙여 만들 수 있는 모양

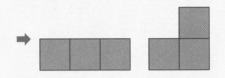

6 네 변의 길이가 같은 평행사변형 모양 조각 3개를 사용하여 만들 수 있는 모양은 모두 몇 가지인지 구하시오. (단, 변끼리 서로 맞닿게 이어 붙여야 하고, 돌리거나 뒤집어서 같은 모양이면 한 가지로 생각합니다.)

평행사변형 모양 조각 2개를 사용하여 모양을 만들고, 남은 모양 조각 1개를 더 붙입니다.

평행사변형 모양 조각 2개로 만들 수 있는 모양은 ▢▢ 와 ◣ ▢가지입니다.

 모양에 평행사변형 모양 조각 1개를 더 붙여 만들 수 있는 모양: ▢가지

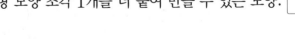

모양에 평행사변형 모양 조각 1개를 더 붙여 만들 수 있는 모양: ▢가지

따라서 평행사변형 모양 조각 3개를 사용하여 만들 수 있는 모양은 모두

▢+▢=▢(가지)입니다.

6-1 정삼각형 모양 조각 4개를 사용하여 만들 수 있는 모양은 모두 몇 가지입니까? (단, 변끼리 서로 맞닿게 이어 붙여야 하고, 돌리거나 뒤집어서 같은 모양이면 한 가지로 생각합니다.)

(   )

6-2 정사각형 모양 조각 4개를 사용하여 만들 수 있는 모양은 모두 몇 가지입니까? (단, 변끼리 서로 맞닿게 이어 붙여야 하고, 돌리거나 뒤집어서 같은 모양이면 한 가지로 생각합니다.)

(   )

6-3 한 변의 길이가 같은 정삼각형 모양 조각 2개와 정사각형 모양 조각 1개를 사용하여 만들 수 있는 모양은 모두 몇 가지입니까? (단, 변끼리 서로 맞닿게 이어 붙여야 하고, 돌리거나 뒤집어서 같은 모양이면 한 가지로 생각합니다.)

(   )

사용된 조각의 모양과 개수를 구한다.

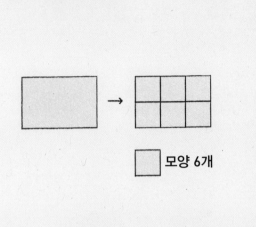

모양 6개

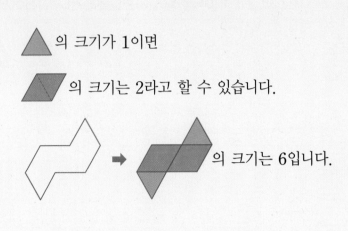

의 크기가 1이면

의 크기는 2라고 할 수 있습니다.

의 크기는 6입니다.

대표문제 7

가, 마 모양 조각을 여러 번 사용하여 오른쪽 모양을 만들었습니다. 가 모양 조각의 크기가 1이고 마 모양 조각의 크기가 약 2라면 오른쪽 모양의 크기는 약 얼마입니까?

오른쪽 모양을 가 모양 조각과 마 모양 조각으로 나누어 봅니다.

오른쪽 모양은 가 모양 조각 ☐ 개, 마 모양 조각 ☐ 개로 만든 모양이므로

오른쪽 모양의 크기는 약 $1 \times \boxed{} + 2 \times \boxed{} = \boxed{}$ 입니다.

7-1 왼쪽 모양 조각을 여러 번 사용하여 오른쪽 모양을 만들었습니다. 왼쪽 모양 조각의 크기가 1
이면 오른쪽 모양의 크기는 얼마입니까?

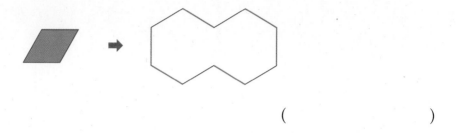

(   )

7-2 가, 마 모양 조각을 여러 번 사용하여 오른쪽 모양을 만들었습니다. 가 모양 조각의 크기가 1
이고 마 모양 조각의 크기가 약 2라면 오른쪽 모양의 크기는 약 얼마입니까?

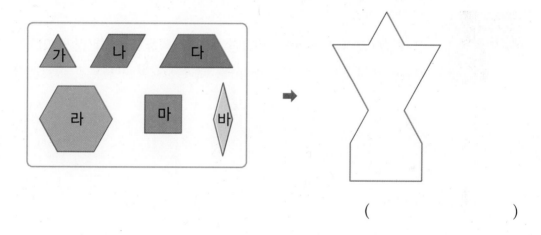

(   )

7-3 나, 다, 라, 마 모양 조각을 여러 번 사용하여 오른쪽 모양을 만들었습니다. 가의 크기가 1이
고 마의 크기가 약 2라면 오른쪽 모양의 크기는 약 얼마입니까?

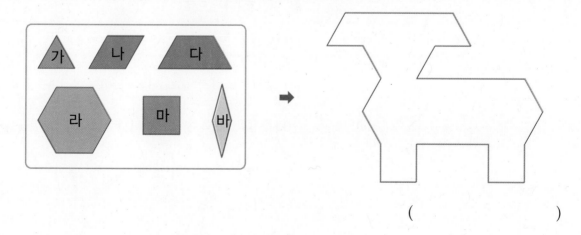

(   )

이등변삼각형은
두 변의 길이가 같고, 두 변과 마주 하는 두 각의 크기가 같다.

직사각형 ㄱㄴㄷㄹ의 한 대각선이 20 cm일 때

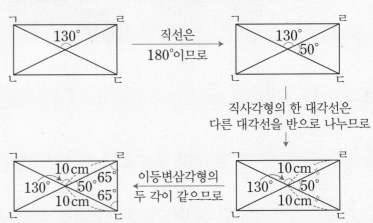

대표문제 8

정사각형 ㄱㄴㄷㅂ과 직사각형 ㅂㄷㄹㅁ을 겹치지 않게 이어 붙였습니다. 직사각형 ㅂㄷㄹㅁ의 한 대각선이 32 cm일 때 정사각형 ㄱㄴㄷㅂ의 둘레를 구하시오.

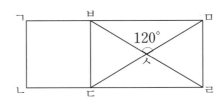

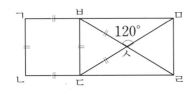

한 직선이 이루는 각은 180°이므로

(각 ㅂㅅㄷ)=180°−120°=◻°입니다.

직사각형은 두 대각선의 길이가 같고 한 대각선이 다른 대각선을 반으로 나누므로

(선분 ㅂㅅ)=(선분 ㄷㅅ)=32÷2=◻(cm)이고,

(각 ㄷㅂㅅ)=(각 ㅂㄷㅅ)=(180°−60°)÷2=◻°입니다.

삼각형 ㅂㄷㅅ은 정삼각형이고 한 변이 ◻cm이므로

(정사각형 ㄱㄴㄷㅂ의 둘레)=◻×4=◻(cm)입니다.

8-**1** 직사각형 ㄱㄴㄷㅂ과 정사각형 ㅂㄷㄹㅁ을 겹치지 않게 이어 붙였습니다. 직사각형 ㄱㄴㄷㅂ의 한 대각선이 24 cm일 때 정사각형 ㅂㄷㄹㅁ의 둘레를 구하시오.

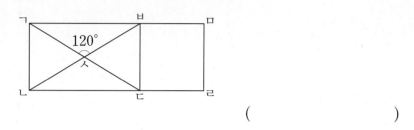

(   )

8-**2** 직사각형과 정육각형을 겹치지 않게 이어 붙였습니다. 직사각형의 한 대각선이 18 cm일 때 정육각형의 둘레를 구하시오.

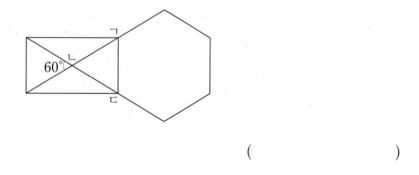

(   )

8-**3** 직사각형 ㄱㄴㄷㄹ과 정삼각형 ㄹㄷㅂ을 겹치지 않게 이어 붙였습니다. 직사각형의 한 대각선이 46 cm일 때 사각형 ㄹㅁㄷㅂ의 둘레를 구하시오.

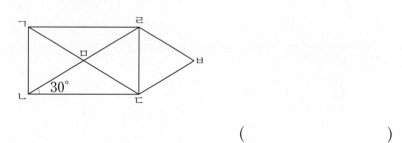

(   )

MATH MASTER

1 오른쪽 그림은 정육각형 ㄱㄴㄷㄹㅁㅂ과 마름모 ㅂㅁㅇㅅ을 겹치지 않게 이어 붙인 것입니다. ㉠의 크기를 구하시오.

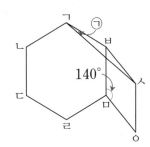

(   )

서술형 2 정팔각형의 대각선의 수와 정육각형의 대각선의 수의 차는 얼마인지 풀이 과정을 쓰고 답을 구하시오.

풀이 _____

_____

_____

답 _____

3 오른쪽 그림에서 ㉠, ㉡, ㉢, ㉣, ㉤, ㉥, ㉦의 합을 구하시오.

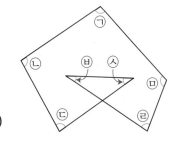

(   )

4 모든 각의 크기의 합이 1800°인 정다각형이 있습니다. 이 정다각형의 대각선의 수를 구하시오.

먼저 생각해 봐요!

■각형을 몇 개의 삼각형으로 나눌 수 있는지를 생각해 봐!

(   )

5 오른쪽 그림은 마름모 ㄱㄴㄷㄹ에 대각선을 그은 것입니다.
삼각형 ㄱㄴㄷ의 세 변의 길이의 합은 몇 cm입니까?

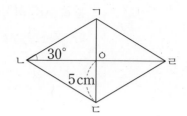

( )

6 다음에서 설명하는 다각형의 이름과 둘레를 구하시오.

> • 정다각형입니다.
> • 한 변의 길이는 4 cm입니다.
> • 대각선의 수는 27개입니다.

이름 ( )

둘레 ( )

7 모양 조각을 한 번씩 사용하여 오른쪽 모양을 만들었습니다. 사용하지 않은 조각을 찾아
기호를 쓰시오.

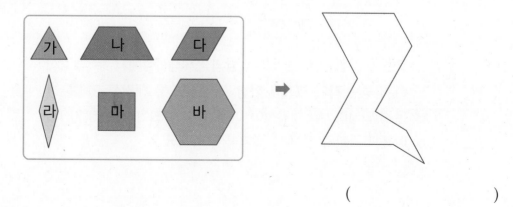

( )

8 왼쪽 사다리꼴 모양 조각을 겹치지 않게 이어 붙여서 오른쪽 평행사변형을 만들려고 합니다. 필요한 사다리꼴 모양 조각은 모두 몇 개입니까?

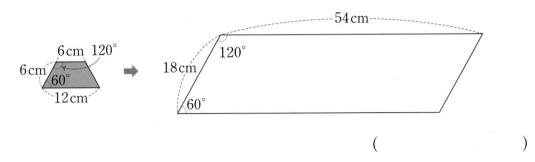

( )

9 한 변이 $10\,\mathrm{cm}$인 정육각형을 규칙에 따라 겹치지 않게 이어 붙인 것입니다. 정육각형 21개를 이어 붙인 도형의 둘레는 몇 cm입니까?

먼저 생각해 봐요!

정육각형이 3개씩 늘어날 때마다 변의 수는 몇 개씩 늘어날까?

( )

10 오른쪽 그림은 어떤 정다각형의 한 꼭짓점에서 두 대각선이 이루는 각의 크기가 가장 크게 되도록 대각선 2개를 그은 것입니다. 두 대각선이 이루는 각의 크기가 120°일 때, 이 정다각형의 한 각의 크기를 구하시오.

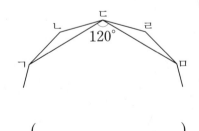

( )

디딤돌과 함께하는 4가지 방법

NAVER 카페

http://cafe.naver.com/
didimdolmom

교재 선택부터 맞춤 학습 가이드,
이웃맘과 선배맘들의 경험담과 정보까지
가득한 디딤돌 학부모 대표 커뮤니티

디딤돌 홈페이지

www.didimdol.co.kr

교재 미리 보기와 정답지, 동영상 등
각종 자료들을 만날 수 있는
디딤돌 공식 홈페이지

Instagram

@didimdol_mom

카드 뉴스로 만나는 디딤돌 소식과
손쉽게 참여 가능한 리그램 이벤트가
진행되는 디딤돌 인스타그램

YouTube

검색창에 디딤돌교육 검색

생생한 개념 설명 영상과
문제 풀이 영상으로 학습에 도움을 주는
디딤돌 유튜브 채널

계산이 아닌   개념을 깨우치는

수학을 품은 연산

디딤돌
연산
수학

1~6학년(학기용)

수학 공부의 새로운 패러다임

초등
4·2

상위권의 기준

최상위
수학
S

복습책

상위권의 기준

최상위
수학
S

복습책

본문 14~29쪽의 유사문제입니다. 한 번 더 풀어 보세요.

S 1 어떤 수에서 $1\frac{7}{9}$ 을 빼야 할 것을 잘못하여 더했더니 $8\frac{5}{9}$ 가 되었습니다. 바르게 계산하면 얼마입니까?

(   )

S 2 진형이는 미술 시간에 철사를 사용하여 세로는 $6\frac{6}{8}$ m, 가로는 세로보다 $\frac{7}{8}$ m 짧은 직사각형 모양을 만들려고 합니다. 직사각형 모양을 만들기 위해 필요한 철사를 문구점에서 살 때, 적어도 몇 m를 사야 합니까? (단, 문구점에서는 철사를 1 m 단위로만 팝니다.)

(   )

S 3 6장의 수 카드를 한 번씩 모두 사용하여 분모가 같은 대분수를 만들려고 합니다. 만들 수 있는 가장 큰 대분수와 가장 작은 대분수의 합을 구하시오.

9   6   2   5   9   8

(   )

4 그림을 보고 ㉮에서 ㉲까지의 거리는 몇 km인지 구하시오.

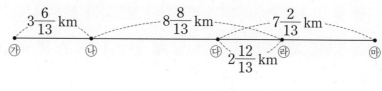

(   )

5 ㉮★㉯＝㉮＋㉯＋㉯로 약속할 때, 다음에서 ㉠에 알맞은 수는 얼마인지 구하시오.

$$㉠ ★ 2\frac{4}{7} = 8\frac{1}{7}$$

(   )

6 어떤 일을 하는 데 승미는 하루에 전체의 $\frac{3}{18}$만큼을, 유주는 하루에 전체의 $\frac{1}{18}$만큼을 합니다. 승미가 혼자서 2일 동안 일을 한 후 나머지는 매일 유주와 함께 한다면 승미가 일을 시작한 지 며칠 만에 끝낼 수 있습니까? (단, 쉬는 날 없이 일을 합니다.)

(   )

7 길이가 $20\frac{7}{15}$ m인 막대로 연못의 깊이를 재었습니다. 막대를 연못의 바닥까지 넣었다가 꺼낸 후 막대를 거꾸로 하여 바닥까지 넣었다가 꺼냈습니다. 막대에서 물에 젖지 않은 부분의 길이를 재었더니 $5\frac{12}{15}$ m일 때, 연못의 깊이는 몇 m입니까? (단, 막대는 항상 수직으로 넣고 연못 바닥은 평평합니다.)

(   )

8 규칙에 따라 수를 늘어놓은 것입니다. 늘어놓은 수들의 합을 구하시오.

$$15\frac{1}{17},\ 13\frac{3}{17},\ 11\frac{5}{17}\ \cdots\cdots\ 1\frac{15}{17}$$

(   )

1 분수의 덧셈과 뺄셈

본문 30~32쪽의 유사문제입니다. 한 번 더 풀어 보세요.

1 □ 안에 들어갈 수 있는 자연수를 모두 구하시오.

$$8\frac{6}{11}-1\frac{3}{11} < \frac{\square}{11} < 3\frac{2}{11}+4\frac{5}{11}$$

( )

2 분모가 6인 진분수가 2개 있습니다. 합이 $1\frac{3}{6}$이고 차가 $\frac{1}{6}$인 두 진분수를 구하시오.

( )

3 길이가 각각 9 cm인 색 테이프 3장을 그림과 같이 $1\frac{3}{4}$ cm만큼씩 겹쳐서 이어 붙였습니다. 이어 붙인 색 테이프의 전체 길이는 몇 cm입니까?

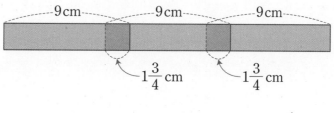

( )

4 수 카드 6 , 7 , 8 , 9 를 한 번씩만 사용하여 다음과 같은 대분수의 덧셈식을 만들었습니다. 계산 결과가 가장 큰 덧셈식의 값을 구하시오.

$$\blacklozenge\frac{\blacktriangle}{13}+\blacktriangledown\frac{\bigstar}{13}$$

( )

5 길이가 25 cm인 양초가 있습니다. 이 양초에 불을 붙이고 20분이 지난 후에 양초의 길이를 재었더니 $21\dfrac{5}{11}$ cm였습니다. 길이가 15 cm인 양초에 불을 붙이고 1시간이 지난 후에 남은 양초의 길이는 몇 cm입니까? (단, 양초는 일정한 빠르기로 탑니다.)

(   )

6 하루에 $3\dfrac{6}{60}$ 분씩 빨라지는 시계가 있습니다. 이 시계를 9월 14일 오후 3시 정각에 정확한 시각으로 맞추어 놓았습니다. 같은 달 18일 오후 3시에 이 시계가 가리키는 시각은 몇 시 몇 분 몇 초입니까?

(   )

_{서술형} **7** 무게가 똑같은 책 5권이 들어 있는 상자의 무게를 재어 보았더니 7 kg이었습니다. 이 상자에서 책 2권을 꺼낸 후 다시 상자의 무게를 재었더니 $4\dfrac{3}{7}$ kg이었다면 책 한 권의 무게는 몇 kg인지 풀이 과정을 쓰고 답을 구하시오.

풀이 ....

....

....

답 ....

8 성우, 경규, 민호 세 사람의 몸무게를 재었습니다. 성우와 경규의 몸무게의 합은 $34\frac{6}{13}$ kg, 성우와 민호의 몸무게의 합은 $31\frac{11}{13}$ kg, 경규와 민호의 몸무게의 합은 $33\frac{9}{13}$ kg입니다. 세 사람의 몸무게의 합을 구하시오.

( )

9 □ 안에는 모두 같은 수가 들어갑니다. □ 안에 알맞은 수를 구하시오.

$$\frac{1}{3}+\frac{2}{3}=1$$
$$\frac{1}{5}+\frac{2}{5}+\frac{3}{5}+\frac{4}{5}=2$$
$$\vdots$$
$$\frac{1}{\square}+\frac{2}{\square}+\frac{3}{\square}+\cdots\cdots+\frac{\square-2}{\square}+\frac{\square-1}{\square}=25$$

( )

10 분모가 9인 세 분수 ㉮, ㉯, ㉰가 있습니다. 세 분수의 합은 $12\frac{6}{9}$이고 ㉯는 ㉮보다 $2\frac{8}{9}$ 만큼 크며 ㉰는 ㉮의 2배입니다. 세 분수 ㉮, ㉯, ㉰를 각각 구하시오.

㉮ ( ), ㉯ ( ), ㉰ ( )

본문 38~53쪽의 유사문제입니다. 한 번 더 풀어 보세요.

S 1 오른쪽 그림에서 삼각형 ㄱㄴㄷ은 직각삼각형이고, 삼각형 ㄹㄴㄷ은 이등변삼각형입니다. 각 ㄱㄷㄴ의 크기를 구하시 오.

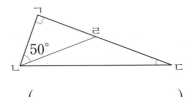

(   )

S 2 오른쪽 그림에서 삼각형 ㄱㄴㄷ은 정삼각형이고 삼각형 ㄹㄴㄷ은 이등변삼각형입니다. ㉠의 크기를 구하시오.

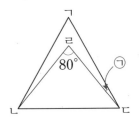

(   )

S 3 다음 그림과 같이 이등변삼각형 모양의 종이를 접었습니다. ㉠의 크기를 구하시오.

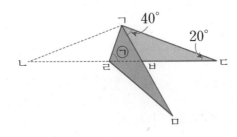

(   )

4 오른쪽 그림과 같이 정삼각형 ㄱㄴㄷ을 점 ㄱ을 중심으로 하여 시계 반대 방향으로 회전시켜 삼각형 ㄱㄹㅁ을 만들었습니다. ㉠의 크기를 구하시오.

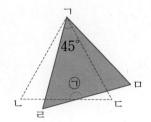

(   )

5 크기가 같은 성냥개비 33개로 오른쪽 그림과 같은 모양을 만들었습니다. 이 모양에서 찾을 수 있는 크고 작은 정삼각형은 모두 몇 개입니까?

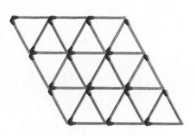

(   )

6 오른쪽 그림에서 삼각형 ㄱㄴㄷ은 직각삼각형입니다. ㉠과 ㉡의 크기를 각각 구하시오. (단, 점 ㅇ은 원의 중심입니다.)

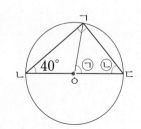

㉠ (   ), ㉡ (   )

7 오른쪽 그림에서 사각형 ㄱㄴㄷㄹ은 정사각형이고 삼각형 ㄷㅁㄹ은 정삼각형입니다. ㉠과 ㉡의 크기를 각각 구하시오.

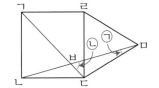

㉠ (   ), ㉡ (   )

8 오른쪽 그림은 21개의 점을 정삼각형 모양으로 놓은 것입니다. 이 점들을 꼭짓점으로 하여 만들 수 있는 크기가 다른 정삼각형은 모두 몇 가지입니까?

(   )

본문 54~56쪽의 유사문제입니다. 한 번 더 풀어 보세요.

1 오른쪽은 이등변삼각형 ㄱㄴㄷ, 정삼각형 ㄱㄷㅁ, 정삼각형 ㅁㄷㄹ 을 겹치지 않게 이어 붙여 놓은 것입니다. 이등변삼각형 ㄱㄴㄷ 의 둘레가 38 cm일 때, 이어 붙인 도형의 둘레는 몇 cm입니까?

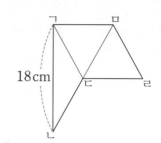

( )

2 오른쪽 그림은 정삼각형 ㄱㄴㄷ의 각 변의 한가운데 점을 이어 가 면서 정삼각형을 만든 것입니다. 정삼각형 ㅅㅇㅈ의 한 변이 3 cm 일 때, 정삼각형 ㄱㄴㄷ의 둘레를 구하시오.

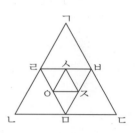

( )

3 오른쪽 그림에서 선분 ㄱㄴ, 선분 ㄴㄹ, 선분 ㄷㄹ, 선분 ㄷㅁ의 길이가 같을 때, 각 ㄹㄷㅁ의 크기를 구하시오.

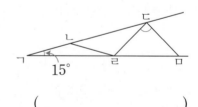

( )

4 오른쪽 그림에서 삼각형 ㄱㄴㄹ과 삼각형 ㄴㄷㄹ은 이등변삼각 형입니다. 각 ㄱㄴㄹ의 크기를 구하시오.

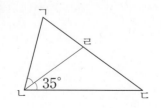

( )

5 오른쪽 그림에서 찾을 수 있는 크고 작은 정삼각형은 모두 몇 개입니까?

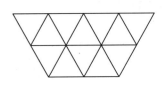

(   )

서술형 **6** 오른쪽 그림에서 삼각형 ㄱㄴㄷ과 삼각형 ㄹㄴㄷ은 이등변삼각형일 때, 각 ㄹㅁㄷ의 크기를 구하려고 합니다. 풀이 과정을 쓰고 답을 구하시오.

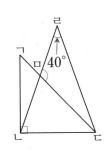

풀이 ....

....

....

답 ....

7 오른쪽 그림에서 사각형 ㄱㄴㄷㄹ은 정사각형이고 삼각형 ㅁㄱㄹ은 이등변삼각형입니다. 각 ㄱㅁㅂ의 크기를 구하시오.

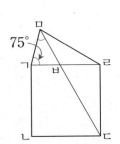

(   )

8 오른쪽 그림은 크기와 모양이 같은 두 이등변삼각형 ㄱㄴㄹ 과 ㄷㄴㅁ을 꼭짓점 ㄴ이 일치하고 변 ㄱㄹ과 변 ㄷㅁ이 일직선이 되도록 붙인 것입니다. 각 ㅁㄴㄹ의 크기를 구하 시오.

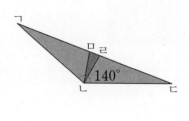

(   )

서술형 **9** 한 변의 길이가 3 cm인 정삼각형을 그림과 같이 한 변이 서로 맞닿게 옆으로 이어 붙여 서 새로운 도형을 만들려고 합니다. 정삼각형 20개를 이어 붙여서 만든 도형의 둘레는 몇 cm인지 풀이 과정을 쓰고 답을 구하시오.

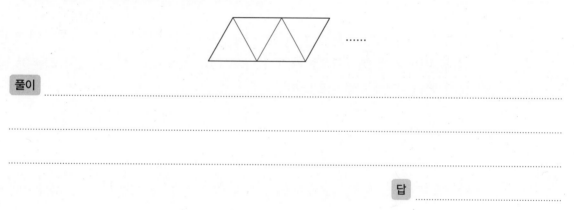

풀이 ....

....

....

답 ....

10 오른쪽 그림에서 삼각형 ㄱㄴㄷ은 정삼각형이고, 사각형 ㄹㅁㅂㅅ 은 정사각형입니다. ㉠의 크기를 구하시오.

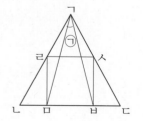

(   )

본문 64~81쪽의 유사문제입니다. 한 번 더 풀어 보세요.

1 어떤 수의 10배인 수는 34.87보다 0.91 작다고 합니다. 어떤 수를 구하시오.

( )

2 가로가 1.68 m이고 세로는 가로보다 0.79 m 더 짧은 직사각형 모양의 칠판이 있습니다. 이 칠판의 네 변에 리본을 겹치지 않게 이어 붙였더니 0.86 m의 리본이 남았습니다. 처음에 있던 리본은 몇 m입니까?

( )

3 어떤 수에 8.36을 더해야 할 것을 잘못하여 뺐더니 15.91이 되었습니다. 바르게 계산하면 얼마입니까?

( )

4 4장의 수 카드를 한 번씩 모두 사용하여 소수 두 자리 수를 만들려고 합니다. 만들 수 있는 소수 두 자리 수 중에서 50에 가장 가까운 수를 구하시오.

5   7   1   4

(   )

5 0에서 9까지의 수 중에서 □ 안에 알맞은 수를 써넣으시오.

$$63.\boxed{}4 < 63.\boxed{}82 < 63.0\boxed{}1$$

6 □ 안에 들어갈 수 있는 수 중에서 가장 큰 소수 세 자리 수를 구하시오.

$$3.73 + 4.59 < 10.26 - \square$$

(   )

7 ^{중요} 물이 가득 들어 있는 병의 무게를 재어 보았더니 0.9 kg이었습니다. 이 병에 들어 있는 물의 $\frac{1}{4}$을 마신 후 무게를 다시 재었더니 0.71 kg이었습니다. 빈 병의 무게는 몇 kg입니까?

(   )

8 ^{중요} 합이 7.96이고, 차가 2.88인 두 소수 중에서 작은 수의 100배인 수를 구하시오.

(   )

9 ^{중요} 수직선에 일정한 간격으로 소수를 늘어놓았습니다. ⓛ과 ⓒ의 합과 6.2와 ㉠의 합의 차가 0.48일 때, ㉠, ⓛ, ⓒ을 각각 구하시오.

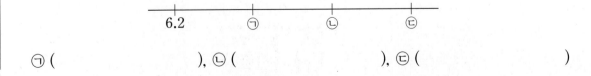

㉠ (   ), ⓛ (   ), ⓒ (   )

본문 82~84쪽의 유사문제입니다. 한 번 더 풀어 보세요.

1 수직선에서 □ 안에 알맞은 수를 구하시오.

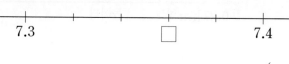

(   )

2 어떤 수의 $\frac{1}{10}$인 수가 2.59일 때, 어떤 수의 100배인 수는 얼마입니까?

(   )

3 0에서 9까지의 수 중에서 □ 안에 들어갈 수 있는 수를 모두 구하시오.

$$6.34 + 1.87 > 8.\square 2$$

(   )

4 4, 5, 6, 7, 8, 9를 □ 안에 한 번씩 모두 써넣어 다음 뺄셈식을 만들려고 합니다. 차가 가장 크게 되도록 뺄셈식을 만들고 차를 구하시오.

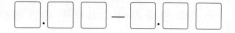

(   )

5 놀이터에서 학원까지의 거리는 학교에서 놀이터까지의 거리보다 몇 km 더 멉니까?

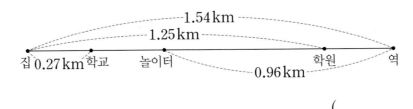

(   )

서술형 6 지유는 무게가 2.84 kg인 상자를 들고 몸무게를 재어 보았더니 33.71 kg이었습니다. 상자를 내려놓고 가방을 메고 몸무게를 다시 재어 보았더니 32.18 kg이었습니다. 가방의 무게는 몇 kg인지 풀이 과정을 쓰고 답을 구하시오.

풀이

답

7 다음 조건을 모두 만족하는 소수 세 자리 수를 구하시오.

> ㉠ 5.2보다 크고 5.37보다 작습니다.
> ㉡ 소수 둘째 자리 수는 소수 첫째 자리 수의 4배입니다.
> ㉢ 소수 셋째 자리 수와 어떤 수를 곱하면 항상 어떤 수가 됩니다.

(   )

8 떨어진 높이의 $\frac{1}{10}$만큼 튀어 오르는 공이 있습니다. 이 공을 120 m 높이의 건물에서 수직으로 떨어뜨렸을 때, 네 번째로 튀어 오른 공의 높이는 몇 m입니까?

( )

서술형 9 일정한 빠르기로 윤아는 12분 동안 0.86 km를 가고, 정훈이는 30분 동안 1.98 km를 갑니다. 두 사람이 같은 지점에서 동시에 출발하여 서로 반대 방향으로 직선 거리를 간다면 1시간 후 두 사람 사이의 거리는 몇 km인지 풀이 과정을 쓰고 답을 구하시오.

풀이 ....

....

....

....

답 ....

10 어떤 소수와 그 소수의 소수점을 빼서 만든 자연수의 차가 3241.26입니다. 어떤 소수는 얼마입니까?

( )

S 1 오른쪽 그림은 크기가 다른 정사각형 가, 나, 다를 겹치지 않게 이어 붙인 것입니다. 변 ㄱㄴ과 변 ㄷㄹ 사이의 거리가 56 cm일 때, 정사각형 다의 한 변의 길이는 몇 cm입니까?

(   )

S 2 오른쪽 그림에서 직선 가와 직선 다는 서로 수직입니다. ㉠의 크기를 구하시오.

(   )

S 3 오른쪽 그림에서 직선 가와 나는 서로 평행합니다. ㉠과 ㉡의 크기의 차가 30°일 때, ㉠과 ㉡의 크기를 각각 구하시오.

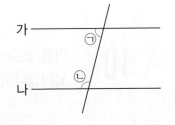

㉠ (   ), ㉡ (   )

4 오른쪽 그림에서 직선 가와 직선 나는 서로 평행합니다. ㉠의 크기를 구하시오.

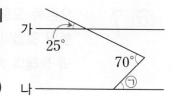

(   )

5 오른쪽 그림과 같이 직사각형 모양의 종이를 접었습니다. ㉠과 ㉡의 크기를 각각 구하시오.

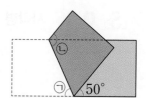

㉠ (   ), ㉡ (   )

6 다음 그림에서 찾을 수 있는 크고 작은 사각형 중에서 ★을 반드시 포함하는 사각형은 모두 몇 개입니까?

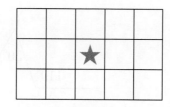

(   )

7 오른쪽 도형은 크기가 같은 직사각형 4개를 겹치지 않게 이어 붙인 것입니다. 정사각형 ㄱㄴㄷㄹ의 둘레와 정사각형 ㅂㅅㅇㅈ의 둘레의 차는 몇 cm입니까?

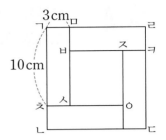

(   )

8 사각형 ㄱㄴㄷㄹ은 평행사변형입니다. ㉠의 크기를 구하시오.

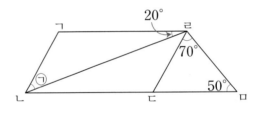

(   )

9 선분 ㄱㄴ과 선분 ㅁㅂ이 서로 평행할 때, ㉠의 크기를 구하시오.

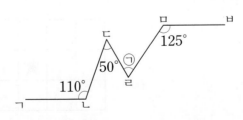

(   )

본문 110~112쪽의 유사문제입니다. 한 번 더 풀어 보세요.

1 오른쪽 그림에서 직선 가, 나, 다는 서로 평행합니다. 직선 가와 직선 다 사이의 거리는 몇 cm입니까?

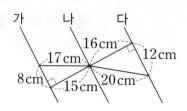

( )

2 오른쪽 그림에서 직선 가와 직선 나는 서로 평행합니다. ㉠의 크기를 구하시오.

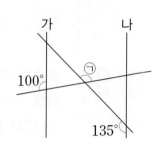

( )

3 오른쪽 도형은 평행사변형과 마름모를 겹치지 않게 이어 붙인 것입니다. ㉠의 크기를 구하시오.

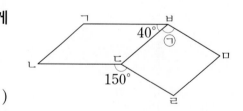

( )

4 오른쪽 그림과 같이 마름모 모양의 종이를 접었습니다. 각 ㄱㄴㅁ의 크기를 구하시오.

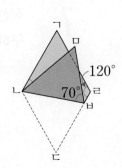

( )

5 오른쪽 사각형 ㄱㄴㄷㄹ은 선분 ㄱㄹ과 선분 ㄴㄷ이 평행한 사각형입니다. 선분 ㄱㄴ, 선분 ㄱㄹ, 선분 ㄱㅁ의 길이가 모두 같을 때, ㉠과 ㉡의 크기를 각각 구하시오.

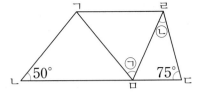

㉠ (   ), ㉡ (   )

서술형 6 오른쪽 그림에서 사각형 ㄱㄴㄷㅁ은 평행사변형이고, 삼각형 ㅁㄷㄹ은 이등변삼각형입니다. 변 ㄱㅁ의 길이는 몇 cm인지 풀이 과정을 쓰고 답을 구하시오.

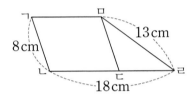

풀이 ....

....

....

답 ....

7 직선 가와 직선 나는 서로 평행합니다. ㉠과 ㉡의 크기의 차를 구하시오.

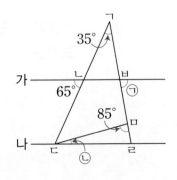

(   )

8 오른쪽 그림은 평행사변형 ㄱㄴㄷㄹ의 변 ㄱㄴ과 변 ㄱㄹ에 각각 수선을 그은 것입니다. 각 ㄴㅇㅂ의 크기를 구하시오.

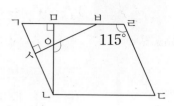

(   )

9 직선 가와 직선 나는 서로 평행합니다. ㉠의 크기를 구하시오.

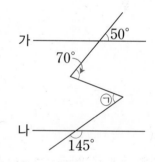

(   )

10 오른쪽 그림은 25개의 점을 같은 간격으로 찍은 것입니다. 이 점들을 꼭짓점으로 하여 만들 수 있는 정사각형은 모두 몇 개입니까? (단, 크기가 같은 정사각형은 같은 것으로 생각합니다.)

(   )

S 1 어느 공장의 음료수 생산량을 매월 마지막 날에 조사하여 나타낸 꺾은선그래프입니다. 음료수의 생산량이 가장 많은 때와 가장 적은 때의 차는 몇 병입니까?

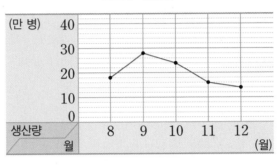

음료수 생산량

(   )

S 2 어느 서점의 책 판매량을 조사하여 나타낸 꺾은선그래프입니다. 책 1권이 9000원일 때, 조사한 기간 동안의 책 판매액은 모두 얼마입니까?

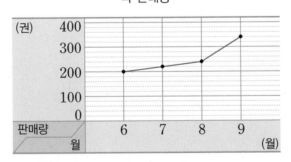

책 판매량

(   )

3 미나리의 키를 2일마다 조사하여 나타낸 꺾은선그래프입니다. 17일에 잰 미나리의 키는 10일에 잰 미나리의 키보다 약 몇 cm 늘었습니까?

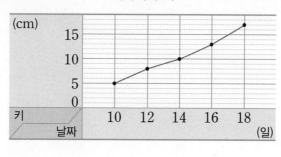

미나리의 키

(   )

4 어느 미술관의 입장객 수를 조사하여 나타낸 꺾은선그래프입니다. 8월부터 12월까지의 입장객 수는 모두 6200명이고, 11월의 입장객 수는 12월의 입장객 수보다 500명 더 적습니다. 꺾은선그래프를 완성하시오.

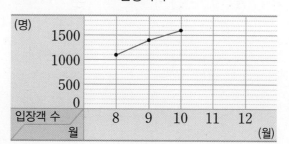

입장객 수

5 어느 회사의 장난감 판매량을 조사하여 나타낸 꺾은선그래프입니다. 세로 눈금 한 칸의 크기를 5개로 하여 꺾은선그래프를 다시 그리면 판매량이 가장 큰 때와 가장 작은 때의 세로 눈금은 몇 칸 차이가 납니까?

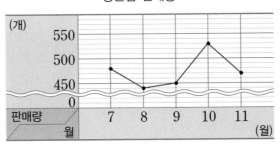

장난감 판매량

(   )

6 어느 학교의 4학년 남학생 수와 여학생 수를 매년 조사하여 나타낸 꺾은선그래프입니다. 남학생 수와 여학생 수의 차가 가장 큰 해에 4학년 전체 학생 수는 몇 명입니까?

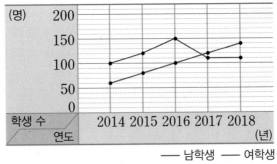

4학년 남학생 수와 여학생 수

(   )

7 두 공장의 야구공 생산량을 조사하여 나타낸 꺾은선그래프입니다. 생산량이 가장 많은 달과 가장 적은 달의 생산량의 차가 더 큰 공장은 어느 공장입니까?

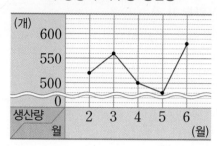

가 공장의 야구공 생산량

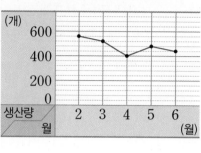

나 공장의 야구공 생산량

(   )

8 정민이와 효주가 학교에서 2000 m만큼 떨어진 병원까지 가는 데 걸린 시간과 거리의 관계를 나타낸 꺾은선그래프입니다. 정민이는 효주와 동시에 출발하여 일정한 빠르기로 자전거를 타고 가다가 10분 후 걷기 시작하여 효주와 동시에 병원에 도착했습니다. 정민이가 처음부터 걸어간다면 효주보다 몇 분 늦게 병원에 도착하겠습니까? (단, 정민이와 효주가 자전거를 타거나 걷는 빠르기는 각각 일정합니다.)

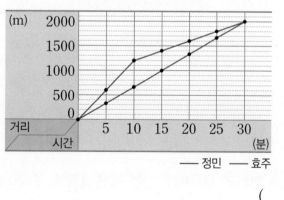

정민이와 효주가 간 거리

── 정민 ── 효주

(   )

5 꺾은선그래프

본문 136~139쪽의 유사문제입니다. 한 번 더 풀어 보세요.

1 오른쪽은 어느 극장에 방문한 관객 수를 조사하여 나타낸 꺾은선그래프입니다. 한 명의 관람료가 9000원일 때, 전체 관람료가 전날보다 늘어난 날은 언제이고, 얼마나 늘었습니까?

(   ), (   )

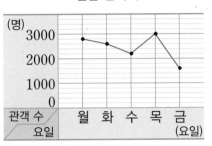
요일별 관객 수

2 오른쪽은 80 L 들이의 그릇에 물을 담을 때, 그릇에 들어 있는 물의 양을 조사하여 나타낸 꺾은선그래프입니다. 물을 가장 많이 담은 때는 몇 분과 몇 분 사이이고, 담은 물의 양은 몇 L입니까?

(   ), (   )

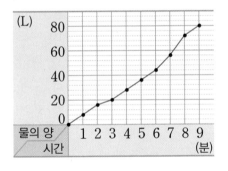
그릇에 담은 물의 양

3 오른쪽은 현희와 경은이의 키를 매년 1월에 조사하여 나타낸 꺾은선그래프입니다. 9살인 해의 7월에 두 사람의 키의 차는 약 몇 cm입니까?

(   )

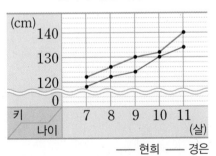
현희와 경은이의 키

4 다정이와 현미의 몸무게를 매년 8월에 조사하여 나타낸 꺾은선그래프입니다. 다정이와 현미의 몸무게가 같은 때는 모두 몇 번입니까?

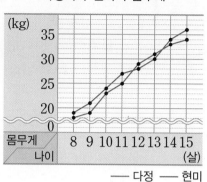

다정이와 현미의 몸무게

(　　　　　　　　　)

5 문주의 월별 휴대 전화 데이터 사용량을 매월 마지막 날에 조사하여 나타낸 꺾은선그래프입니다. 1월부터 5월까지의 데이터 총 사용량이 800 MB일 때 ㉠+㉡을 구하시오.

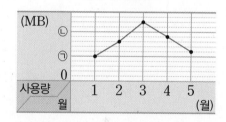

데이터 사용량

(　　　　　　　　　)

6 어느 날 교실과 운동장의 온도를 조사하여 나타낸 꺾은선그래프입니다. 교실의 온도와 운동장의 온도의 차가 0.2℃ 이하인 때는 언제인지 그 시각을 모두 찾아 쓰시오.

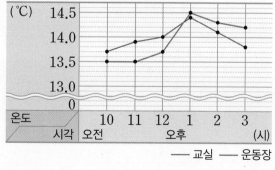

교실과 운동장의 온도

(　　　　　　　　　　　　　　　)

들이가 200 L인 물통에 물을 담는 데 처음에는 1개의 수도꼭지를 사용하다가 도중에 같은 양의 물이 나오는 수도꼭지 1개를 더 사용하여 물을 담았습니다. 다음은 물통에 담는 물의 양을 나타낸 꺾은선그래프입니다. 물통에 물이 가득 차는 데 몇 분이 걸리는지 풀이 과정을 쓰고 답을 구하시오.

물의 양

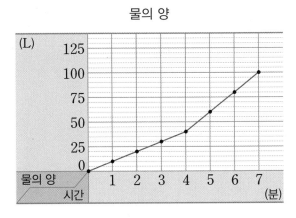

풀이 ....

....

....

답 ....

8 어느 놀이공원에 방문한 사람의 수를 조사하여 나타낸 꺾은선그래프입니다. 목요일에 전날보다 늘어난 사람 수는 금요일에 전날보다 줄어든 사람 수의 4배일 때, 꺾은선그래프를 완성하시오.

놀이공원에 방문한 사람의 수

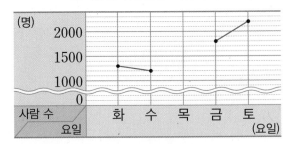

9 지민이의 국어 점수와 수학 점수를 나타낸 꺾은선그래프입니다. 3월부터 7월까지의 수학 점수의 합은 국어 점수의 합보다 28점 더 높다고 합니다. 꺾은선그래프를 완성하시오.

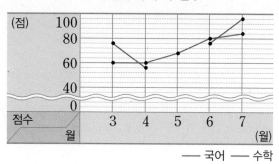

국어 점수와 수학 점수

10 어느 가게에서는 4가지 종류의 빵 ㉠, ㉡, ㉢, ㉣을 만듭니다. 왼쪽은 요일별 빵 생산량을 나타낸 꺾은선그래프이고, 오른쪽은 화요일의 종류별 빵 생산량을 나타낸 막대그래프입니다. 빵 ㉣ 한 개의 가격은 1700원이고, 화요일에 만든 빵 ㉣은 모두 팔았습니다. 화요일에 만든 빵 ㉣을 판 금액은 모두 얼마입니까?

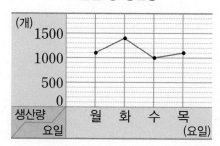

요일별 빵 생산량

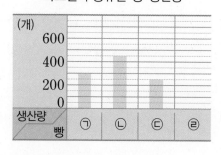

화요일의 종류별 빵 생산량

(   )

1 오른쪽 정육각형 모양의 철사를 펴서 가장 큰 정십오각형을 만들면 한 변의 길이는 몇 cm 짧아집니까?

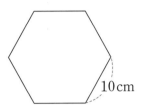

10 cm

(   )

2 오른쪽 마름모 ㄱㄴㄷㄹ의 두 대각선의 길이의 합이 34 cm이고 차가 14 cm일 때, 삼각형 ㄱㄴㅁ의 둘레는 몇 cm입니까?

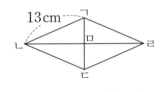

13 cm

(   )

3 오른쪽 그림은 한 변이 26 cm인 정사각형 안에 원을 그리고, 그 원 위의 네 점을 이어 다시 정사각형 ㄱㄴㄷㄹ을 그린 것입니다. 선분 ㄱㅇ의 길이는 몇 cm입니까?

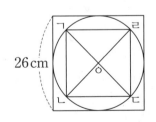

26 cm

(   )

4 오른쪽 그림은 정오각형입니다. ㉠의 크기를 구하시오.

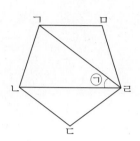

(   )

5 오른쪽 그림은 한 변의 길이가 같은 정오각형 1개와 정육각형 1개를 한 변이 맞닿게 붙여 놓은 것입니다. ㉠의 크기를 구하시오.

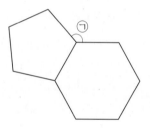

(   )

6 한 변의 길이가 같은 정삼각형 모양 조각 1개와 정사각형 모양 조각 2개를 사용하여 만들 수 있는 모양은 모두 몇 가지입니까? (단, 변끼리 서로 맞닿게 이어 붙여야 하고, 돌리거나 뒤집어서 같은 모양이면 한 가지로 생각합니다.)

(   )

7 왼쪽 모양 조각을 여러 번 사용하여 오른쪽 모양을 만들었습니다. 가의 크기가 1이고 마의 크기가 약 2이면 오른쪽 모양의 크기는 약 얼마입니까?

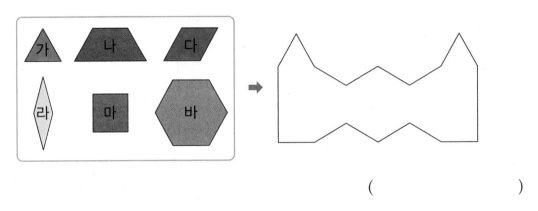

( )

8 직사각형 ㄱㄴㄷㄹ과 정삼각형 ㄹㄷㅂ을 겹치지 않게 이어 붙여 놓은 것입니다. 직사각형의 한 대각선이 36 cm일 때 사각형 ㄹㅁㄷㅂ의 둘레를 구하시오.

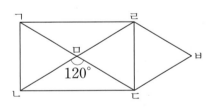

( )

본문 164~166쪽의 유사문제입니다. 한 번 더 풀어 보세요.

1 오른쪽 그림은 정오각형 ㄱㄴㄷㄹㅁ과 마름모 ㅁㄹㅂㅅ을 한 변이 맞닿게 붙여 놓은 것입니다. ㉠의 크기를 구하시오.

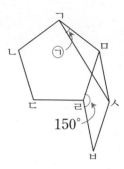

(   )

서술형 **2** 정구각형의 대각선 수와 정칠각형의 대각선 수의 합은 얼마인지 풀이 과정을 쓰고 답을 구하시오.

풀이 ....

....

....

답 ....

3 오른쪽 그림에서 ㉠, ㉡, ㉢, ㉣, ㉤의 합을 구하시오.

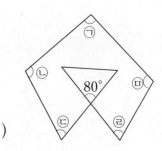

(   )

4 모든 각의 크기의 합이 1440°인 다각형이 있습니다. 이 다각형의 대각선의 수를 구하시오.

(   )

5 오른쪽 그림은 마름모 ㄱㄴㄷㄹ에 대각선을 그은 것입니다. 삼각형 ㄱㄴㄷ의 둘레는 몇 cm입니까?

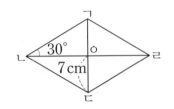

(   )

6 다음에서 설명하는 다각형의 이름과 둘레를 구하시오.

> • 정다각형입니다.
> • 한 변의 길이는 6 cm입니다.
> • 대각선의 수는 44개입니다.

이름 (   )

둘레 (   )

7 모양 조각을 한 번씩 사용하여 오른쪽 모양을 만들었습니다. 사용하지 않은 조각을 찾아 기호를 쓰시오.

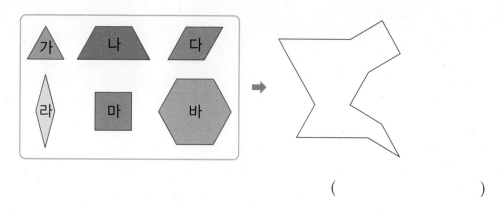

(   )

8 왼쪽 사다리꼴 모양 조각을 겹치지 않게 이어 붙여서 오른쪽 정육각형을 만들려고 합니다. 필요한 사다리꼴 모양 조각은 모두 몇 개입니까?

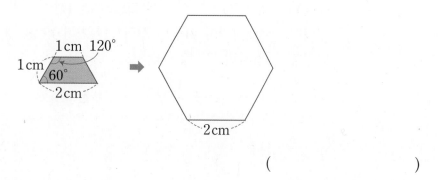

(   )

9 한 변이 $10\,\text{cm}$인 정육각형을 규칙에 따라 겹치지 않게 차례로 이어 붙인 것입니다. 정육각형을 이어 붙인 도형의 둘레가 $440\,\text{cm}$일 때, 이어 붙인 정육각형의 개수를 구하시오.

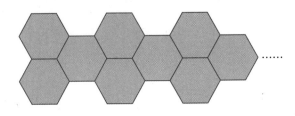

(   )

10 오른쪽 그림은 어떤 정다각형의 한 꼭짓점에서 두 대각선이 이루는 각의 크기가 가장 크게 되도록 대각선 2개를 그은 것입니다. 두 대각선이 이루는 각의 크기가 $108°$일 때, 이 정다각형의 한 각의 크기를 구하시오.

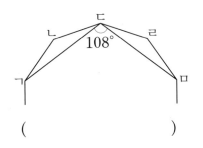

(   )

상위권을 위한
사고력
생각하는 방법도
최상위!

수능까지 연결되는 독해 로드맵

디딤돌 독해력은 수능까지 연결되는 체계적인 라인업을 통하여

수능에서 요구하는 핵심 독해 원리에 대한 이해는 물론,

단계 별로 심화되며 연결되는 학습의 과정을 통해

깊이 있고 종합적인 독해 사고의 능력까지 기를 수 있도록 도와줍니다.

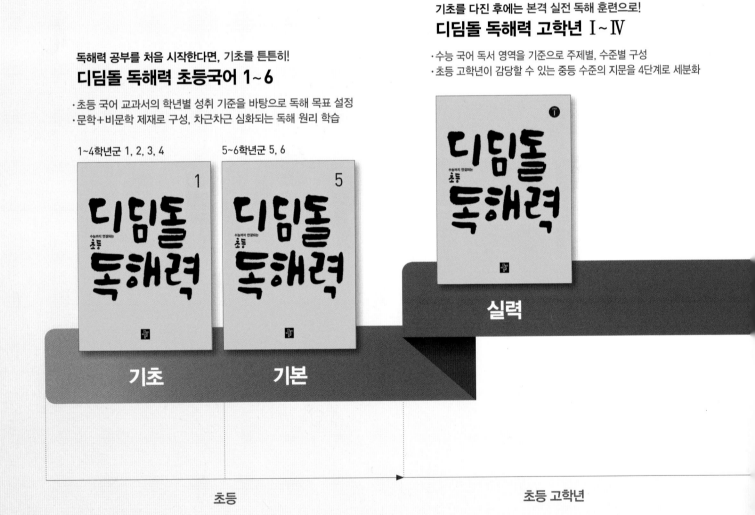

기초를 다진 후에는 본격 실전 독해 훈련으로!
디딤돌 독해력 고학년 Ⅰ~Ⅳ

· 수능 국어 독서 영역을 기준으로 주제별, 수준별 구성
· 초등 고학년이 감당할 수 있는 중등 수준의 지문을 4단계로 세분화

독해력 공부를 처음 시작한다면, 기초를 튼튼히!
디딤돌 독해력 초등국어 1~6

· 초등 국어 교과서의 학년별 성취 기준을 바탕으로 독해 목표 설정
· 문학+비문학 제재로 구성, 차근차근 심화되는 독해 원리 학습

1~4학년군 1, 2, 3, 4   5~6학년군 5, 6

기초   기본   실력

초등   초등 고학년

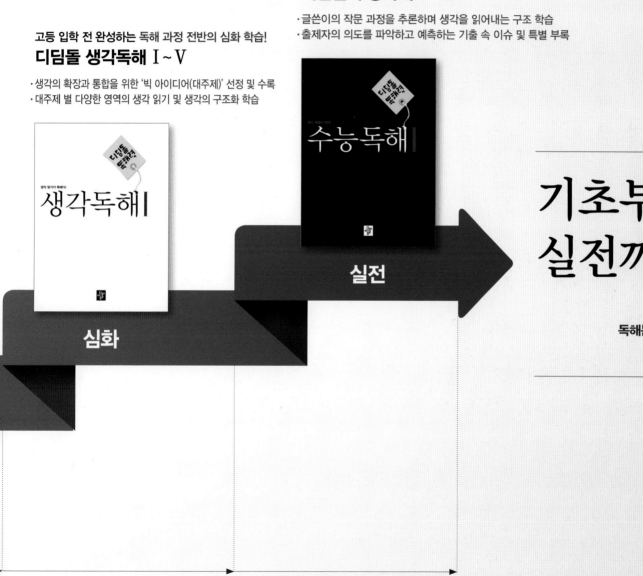

수능국어 실전대비 독해 학습의 완성!
디딤돌 수능독해 I ~ III

· 글쓴이의 작문 과정을 추론하며 생각을 읽어내는 구조 학습
· 출제자의 의도를 파악하고 예측하는 기출 속 이슈 및 특별 부록

고등 입학 전 완성하는 독해 과정 전반의 심화 학습!
디딤돌 생각독해 I ~ V

· 생각의 확장과 통합을 위한 '빅 아이디어(대주제)' 선정 및 수록
· 대주제 별 다양한 영역의 생각 읽기 및 생각의 구조화 학습

수능독해

생각독해 I

실전

심화

기초부터
실전까지

독해는

중등

고등(예비고~고2)

상위권의 기준

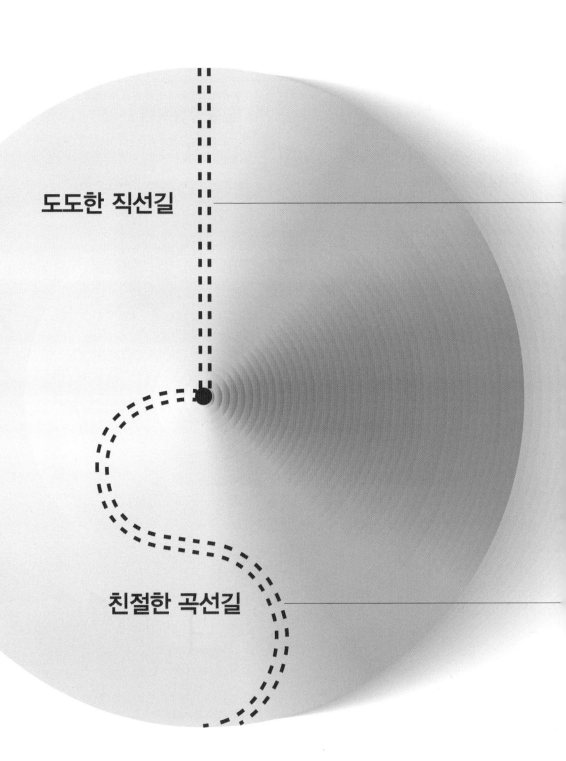

도도한 직선길

친절한 곡선길

초등
4·2

상위권의 기준

최상위
수학
S

정답과 풀이

SPEED 정답 체크

1 분수의 덧셈과 뺄셈

BASIC CONCEPT

1 분모가 같은 분수의 덧셈과 뺄셈

1 $\frac{6}{8}$, $\frac{7}{8}$, $1(=\frac{8}{8})$, $1\frac{1}{8}$

2 1 L   3

4 $\frac{1}{11}$, $\frac{7}{11}$, $\frac{10}{11}$

(1) ㉢과 ㉣, $\frac{1}{11}$

(2) ㉠과 ㉤, $\frac{9}{11}$

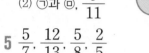

5 $\frac{5}{7}$, $\frac{12}{13}$, $\frac{5}{8}$, $\frac{2}{5}$

2 분모가 같은 대분수의 덧셈과 뺄셈

1 9   2 6   3 $9\frac{5}{12}$ kg

4 $4\frac{7}{9}$, $2\frac{4}{9}$, $2\frac{3}{9}$ 5 6, 7, 8, 9

6 호진, $1\frac{3}{11}$ kg

3 받아내림이 있는 분수의 뺄셈

1 $8\frac{5}{8}$ 2 $1\frac{6}{15}$ L   3 ㉢

4 >   5 세호, $1\frac{3}{8}$초   6 5

최상위

1 $\frac{4}{11}$, $\frac{6}{11}$, $\frac{6}{11}$, $\frac{2}{11}$

1-1 $\frac{12}{13}$ 1-2 $\frac{1}{7}$ 1-3 $6\frac{2}{5}$ 1-4 $12\frac{7}{8}$

2 +, 16, $5\frac{1}{15}$, $5\frac{1}{15}$, $5\frac{1}{15}$, 16, 12

2-1 $11\frac{10}{12}$ cm   2-2 $15\frac{6}{8}$ cm

2-3 지희, $\frac{1}{5}$ m   2-4 32 m

3 8, 4, 5, 4, 5, 11, $13\frac{4}{7}$

3-1 $6\frac{2}{9}$ 3-2 $7\frac{3}{8}$ 3-3 13   3-4 $9\frac{1}{13}$

4 11, 1, $11\frac{1}{5}$, 11, $\frac{1}{5}$, 34, 8, 34, 1, 3, $35\frac{3}{5}$

4-1 $1\frac{12}{15}$ km   4-2 $9\frac{5}{7}$ km   4-3 17 km

4-4 $1\frac{5}{9}$ km

5 3, 11, $2\frac{1}{5}$, 9, 4, 13, $2\frac{3}{5}$, <, $2\frac{3}{5}$, $2\frac{1}{5}$, $\frac{2}{5}$

5-1 $4\frac{4}{11}$ 5-2 $2\frac{2}{5}$ 5-3 $5\frac{3}{7}$ 5-4 $1\frac{8}{9}$

6 5, $\frac{5}{20}$, $\frac{5}{20}$, $\frac{5}{20}$, $\frac{5}{20}$, $\frac{20}{20}$, 4, 8

6-1 10일   6-2 5일   6-3 7일

7 1, 1, 5

7-1 $7\frac{4}{5}$ m   7-2 $1\frac{4}{11}$ m   7-3 $2\frac{3}{8}$ m

7-4 $6\frac{10}{13}$ m

8 2, 2, 8, 10, 7, 9, 10, 12, 36, 42, $39\frac{3}{13}$

8-1 38   8-2 40   8-3 $114\frac{2}{7}$ 8-4 $112\frac{15}{20}$

MATH MASTER

1 2개   2 $\frac{6}{8}$, $\frac{5}{8}$ 3 $26\frac{4}{5}$ cm

4 $15\frac{11}{15}$ 5 $6\frac{2}{9}$ cm

6 오후 12시 6분 30초   7 $1\frac{5}{13}$ kg

8 $45\frac{2}{20}$ kg   9 37

10 ㉠ $2\frac{4}{11}$ ㉡ $5\frac{8}{11}$ ㉢ $4\frac{8}{11}$

2 삼각형

1 이등변삼각형과 정삼각형의 성질

1 ⑴ 9 ⑵ 8, 8   2 11

3 ⑴ 25 ⑵ 70   4 80°

5 ⑴ 60, 60 ⑵ 120   6 45 cm

2 삼각형 분류하기

1 가, 다 / 나, 라, 마 / 바

2 나, 마, 바, 사 / 다, 라

3 ㉡

4 가, 다 / 사 / 바 /

   마 / 나 / 라

5 이등변삼각형, 정삼각형, 예각삼각형에 ○표

6 예

1 35, 110, 70, 70, 40

1-1 120° 1-2 50° 1-3 25° 1-4 85°

2 21, 57, 3, 19, 19

2-1 9 cm 2-2 3개 2-3 70° 2-4 90°

3 40, 100, 60, 60, 20, 80

3-1 85° 3-2 65° 3-3 70° 3-4 50°

4 90, 45, 60, 75

4-1 85° 4-2 70° 4-3 30° 4-4 30°

5 9, 3, 1, 9, 3, 1, 13

5-1 16개 5-2 20개 5-3 18개 5-4 23개

6 150, 120, 150, 120, 90, 90, 45

6-1 75° 6-2 ㉠ 72° ㉡ 54° 6-3 35°

6-4 45°

7 150, 15, 105, 105

7-1 75° 7-2 ㉠ 15° ㉡ 60° 7-3 150°

7-4 65°

8 16, 8, 4, 4, 4, 16, 8, 4, 4, 4, 36

8-1 15개 8-2 6가지 8-3 52개 8-4 12개

1 17 cm   2 12 cm   3 60°

4 85°   5 28개   6 20°

7 45°   8 30°   9 48 cm

10 45°

3 소수의 덧셈과 뺄셈

1 소수 두 자리 수, 소수 세 자리 수

1 6.33, 6.47   2 ㉢   3 0, 1, 5

2 소수 사이의 관계, 소수의 크기 비교

1 0.35, 3.5   2 ㉡, ㉢, ㉠

3 소수의 덧셈

1
⑴
$$
\begin{array}{r}
{\scriptstyle 1} \\
5.3 \\
+\ 1.8 \\
\hline
7.1
\end{array}
$$
⑵
$$
\begin{array}{r}
{\scriptstyle 1} \\
7.2\,5 \\
+\ 2.0\,9 \\
\hline
9.3\,4
\end{array}
$$
⑶
$$
\begin{array}{r}
{\scriptstyle 1\ 1} \\
4.5\,6 \\
+\ 3.4\,4 \\
\hline
8.0\,0
\end{array}
$$

2 ⑴ 1.84 m ⑵ 4 m

3 ⑴ = ⑵ >   4 1.7 kg

5 6.22 km   6 ⑴ 2.5 ⑵ 5.87 ⑶ B

4 소수의 뺄셈

1 (1)
```
      4 10
    5̶.6̶
  −  0.8
  ───────
    4.8
```
(2)
```
    8 16 10
    9̶.7̶ 2̶
  −  2.7 5
  ─────────
    6.9 7
```

2 0.08, 2.67, 2.75   **3** ㉠ 8 ㉡ 2 ㉢ 9

4
```
      2 10
    3̶.4 2
  −  1.6
  ─────────
    1.8 2
```
예 소수점의 자리를 잘못 맞추고 계산했습니다.

5 137.63 cm   **6** 0.65 L

64~81쪽

1 65.413, 65.413, 65.413, 65.413, 6541.3

1-1 55.7 **1-2** 3662 **1-3** 2.893

1-4 100배

2 0.58, 1.74, 1.74, 2.26

2-1 23.9 m **2-2** 0.84 m **2-3** 0.21 m

2-4 7 m

3 8.59, 8.59, 1.89

3-1 0.12 **3-2** 39.31 **3-3** 25.61

3-4 15.4

4 7, 4, 3, 2, 4, 7, >, 32.47

4-1 63.45 **4-2** 0.951 **4-3** 39.9

5 ㉢, ㉡, ㉠, ㉢, ㉡, ㉠, ㉢, ㉡, ㉠, ㉢, ㉡, ㉠

5-1 ㉢, ㉠, ㉡ **5-2** ㉣, ㉡, ㉠, ㉢

5-3 0, 9, 9 **5-4** 0, 0, 9, 9

6 7.74, 7.74, 3.57, 3.57, 3.56

6-1 12.37 **6-2** 8.26 **6-3** 0.149 **6-4** 5개

7 0.15, 0.15, 0.15, 0.15, 0.15, 0.15, 0.75, 0.75, 0.14

7-1 0.45 kg **7-2** 0.28 kg **7-3** 0.16 kg

7-4 0.3 kg

8 12.46, 5.68, 18.14, 18.14, 9.07, 9.07, 9.07, 9.07, 3.39

8-1 ㉠ 5.04 ㉡ 2.41 **8-2** 0.04 **8-3** 141

8-4 ㉠ 0.65 ㉡ 3.58 ㉢ 4.77

9 2, 6, 6, 2, 4, 2.34, 234

9-1 0.567 **9-2** 0.09 **9-3** 214

9-4 ㉠ 2.61 ㉡ 2.72 ㉢ 2.83

MATH MASTER
82~84쪽

1 3.44   **2** 72900   **3** 0, 1, 2

4 7, 6, 5, 3, 4 / 4.25   **5** 99.76 km

6 2.36 kg   **7** 6.261, 6.391

8 0.073 m   **9** 14.92 km   **10** 41.57

4 사각형

BASIC CONCEPT
86~91쪽

1 수직과 평행

1 가, 라   **2** 변 ㄱㄹ, 변 ㄴㄷ   **3** 2쌍

4 7 cm   **5** ㉠ 40 ㉡ 40

2 사다리꼴, 평행사변형, 마름모

1 2개   **2** ㉠ 75 ㉡ 105   **3** ②

4 가, 다   **5** (위에서부터) (1) 9, 120 (2) 130, 7

6 32 cm

3 여러 가지 사각형

1 (1) (위에서부터) 8, 90 (2) 10 **2** ②

3 없습니다에 ○표

　예 네 각의 크기가 모두 같지만 네 변의 길이가 같지
　　 않으므로 정사각형이라 할 수 없습니다.

4 (1) 가, 다, 라 (2) 가, 라

5 마름모, 정사각형 **6** ㉡, ㉢

최상위 S 92～109쪽

1 7, 7, 2, 5, 7, 5, 21

1-1 30 cm **1-2** 39 cm **1-3** 36 cm

2 90, 70, 90, 20

2-1 10° **2-2** 55° **2-3** ㉠ 50° ㉡ 40°

2-4 35°

3 55, 180, 55, 85

3-1 115° **3-2** 70° **3-3** ㉠ 80° ㉡ 100°

3-4 ㉠ 65° ㉡ 115°

4 70, 135, 360, 70, 135, 70, 135, 65

4-1 110° **4-2** 50° **4-3** 77°

4-4 ㉠ 60° ㉡ 30°

5 25, 50

5-1 ㉠ 70° ㉡ 110° **5-2** 150°

5-3 ㉠ 50° ㉡ 80° **5-4** 60°

6 6, 6, 4, 6, 6, 4, 16, 1, 1, 1, 1, 2, 16, 2, 18

6-1 39개 **6-2** 26개 **6-3** 24개

7 10, 10, 10, 14, 14, 14, 48

7-1 58 cm **7-2** 42 cm **7-3** 16 cm

7-4 40 cm

8 100, 60, 120, 120, 100, 20

8-1 70° **8-2** 25° **8-3** 30°

8-4 ㉠ 105° ㉡ 15° ㉢ 75°

9 60, 70, 60, 70, 60, 70, 50

9-1 155° **9-2** 75° **9-3** 65°

MATH MASTER　110～112쪽

1 36 cm **2** 115° **3** 50°

4 20° **5** ㉠ 63° ㉡ 47°

6 7 cm **7** 60° **8** 110°

9 65° **10** 4개

---

5 꺾은선그래프

BASIC CONCEPT　114～119쪽

1 꺾은선그래프

1 꺾은선그래프 **2** 시각, 온도

3 2℃, 1℃ **4** ㈏ **5** 꺾은선그래프

6 예 막대그래프는 막대로, 꺾은선그래프는 선으로 나타
　　 냈습니다.

2 꺾은선그래프 내용 알아보기

1 9일 **2** 6 mm **3** 6 mm

4 예 9일에 감자 싹의 키보다 더 커질 것입니다.

5 6월과 7월 사이 **6** 7월과 8월 사이

---

3 꺾은선그래프 그리기

1 요일, 판매량   **2** 9칸

3
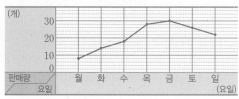
멜론 판매량

4
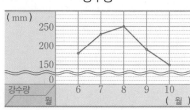
강수량

---

1 100, 100, 5, 20, 목, 740, 월, 520, 740, 520, 220

1-1 48만 개   **1-2** 2015년, 480대

2 20, 20, 5, 4, 32, 16, 28, 52, 36, 32, 16, 28, 52, 36, 164

2-1 456회   **2-2** 756000원

3 5, 5, 5, 1, 11, 15, 11, 15, 11, 15, 26, 13

3-1 약 32 kg   **3-2** 약 10 cm

4 100, 5, 20, 180, 180, 80, 260, 640, 260, 380

4-1

휴대 전화 판매량

4-2
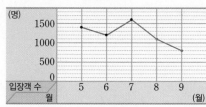
입장객 수

---

5 5, 5, 1, 45, 49, 49, 45, 4, 4, 2

5-1 14칸   **5-2** 5만 명

6 5, 5, 1, 9, 27, 25, 27, 25, 2

6-1 14회   **6-2** 4℃

7 100, 5, 20, 50, 5, 10, 220, 100, 120, 230, 150, 80, 초코

7-1 단단 공장   **7-2** ㉰ 과수원

8 1, 15, 15, 15, 15, 45

8-1 45분   **8-2** 15분

---

1 목요일, 800000원

2 4분과 5분 사이, 16 L

3 약 2 kg   **4** 3번   **5** 300

6 11000원   **7** 11분

8
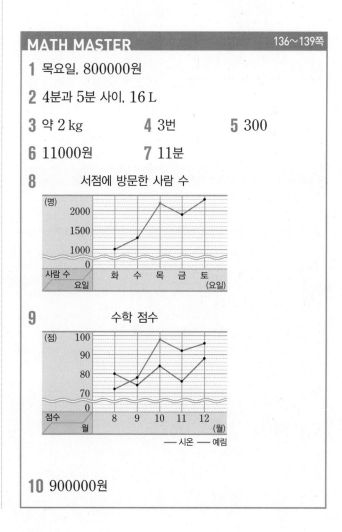
서점에 방문한 사람 수

수학 점수

— 시온 — 예림

10 900000원

---

6 다각형

1 다각형과 정다각형

1 나, 다, 라, 사   **2** 나, 라

3 정구각형, 72 cm   **4** 정십이각형

5 1080°   **6** 144°   **7** 70°

2 대각선

1 가, 나   **2** 나, 라   **3** 정사각형

4 14개   **5** 35개   **6** 20개

3 여러 가지 모양 만들기와 모양 채우기

1 나, 마, 바   **2** 다

3 6개, 3개, 2개   **4** 예

5 예   **6** 예

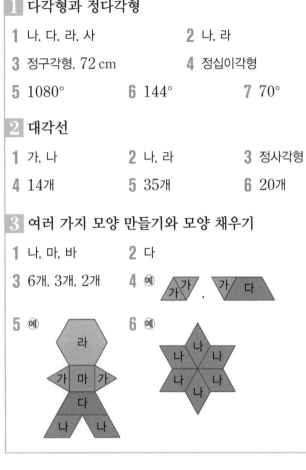

1 96, 96, 12, 정십이각형

1-1 정십오각형   **1-2** 정십각형   **1-3** 정구각형

1-4 8 cm

2 5.4, 3, 7, 5.4, 3, 7, 15.4

2-1 18 cm   **2-2** 18 cm   **2-3** 10 cm

2-4 12 cm

3 16, 16, 8

3-1 80 cm   **3-2** 15 cm   **3-3** 52 cm

4 1260, 1260, 140, 140, 20

4-1 15°   **4-2** 120°   **4-3** 180°

5 1080, 720, 1080, 720, 360

5-1 36°   **5-2** 360°   **5-3** 12°   **5-4** 126°

6 2, 6, 3, 6, 3, 9

6-1 3가지   **6-2** 5가지   **6-3** 3가지

7 7, 4, 7, 4, 15

7-1 6   **7-2** 약 16   **7-3** 약 32

8 60, 16, 60, 16, 16, 64

8-1 48 cm   **8-2** 54 cm   **8-3** 92 cm

1 10°   **2** 11개   **3** 540°

4 54개   **5** 30 cm   **6** 정구각형, 36 cm

7 마   **8** 18개   **9** 600 cm

10 150°

복습책

1 분수의 덧셈과 뺄셈

1 5	2 26 m	3 $11\frac{2}{9}$
4 $16\frac{4}{13}$ km	5 3	6 5일
7 $7\frac{5}{15}$ m	8 $67\frac{13}{17}$	

1 81, 82, 83	2 $\frac{5}{6}$, $\frac{4}{6}$	3 $23\frac{2}{4}$ cm
4 18	5 $4\frac{4}{11}$ cm	
6 오후 3시 12분 24초		7 $1\frac{2}{7}$ kg
8 50 kg	9 51	
10 ㉮ $2\frac{4}{9}$ ㉯ $5\frac{3}{9}$ ㉰ $4\frac{8}{9}$		

2 삼각형

1 20°	2 10°	3 70°
4 165°	5 28개	6 ㉠ 80° ㉡ 50°
7 ㉠ 15° ㉡ 60°		8 8가지

1 58 cm	2 36 cm	3 90°
4 40°	5 16개	6 115°
7 45°	8 20°	9 66 cm
10 30°		

3 소수의 덧셈과 뺄셈

1 3.396	2 6 m	3 32.63
4 51.47	5 0, 0, 9	6 1.939
7 0.14 kg	8 254	
9 ㉠ 6.32 ㉡ 6.44 ㉢ 6.56		

1 7.36	2 2590	3 0, 1
4 9, 8, 7, 4, 5, 6 / 5.31		5 0.36 km
6 1.31 kg	7 5.281	8 0.012 m
9 8.26 km	10 32.74	

4 사각형

1 14 cm	2 60°	3 ㉠ 75° ㉡ 105°
4 45°	5 ㉠ 65° ㉡ 115°	
6 36개	7 24 cm	8 40°
9 65°		

1 31 cm	2 125°	3 110°
4 20°	5 ㉠ 65° ㉡ 40°	
6 10 cm	7 65°	8 115°
9 55°	10 8개	

5 꺾은선그래프

26~29쪽

다시푸는 최상위 S

1 14만 병　　2 9000000원　　3 약 10 cm

4 　　　　입장객 수

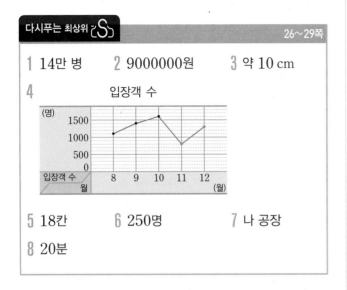

5 18칸　　　6 250명　　　7 나 공장

8 20분

다시푸는 MATH MASTER

30~33쪽

1 목요일, 7200000원　　2 7분과 8분 사이, 16 L

3 약 4 cm　　4 2번　　5 300

6 오전 10시, 오후 1시, 오후 2시

7 12분

8 　　놀이공원에 방문한 사람의 수

9 　　국어 점수와 수학 점수

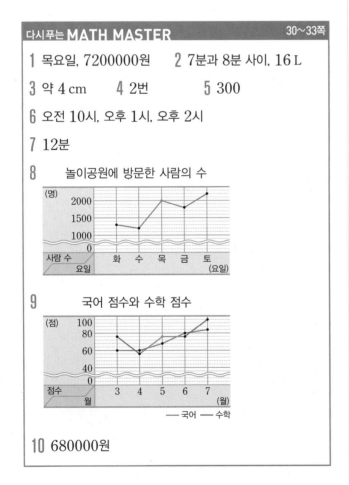

10 680000원

6 다각형

다시푸는 최상위 S

34~36쪽

1 6 cm　　2 30 cm　　3 13 cm

4 36°　　　5 132°　　　6 3가지

7 약 22　　8 72 cm

다시푸는 MATH MASTER

37~40쪽

1 21°　　　2 41개　　　3 440°

4 35개　　　5 42 cm　　6 정십일각형, 66 cm

7 다　　　　8 8개　　　9 15개

10 144°

1 분수의 덧셈과 뺄셈

1 분모가 같은 분수의 덧셈과 뺄셈

1 $\dfrac{6}{8}$, $\dfrac{7}{8}$, $1(=\dfrac{8}{8})$, $1\dfrac{1}{8}$

2 1 L

(소라가 어제와 오늘 마신 우유의 양)
=(어제 마신 우유의 양)+(오늘 마신 우유의 양)=$\dfrac{1}{4}+\dfrac{3}{4}=\dfrac{4}{4}=1$(L)

3 풀이 참조

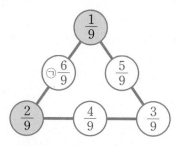

각 줄에 놓인 수의 합이 1이 되려면 분자끼리의 합이 각각 9가 되어야 합니다.

㉠: 분자끼리의 합이 9가 되려면 ○ 안에 들어갈 수 있는 분수는 $\dfrac{6}{9}$입니다.

각각의 ○ 안에는 $\dfrac{1}{9}$부터 $\dfrac{6}{9}$까지의 분수가 들어갈 수 있으므로 남은 ○ 안에 들어갈 수 있는 분수는 $\dfrac{3}{9}$, $\dfrac{4}{9}$, $\dfrac{5}{9}$입니다.

각 줄의 분자끼리의 합이 9가 되도록 세 수를 알맞게 써넣습니다.

4 $\dfrac{1}{11}$, $\dfrac{7}{11}$, $\dfrac{10}{11}$
(1) ㉢과 ㉣, $\dfrac{1}{11}$
(2) ㉠과 ㉤, $\dfrac{9}{11}$

(1) 기호가 나타내는 수 중 가장 가까운 것은 ㉢과 ㉣이고,
두 수 사이의 거리는 $\dfrac{8}{11}-\dfrac{7}{11}=\dfrac{1}{11}$입니다.

(2) 기호가 나타내는 수 중 가장 먼 것은 ㉠과 ㉤이고,
두 수 사이의 거리는 $\dfrac{10}{11}-\dfrac{1}{11}=\dfrac{9}{11}$입니다.

5 $\dfrac{5}{7}$, $\dfrac{12}{13}$, $\dfrac{5}{8}$, $\dfrac{2}{5}$

· $\dfrac{6}{7}-\square=\dfrac{1}{7}$ ➡ $\square=\dfrac{6}{7}-\dfrac{1}{7}=\dfrac{5}{7}$

· $\square-\dfrac{5}{13}=\dfrac{7}{13}$ ➡ $\square=\dfrac{7}{13}+\dfrac{5}{13}=\dfrac{12}{13}$

· $\dfrac{3}{8}+\square=1$ ➡ $\square=1-\dfrac{3}{8}=\dfrac{8}{8}-\dfrac{3}{8}=\dfrac{5}{8}$

· $1-\square=\dfrac{3}{5}$ ➡ $\square=1-\dfrac{3}{5}=\dfrac{5}{5}-\dfrac{3}{5}=\dfrac{2}{5}$

1 9

분수의 크기를 비교하면 $5\frac{3}{4} > 5\frac{2}{4} > 3\frac{1}{4}$입니다.

➡ $5\frac{3}{4} + 3\frac{1}{4} = 8\frac{4}{4} = 9$

2 6

$2\frac{5}{8} + 1\frac{\square}{8} = 4\frac{3}{8}$, $\frac{21}{8} + \frac{8+\square}{8} = \frac{35}{8}$

➡ $21 + 8 + \square = 35$, $29 + \square = 35$, $\square = 35 - 29 = 6$

3 $9\frac{5}{12}$ kg

(지후와 은석이가 딴 사과의 무게)

$= 3\frac{7}{12} + 5\frac{10}{12} = (3+5) + (\frac{7}{12} + \frac{10}{12}) = 8 + \frac{17}{12} = 8 + 1\frac{5}{12} = 9\frac{5}{12}$(kg)

4 $4\frac{7}{9}$, $2\frac{4}{9}$, $2\frac{3}{9}$

차가 가장 큰 뺄셈식을 만들려면 가장 큰 수에서 가장 작은 수를 빼면 됩니다.

분수의 크기를 비교하면 $4\frac{7}{9} > 3\frac{7}{9} > 2\frac{8}{9} > 2\frac{4}{9}$입니다.

➡ $4\frac{7}{9} - 2\frac{4}{9} = (4-2) + (\frac{7}{9} - \frac{4}{9}) = 2\frac{3}{9}$

5 6, 7, 8, 9

$6\frac{9}{10} - 2\frac{4}{10} = 4\frac{5}{10}$이므로 $4\frac{5}{10} < 4\frac{\square}{10}$입니다.

따라서 $\square$ 안에 들어갈 수 있는 자연수는 5보다 커야 하므로 6, 7, 8, 9입니다.

6 호진, $1\frac{3}{11}$ kg

(보영이가 사용하고 남은 찰흙의 무게) $= 3\frac{9}{11} - 2\frac{5}{11} = 1\frac{4}{11}$ (kg)

(호진이가 사용하고 남은 찰흙의 무게) $= 3\frac{9}{11} - 1\frac{2}{11} = 2\frac{7}{11}$ (kg)

따라서 호진이의 찰흙이 $2\frac{7}{11} - 1\frac{4}{11} = 1\frac{3}{11}$ (kg) 더 많이 남았습니다.

1 $8\frac{5}{8}$

$9 - \frac{3}{8} = 8\frac{8}{8} - \frac{3}{8} = 8\frac{5}{8}$

2 $1\frac{6}{15}$ L

(사용하고 남은 식용유의 양)

$= 2 - \frac{9}{15} = 1\frac{15}{15} - \frac{9}{15} = 1\frac{6}{15}$(L)

3 ㉢

$$㉠ \; 4-\frac{5}{8}=3\frac{8}{8}-\frac{5}{8}=3\frac{3}{8} \qquad ㉡ \; 6-2\frac{1}{8}=5\frac{8}{8}-2\frac{1}{8}=3\frac{7}{8}$$

$$㉢ \; 5-1\frac{7}{8}=4\frac{8}{8}-1\frac{7}{8}=3\frac{1}{8}$$

$3\frac{3}{8}$, $3\frac{7}{8}$, $3\frac{1}{8}$ 에서 분수 부분의 크기가 가장 작은 것은 ㉢이므로 3에 가장 가까운 식은
㉢입니다.

4 >

$$3\frac{7}{10}-1\frac{3}{10}=2\frac{4}{10}, \; 6\frac{5}{10}-4\frac{9}{10}=5\frac{15}{10}-4\frac{9}{10}=1\frac{6}{10} \; \Rightarrow \; 2\frac{4}{10}>1\frac{6}{10}$$

따라서 $3\frac{7}{10}-1\frac{3}{10}>6\frac{5}{10}-4\frac{9}{10}$입니다.

5 세호, $1\frac{3}{8}$초

$$16\frac{1}{8}-14\frac{6}{8}=15\frac{9}{8}-14\frac{6}{8}=1\frac{3}{8}\text{(초)이므로}$$

세호가 $1\frac{3}{8}$초 더 빨리 달렸습니다.

6 5

$<$를 $=$로 놓고 계산하면 $7\frac{3}{6}-2\frac{\square}{6}=4\frac{5}{6}$, $2\frac{\square}{6}=7\frac{3}{6}-4\frac{5}{6}=6\frac{9}{6}-4\frac{5}{6}=2\frac{4}{6}$

$\Rightarrow \square=4$

따라서 $\square$ 안에 들어갈 수 있는 자연수는 4보다 큰 수이어야 하므로 5입니다.

최상위 대표문제 1

덧셈과 뺄셈의 관계를 이용하여 어떤 수를 먼저 구합니다.

어떤 수를 ■라 하면 잘못 계산한 식은 $■+\frac{4}{11}=\frac{10}{11}$입니다.

$\Rightarrow ■=\frac{10}{11}-\frac{4}{11}=\frac{6}{11}$

따라서 바르게 계산하면 $\frac{6}{11}-\frac{4}{11}=\frac{2}{11}$입니다.

1-1 $\frac{12}{13}$

어떤 수를 $\square$라 하면 잘못 계산한 식은 $\square-\frac{5}{13}=\frac{2}{13} \Rightarrow \square=\frac{2}{13}+\frac{5}{13}=\frac{7}{13}$

따라서 바르게 계산하면 $\frac{7}{13}+\frac{5}{13}=\frac{12}{13}$입니다.

1-2 $\frac{1}{7}$

어떤 수를 $\square$라 하면 잘못 계산한 식은 $\square+\frac{3}{7}=1 \Rightarrow \square=1-\frac{3}{7}=\frac{4}{7}$

따라서 바르게 계산하면 $\frac{4}{7}-\frac{3}{7}=\frac{1}{7}$입니다.

1-3 $6\frac{2}{5}$

예 어떤 수를 □라 하면 잘못 계산한 식은 $\square-1\frac{3}{5}=3\frac{1}{5}$이므로

$\square=3\frac{1}{5}+1\frac{3}{5}=4\frac{4}{5}$입니다.

따라서 바르게 계산하면 $4\frac{4}{5}+1\frac{3}{5}=5\frac{7}{5}=6\frac{2}{5}$입니다.

채점 기준	배점
어떤 수를 구하는 식을 세우고 어떤 수를 구했나요?	3점
어떤 수를 이용하여 바르게 계산했나요?	2점

1-4 $12\frac{7}{8}$

어떤 수를 □라 하면 잘못 계산한 식은 $\square-3\frac{7}{8}+2\frac{5}{8}=10\frac{3}{8}$

➡ $\square=10\frac{3}{8}+3\frac{7}{8}-2\frac{5}{8}=13\frac{10}{8}-2\frac{5}{8}=11\frac{5}{8}$

따라서 바르게 계산하면 $11\frac{5}{8}+3\frac{7}{8}-2\frac{5}{8}=14\frac{12}{8}-2\frac{5}{8}=12\frac{7}{8}$입니다.

16~17쪽

대표문제 2

(직사각형의 세로)$=3\frac{5}{15}+1\frac{11}{15}=4\frac{16}{15}=5\frac{1}{15}$ (cm)

(직사각형의 네 변의 길이의 합)

$=3\frac{5}{15}+5\frac{1}{15}+3\frac{5}{15}+5\frac{1}{15}=16\frac{12}{15}$ (cm)

2-1 $11\frac{10}{12}$ cm

(직사각형의 세로)$=4\frac{3}{12}-2\frac{7}{12}=3\frac{15}{12}-2\frac{7}{12}=1\frac{8}{12}$ (cm)

(직사각형의 네 변의 길이의 합)

$=4\frac{3}{12}+1\frac{8}{12}+4\frac{3}{12}+1\frac{8}{12}=10\frac{22}{12}=11\frac{10}{12}$ (cm)

2-2 $15\frac{6}{8}$ cm

(직사각형의 가로)$=5\frac{1}{8}-2\frac{3}{8}=4\frac{9}{8}-2\frac{3}{8}=2\frac{6}{8}$ (cm)

(직사각형의 네 변의 길이의 합)

$=2\frac{6}{8}+5\frac{1}{8}+2\frac{6}{8}+5\frac{1}{8}=14\frac{14}{8}=15\frac{6}{8}$ (cm)

2-3 지희, $\frac{1}{5}$ m

(지희가 사용하고 남은 철사의 길이)

$=20-(3\frac{2}{5}+3\frac{2}{5}+3\frac{2}{5}+3\frac{2}{5})=20-12\frac{8}{5}=19\frac{5}{5}-13\frac{3}{5}=6\frac{2}{5}$ (m)

(현우가 사용하고 남은 철사의 길이)

$=15-(2\frac{1}{5}+2\frac{1}{5}+2\frac{1}{5}+2\frac{1}{5})=15-8\frac{4}{5}=14\frac{5}{5}-8\frac{4}{5}=6\frac{1}{5}$ (m)

따라서 지희가 사용하고 남은 철사의 길이가 $6\frac{2}{5}-6\frac{1}{5}=\frac{1}{5}$ (m) 더 깁니다.

2-4 32 m

$$(\text{직사각형의 가로})=8\frac{7}{9}-1\frac{8}{9}=7\frac{16}{9}-1\frac{8}{9}=6\frac{8}{9}(\text{m})$$

$$(\text{직사각형의 네 변의 길이의 합})=6\frac{8}{9}+8\frac{7}{9}+6\frac{8}{9}+8\frac{7}{9}=28\frac{30}{9}=31\frac{3}{9}(\text{m})$$

따라서 리본을 적어도 32 m를 사야 합니다.

분모가 같은 대분수는 자연수 부분이 클수록, 자연수 부분이 같으면 분자가 클수록 큰 수입니다.

$8>6>5>4$이므로

가장 큰 수 8을 자연수 부분에 놓고 가장 큰 분수를 만들면 $8\frac{6}{7}$입니다.

가장 작은 수 4를 자연수 부분에 놓고 가장 작은 분수를 만들면 $4\frac{5}{7}$입니다.

따라서 만들 수 있는 가장 큰 대분수와 가장 작은 대분수의 합은

$$8\frac{6}{7}+4\frac{5}{7}=12\frac{11}{7}=13\frac{4}{7}\text{입니다.}$$

3-1 $6\frac{2}{9}$

$7>5>3>1$이므로 가장 큰 수 7을 자연수 부분에 놓고 가장 큰 분수를 만들면 $7\frac{5}{9}$입니다.

가장 작은 수 1을 자연수 부분에 놓고 가장 작은 분수를 만들면 $1\frac{3}{9}$입니다.

따라서 만들 수 있는 가장 큰 대분수와 가장 작은 대분수의 차는

$$7\frac{5}{9}-1\frac{3}{9}=6\frac{2}{9}\text{입니다.}$$

3-2 $7\frac{3}{8}$

두 대분수의 분모가 같아야 하므로 분모는 수 카드가 2장인 8을 놓아야 합니다.

$9>7>4>2$이므로 가장 큰 대분수는 $9\frac{7}{8}$, 가장 작은 대분수는 $2\frac{4}{8}$입니다.

따라서 만들 수 있는 가장 큰 대분수와 가장 작은 대분수의 차는

$$9\frac{7}{8}-2\frac{4}{8}=7\frac{3}{8}\text{입니다.}$$

3-3 13

두 대분수의 분모가 같아야 하므로 분모는 수 카드가 2장인 11을 놓아야 합니다.

$10>7>4>2$이므로 가장 큰 대분수는 $10\frac{7}{11}$, 가장 작은 대분수는 $2\frac{4}{11}$입니다.

따라서 만들 수 있는 가장 큰 대분수와 가장 작은 대분수의 합은

$$10\frac{7}{11}+2\frac{4}{11}=12\frac{11}{11}=13\text{입니다.}$$

3-4 $9\frac{1}{13}$

두 대분수의 분모가 같아야 하므로 분모는 수 카드가 2장인 13을 놓아야 합니다.

$8 > 6 > 5 > 3$이므로 합이 가장 작게 되려면 자연수 부분에 가장 작은 수 3과 둘째로 작은 수 5를 놓아야 합니다.

만들 수 있는 두 대분수는 $3\frac{6}{13}$, $5\frac{8}{13}$ (또는 $3\frac{8}{13}$, $5\frac{6}{13}$)이므로

두 대분수의 합은 $3\frac{6}{13} + 5\frac{8}{13} = 8\frac{14}{13} = 9\frac{1}{13}$입니다.

대표문제 4

(㉮에서 ㉰까지의 거리)

$=$(㉮에서 ㉯까지의 거리)$-$(㉯에서 ㉰까지의 거리)

$=17\frac{2}{5} - 6\frac{1}{5} = 11\frac{1}{5}$(km)

(㉮에서 ㉱까지의 거리)

$=$(㉮에서 ㉰까지의 거리)$+$(㉯에서 ㉳까지의 거리)$+$(㉳에서 ㉱까지의 거리)

$=11\frac{1}{5} + 19\frac{4}{5} + 4\frac{3}{5} = (11+19+4) + \left(\frac{1}{5} + \frac{4}{5} + \frac{3}{5}\right)$

$=34 + \frac{8}{5} = 34 + 1\frac{3}{5} = 35\frac{3}{5}$(km)

4-1 $1\frac{12}{15}$ km

(㉯에서 ㉰까지의 거리)$=$(㉮~㉰)$+$(㉯~㉱)$-$(㉮~㉱)

$=4\frac{2}{15} + 5\frac{8}{15} - 7\frac{13}{15} = 9\frac{10}{15} - 7\frac{13}{15}$

$=8\frac{25}{15} - 7\frac{13}{15} = 1\frac{12}{15}$(km)

4-2 $9\frac{5}{7}$ km

(㉯에서 ㉰까지의 거리)$=$(㉯~㉱)$-$(㉰~㉱)$=3\frac{5}{7} - 2\frac{3}{7} = 1\frac{2}{7}$(km)

(㉮에서 ㉱까지의 거리)$=$(㉮~㉯)$+$(㉯~㉰)$+$(㉰~㉱)

$=2\frac{4}{7} + 1\frac{2}{7} + 5\frac{6}{7} = (2+1+5) + \left(\frac{4}{7} + \frac{2}{7} + \frac{6}{7}\right)$

$=8 + \frac{12}{7} = 8 + 1\frac{5}{7} = 9\frac{5}{7}$(km)

4-3 17 km

(㉱에서 ㉲까지의 거리)$=$(㉰~㉲)$-$(㉰~㉱)

$=7\frac{1}{12} - 2\frac{5}{12} = 6\frac{13}{12} - 2\frac{5}{12} = 4\frac{8}{12}$(km)

(㉮에서 ㉲까지의 거리)$=$(㉮~㉯)$+$(㉯~㉱)$+$(㉱~㉲)

$$=3\frac{7}{12}+8\frac{9}{12}+4\frac{8}{12}=(3+8+4)+(\frac{7}{12}+\frac{9}{12}+\frac{8}{12})$$

$$=15+\frac{24}{12}=15+2=17(km)$$

4-4 $1\frac{5}{9}$ km

(㉳에서 ㉮까지의 거리)=(㉮~㉮)-(㉮~㉳)=$10\frac{7}{9}-6\frac{4}{9}=4\frac{3}{9}$(km)

(㉯에서 ㉮까지의 거리)=(㉯~㉮)-(㉳~㉮)-(㉳~㉮)

$$=7\frac{1}{9}-1\frac{2}{9}-4\frac{3}{9}=6\frac{10}{9}-1\frac{2}{9}-4\frac{3}{9}$$

$$=5\frac{8}{9}-4\frac{3}{9}=1\frac{5}{9}(km)$$

$$8◎3=\frac{8+3}{8-3}=\frac{11}{5}=2\frac{1}{5}$$

$$9◎4=\frac{9+4}{9-4}=\frac{13}{5}=2\frac{3}{5}$$

따라서 $2\frac{1}{5}<2\frac{3}{5}$이므로

$$(9◎4)-(8◎3)=2\frac{3}{5}-2\frac{1}{5}=\frac{2}{5}$$ 입니다.

5-1 $4\frac{4}{11}$

$$2▲9=\frac{2×9}{2+9}=\frac{18}{11}=1\frac{7}{11}, \quad 5▲6=\frac{5×6}{5+6}=\frac{30}{11}=2\frac{8}{11}$$

$$➡ (2▲9)+(5▲6)=1\frac{7}{11}+2\frac{8}{11}=3\frac{15}{11}=4\frac{4}{11}$$

5-2 $2\frac{2}{5}$

$$30◆6=\frac{30-6}{30÷6}=\frac{24}{5}=4\frac{4}{5}, \quad 15◆3=\frac{15-3}{15÷3}=\frac{12}{5}=2\frac{2}{5}$$

따라서 $4\frac{4}{5}>2\frac{2}{5}$이므로

$$(30◆6)-(15◆3)=4\frac{4}{5}-2\frac{2}{5}=2\frac{2}{5}$$

5-3 $5\frac{3}{7}$

$$\frac{3}{7}●8=8-\frac{3}{7}-\frac{3}{7}=7\frac{7}{7}-\frac{3}{7}-\frac{3}{7}=7\frac{4}{7}-\frac{3}{7}=7\frac{1}{7}$$

$$➡ \frac{3}{7}●8◆\frac{6}{7}=7\frac{1}{7}◆\frac{6}{7}=7\frac{1}{7}-\frac{6}{7}-\frac{6}{7}=6\frac{8}{7}-\frac{6}{7}-\frac{6}{7}$$

$$=6\frac{2}{7}-\frac{6}{7}=5\frac{9}{7}-\frac{6}{7}=5\frac{3}{7}$$

5-4 $1\frac{8}{9}$

$$3\frac{4}{9}★㉠=3\frac{4}{9}+3\frac{4}{9}+㉠=6\frac{8}{9}+㉠=8\frac{7}{9}$$

$$➡ ㉠=8\frac{7}{9}-6\frac{8}{9}=7\frac{16}{9}-6\frac{8}{9}=1\frac{8}{9}$$

아버지와 어머니가 2일 동안에 하시는 모내기의 양은 전체의

$\frac{3}{20}+\frac{2}{20}=\frac{5}{20}$입니다.

따라서 일 전체의 양을 1이라 하면

$\frac{5}{20}+\frac{5}{20}+\frac{5}{20}+\frac{5}{20}=\frac{20}{20}=1$이므로

$2\times4=8$(일) 만에 끝낼 수 있습니다.

6-1 10일

민재와 지혜가 2일 동안에 따는 고추의 양은 전체의 $\frac{2}{15}+\frac{1}{15}=\frac{3}{15}$입니다.

따라서 일 전체의 양을 1이라 하면 $\frac{3}{15}+\frac{3}{15}+\frac{3}{15}+\frac{3}{15}+\frac{3}{15}=\frac{15}{15}=1$이므로

$2\times5=10$(일) 만에 끝낼 수 있습니다.

서술형 **6-2** 5일

예 승호가 2일 동안 하는 일의 양은 전체의 $\frac{2}{19}+\frac{2}{19}=\frac{4}{19}$이고

남은 일의 양은 $1-\frac{4}{19}=\frac{15}{19}$입니다.

승호와 은주가 하루에 하는 일의 양은

$\frac{2}{19}+\frac{3}{19}=\frac{5}{19}$이고 $\frac{5}{19}+\frac{5}{19}+\frac{5}{19}=\frac{15}{19}$이므로

승호가 일을 시작한 지 $2+3=5$(일) 만에 끝낼 수 있습니다.

채점 기준	배점
승호가 2일 동안 하는 일의 양을 구했나요?	2점
승호와 은주가 하루에 하는 일의 양을 구했나요?	2점
승호가 일을 끝낼 수 있는 날수를 구했나요?	1점

6-3 7일

(은혜, 경태, 한나가 하루에 하는 일의 양)$=\frac{1}{36}+\frac{3}{36}+\frac{4}{36}=\frac{8}{36}$

(은혜, 경태, 한나가 2일 동안 하는 일의 양)$=\frac{8}{36}+\frac{8}{36}=\frac{16}{36}$

(은혜와 경태가 하루에 하는 일의 양)$=\frac{1}{36}+\frac{3}{36}=\frac{4}{36}$

(은혜와 경태가 3일 동안 하는 일의 양)$=\frac{4}{36}+\frac{4}{36}+\frac{4}{36}=\frac{12}{36}$

일 전체의 양을 1이라 하면 한나가 혼자 해야 하는 일의 양은

$1-\frac{16}{36}-\frac{12}{36}=\frac{36}{36}-\frac{16}{36}-\frac{12}{36}=\frac{20}{36}-\frac{12}{36}=\frac{8}{36}$입니다.

$\frac{8}{36}=\frac{4}{36}+\frac{4}{36}$이므로 나머지 일은 한나 혼자서 2일 동안 하면 끝낼 수 있습니다.

따라서 일을 시작한지 $2+3+2=7$(일) 만에 끝낼 수 있습니다.

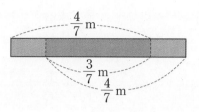

막대에서 물에 한 번 젖은 부분의 길이는 $\dfrac{4}{7}-\dfrac{3}{7}=\dfrac{1}{7}$(m)입니다.

따라서 막대의 길이는 $\dfrac{4}{7}+\dfrac{1}{7}=\dfrac{5}{7}$(m)입니다.

7-1 $7\dfrac{4}{5}$ m

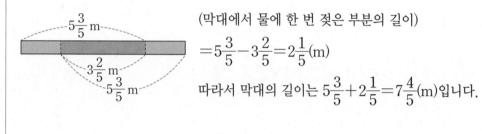

(막대에서 물에 한 번 젖은 부분의 길이)

$=5\dfrac{3}{5}-3\dfrac{2}{5}=2\dfrac{1}{5}$(m)

따라서 막대의 길이는 $5\dfrac{3}{5}+2\dfrac{1}{5}=7\dfrac{4}{5}$(m)입니다.

7-2 $1\dfrac{4}{11}$ m

두 번 젖은 부분의 길이를 □ m라고 하여 그림으로 나타내면 왼쪽과 같습니다.

(막대 전체의 길이)＝(연못의 깊이)＋(연못의 깊이)

$\qquad\qquad\qquad\qquad\qquad\quad$－(두 번 젖은 부분의 길이)

➡ $5\dfrac{10}{11}=3\dfrac{7}{11}+3\dfrac{7}{11}-\square$, $5\dfrac{10}{11}=6\dfrac{14}{11}-\square$,

$\quad \square=6\dfrac{14}{11}-5\dfrac{10}{11}=1\dfrac{4}{11}$(m)

7-3 $2\dfrac{3}{8}$ m

(연못의 깊이의 2배)

＝(막대 전체의 길이)－(물에 젖지 않은 부분의 길이)

$=7\dfrac{3}{8}-2\dfrac{5}{8}=6\dfrac{11}{8}-2\dfrac{5}{8}=4\dfrac{6}{8}$(m)

➡ $4\dfrac{6}{8}=2\dfrac{3}{8}+2\dfrac{3}{8}$이므로 연못의 깊이는 $2\dfrac{3}{8}$ m입니다.

7-4 $6\dfrac{10}{13}$ m

(연못의 깊이의 2배)

＝(막대 전체의 길이)－(물에 젖지 않은 부분의 길이)

$=18\dfrac{6}{13}-4\dfrac{12}{13}=17\dfrac{19}{13}-4\dfrac{12}{13}=13\dfrac{7}{13}$(m)

➡ $13\dfrac{7}{13}=12\dfrac{20}{13}=6\dfrac{10}{13}+6\dfrac{10}{13}$이므로 연못의 깊이는 $6\dfrac{10}{13}$ m입니다.

자연수 부분은 1부터 2씩 커지고, 분수 부분의 분자는 2부터 2씩 커지는 규칙입니다.

➡ $1\frac{2}{13}+3\frac{4}{13}+5\frac{6}{13}+7\frac{8}{13}+9\frac{10}{13}+11\frac{12}{13}$

$=(1+3+5+7+9+11)+(\frac{2}{13}+\frac{4}{13}+\frac{6}{13}+\frac{8}{13}+\frac{10}{13}+\frac{12}{13})$

$=36+\frac{42}{13}=39\frac{3}{13}$

8-1 38

분자가 19부터 1씩 작아지는 규칙입니다.

가장 큰 분수와 가장 작은 분수의 순서로 두 개씩 짝을 지어 합을 구하면

➡ $\frac{19}{5}+\frac{18}{5}+\frac{17}{5}+\cdots\cdots+\frac{1}{5}$

$=(\frac{19}{5}+\frac{1}{5})+(\frac{18}{5}+\frac{2}{5})+(\frac{17}{5}+\frac{3}{5})+\cdots\cdots+(\frac{11}{5}+\frac{9}{5})+\frac{10}{5}$

$=\underbrace{\frac{20}{5}+\frac{20}{5}+\frac{20}{5}+\cdots\cdots+\frac{20}{5}}_{9개}+\frac{10}{5}$

$=\underbrace{4+4+4+\cdots\cdots+4}_{9개}+2=4\times9+2=36+2=38$

8-2 40

자연수 부분과 분수 부분의 분자가 1부터 1씩 커지는 규칙입니다.

➡ $1\frac{1}{9}+2\frac{2}{9}+3\frac{3}{9}+\cdots\cdots+8\frac{8}{9}$

$=(1+2+3+\cdots\cdots+7+8)+(\frac{1}{9}+\frac{2}{9}+\frac{3}{9}+\cdots\cdots+\frac{7}{9}+\frac{8}{9})$

$=36+\frac{36}{9}=36+4=40$

8-3 $114\frac{2}{7}$

자연수 부분은 19부터 2씩 작아지고, 분수 부분의 분자는 1부터 2씩 커지는 규칙입니다.

➡ $19\frac{1}{7}+17\frac{3}{7}+15\frac{5}{7}+\cdots\cdots+1\frac{19}{7}$

$=(19+17+15+\cdots\cdots+3+1)+(\frac{1}{7}+\frac{3}{7}+\frac{5}{7}+\cdots\cdots+\frac{17}{7}+\frac{19}{7})$

$=100+\frac{100}{7}=100+14\frac{2}{7}=114\frac{2}{7}$

8-4 $112\frac{15}{20}$

자연수 부분은 2부터 2씩 커지고, 분수 부분의 분자는 1부터 1씩 커지는 규칙이므로

열째 분수는 $20\frac{10}{20}$입니다.

➡ $2\frac{1}{20}+4\frac{2}{20}+6\frac{3}{20}+\cdots\cdots+16\frac{8}{20}+18\frac{9}{20}+20\frac{10}{20}$

$=(2+4+6+\cdots\cdots+16+18+20)+(\frac{1}{20}+\frac{2}{20}+\frac{3}{20}+\cdots\cdots+\frac{8}{20}+\frac{9}{20}+\frac{10}{20})$

$=110+\frac{55}{20}=110+2\frac{15}{20}=112\frac{15}{20}$

1 2개

$7\dfrac{5}{10}-1\dfrac{3}{10}=6\dfrac{2}{10}$, $2\dfrac{2}{10}+3\dfrac{7}{10}=5\dfrac{9}{10}$

➡ $6\dfrac{2}{10}>\dfrac{\square}{10}>5\dfrac{9}{10}$에서 $\dfrac{62}{10}>\dfrac{\square}{10}>\dfrac{59}{10}$이므로 □ 안에 들어갈 수 있는 수는

60, 61로 모두 2개입니다.

2 $\dfrac{6}{8}$, $\dfrac{5}{8}$

두 진분수 중 큰 진분수를 $\dfrac{\blacksquare}{8}$, 작은 진분수를 $\dfrac{\blacktriangle}{8}$라 하면

$\dfrac{\blacksquare}{8}+\dfrac{\blacktriangle}{8}=1\dfrac{3}{8}=\dfrac{11}{8}$, $\dfrac{\blacksquare}{8}-\dfrac{\blacktriangle}{8}=\dfrac{1}{8}$이므로 $\blacksquare+\blacktriangle=11$, $\blacksquare-\blacktriangle=1$입니다.

두 식을 더하면 $\blacksquare+\blacktriangle+\blacksquare-\blacktriangle=11+1$, $\blacksquare+\blacksquare=12$이므로 $\blacksquare=6$이고,

$\blacksquare+\blacktriangle=11$에서 $6+\blacktriangle=11$, $\blacktriangle=5$입니다.

따라서 두 진분수의 분자는 6, 5이므로 두 진분수는 $\dfrac{6}{8}$, $\dfrac{5}{8}$입니다.

3 $26\dfrac{4}{5}$ cm

색 테이프 3장의 길이의 합은 $10\times3=30$(cm)이고,

겹쳐진 부분의 길이의 합은 $1\dfrac{3}{5}+1\dfrac{3}{5}=2\dfrac{6}{5}=3\dfrac{1}{5}$(cm)이므로

이어 붙인 색 테이프의 전체 길이는 $30-3\dfrac{1}{5}=29\dfrac{5}{5}-3\dfrac{1}{5}=26\dfrac{4}{5}$(cm)입니다.

4 $15\dfrac{11}{15}$

계산 결과가 가장 크려면 ◆와 ♥의 합이 가장 커야 하므로 가장 큰 수와 둘째로 큰 수

인 8과 7을 놓아야 합니다.

➡ $8\dfrac{6}{15}+7\dfrac{5}{15}=8\dfrac{5}{15}+7\dfrac{6}{15}=15\dfrac{11}{15}$, $7\dfrac{6}{15}+8\dfrac{5}{15}=7\dfrac{5}{15}+8\dfrac{6}{15}=15\dfrac{11}{15}$

과 같이 덧셈식을 만들 수 있습니다.

5 $6\dfrac{2}{9}$ cm

(15분 동안 탄 양초의 길이)$=20-16\dfrac{5}{9}=19\dfrac{9}{9}-16\dfrac{5}{9}=3\dfrac{4}{9}$(cm)

1시간은 15분의 4배이므로 1시간 동안 탄 양초의 길이는

$3\dfrac{4}{9}+3\dfrac{4}{9}+3\dfrac{4}{9}+3\dfrac{4}{9}=12\dfrac{16}{9}=13\dfrac{7}{9}$(cm)입니다.

따라서 1시간이 지난 후에 남은 양초의 길이는 $20-13\dfrac{7}{9}=19\dfrac{9}{9}-13\dfrac{7}{9}=6\dfrac{2}{9}$(cm)

입니다.

6 오후 12시 6분 30초

8월 10일 낮 12시부터 8월 13일 낮 12시까지 3일 동안 빨라지는 시간은

$2\dfrac{10}{60}+2\dfrac{10}{60}+2\dfrac{10}{60}=6\dfrac{30}{60}$(분)입니다.

$6\dfrac{30}{60}$분은 6분 30초이므로 8월 13일 낮 12시에 이 시계가 가리키는 시각은

낮 12시＋6분 30초＝오후 12시 6분 30초입니다.

서술형 7 $1\dfrac{5}{13}$ kg

예 (책 5권의 무게)＋(상자의 무게)＝8(kg), (책 3권의 무게)＋(상자의 무게)＝$5\dfrac{3}{13}$(kg)

(책 5권의 무게)＋(상자의 무게)－(책 3권의 무게)－(상자의 무게)＝(책 2권의 무게)이므로

책 2권의 무게는 $8-5\dfrac{3}{13}=7\dfrac{13}{13}-5\dfrac{3}{13}=2\dfrac{10}{13}$(kg)입니다.

따라서 $2\dfrac{10}{13}=\dfrac{36}{13}=\dfrac{18}{13}+\dfrac{18}{13}$이므로 책 한 권의 무게는 $\dfrac{18}{13}=1\dfrac{5}{13}$(kg)입니다.

채점 기준	배점
책 2권의 무게를 구했나요?	3점
책 1권의 무게를 구했나요?	2점

8 $45\dfrac{2}{20}$ kg

(미나의 몸무게)＋(수지의 몸무게)＝$30\dfrac{7}{20}$(kg),

(미나의 몸무게)＋(효민이의 몸무게)＝$28\dfrac{5}{20}$(kg),

(수지의 몸무게)＋(효민이의 몸무게)＝$31\dfrac{12}{20}$(kg)이므로 3개의 식을 모두 더하면

{(미나의 몸무게)＋(수지의 몸무게)＋(효민이의 몸무게)}×2

＝$30\dfrac{7}{20}+28\dfrac{5}{20}+31\dfrac{12}{20}=89\dfrac{24}{20}=90\dfrac{4}{20}$(kg)입니다.

따라서 세 사람의 몸무게의 합은 $90\dfrac{4}{20}=45\dfrac{2}{20}+45\dfrac{2}{20}$이므로 $45\dfrac{2}{20}$ kg입니다.

9 37

더하는 분수의 개수와 합의 관계를 알아봅니다.

$\dfrac{1}{3}+\dfrac{2}{3}=1$ ➡ 2개 　　$\dfrac{1}{5}+\dfrac{2}{5}+\dfrac{3}{5}+\dfrac{4}{5}=2$ ➡ 4개

$\dfrac{1}{7}+\dfrac{2}{7}+\dfrac{3}{7}+\dfrac{4}{7}+\dfrac{5}{7}+\dfrac{6}{7}=3$ ➡ 6개

$\dfrac{1}{9}+\dfrac{2}{9}+\dfrac{3}{9}+\dfrac{4}{9}+\dfrac{5}{9}+\dfrac{6}{9}+\dfrac{7}{9}+\dfrac{8}{9}=4$ ➡ 8개

　　　　　　　　　⋮

와 같이 분모가 홀수인 진분수의 합은 진분수 개수의 절반과 같습니다.

따라서 진분수의 합이 18이므로 진분수의 개수는

18＋18＝36(개)이고 □－1＝36에서 □＝37입니다.

10 ㉮ $2\dfrac{4}{11}$ ㉯ $5\dfrac{8}{11}$

㉰ $4\dfrac{8}{11}$

㉮＋㉯＋㉰＝$12\dfrac{9}{11}$, ㉯＝㉮＋$3\dfrac{4}{11}$, ㉰＝㉮×2이므로

㉮＋㉯＋㉰＝㉮＋(㉮＋$3\dfrac{4}{11}$)＋(㉮×2)＝㉮×4＋$3\dfrac{4}{11}=12\dfrac{9}{11}$,

㉮×4＝$12\dfrac{9}{11}-3\dfrac{4}{11}=9\dfrac{5}{11}=\dfrac{104}{11}$ ➡ $\dfrac{104}{11}=\dfrac{26}{11}+\dfrac{26}{11}+\dfrac{26}{11}+\dfrac{26}{11}$이므로

㉮＝$\dfrac{26}{11}=2\dfrac{4}{11}$, ㉯＝㉮＋$3\dfrac{4}{11}=2\dfrac{4}{11}+3\dfrac{4}{11}=5\dfrac{8}{11}$,

㉰＝㉮×2＝㉮＋㉮＝$2\dfrac{4}{11}+2\dfrac{4}{11}=4\dfrac{8}{11}$

2 삼각형

1 (1) 9 (2) 8, 8

(1) 이등변삼각형은 두 변의 길이가 같습니다.
(2) 정삼각형은 세 변의 길이가 같습니다.

2 11

$\square+\square+8=30 \Rightarrow \square+\square=22, \square=11$

3 (1) 25 (2) 70

(1) 이등변삼각형은 두 각의 크기가 같습니다.
(2) 이등변삼각형은 길이가 같은 두 변과 함께하는 두 각의 크기가 같습니다.
   $40°+\square+\square=180° \Rightarrow \square+\square=140°, \square=70°$

4 80°

(각 ㄱㄷㄴ)$=180°-130°=50°$, (각 ㄱㄴㄷ)$=$(각 ㄱㄷㄴ)$=50°$입니다.
따라서 (각 ㄴㄱㄷ)$=180°-50°-50°=80°$입니다.

5 (1) 60, 60 (2) 120

(1) 정삼각형의 한 각의 크기는 60°입니다.
(2) (각 ㄱㄷㄴ)$=60° \Rightarrow \square=180°-60°=120°$

6 45 cm

(나머지 한 각의 크기)$=180°-60°-60°=60°$
➡ 세 각의 크기가 모두 60°이므로 정삼각형입니다.
정삼각형은 세 변의 길이가 같으므로
(세 변의 길이의 합)$=15+15+15=45$(cm)입니다.

1 가, 다 / 나, 라, 마 / 바

예각삼각형은 세 각이 모두 예각인 삼각형이므로 가, 다입니다.
둔각삼각형은 한 각이 둔각인 삼각형이므로 나, 라, 마입니다.
직각삼각형은 한 각이 직각인 삼각형이므로 바입니다.

2 나, 마, 바, 사 / 다, 라

3 ㉡

㉠ (나머지 한 각)$=180°-30°-70°=80° \Rightarrow 30°, 70°, 80°$: 예각삼각형
㉡ (나머지 한 각)$=180°-40°-35°=105° \Rightarrow 40°, 35°, 105°$: 둔각삼각형
㉢ (나머지 한 각)$=180°-50°-40°=90° \Rightarrow 50°, 40°, 90°$: 직각삼각형
따라서 둔각삼각형은 ㉡입니다.

4 가, 다 / 사 / 바 /
마 / 나 / 라

5 이등변삼각형, 정삼각형,
예각삼각형에 ○표

세 각의 크기가 모두 같으므로 정삼각형이고, 이등변삼각형입니다.
세 각이 모두 예각이므로 예각삼각형입니다.

6 예

두 변의 길이가 같고 한 각의 크기가 직각인 삼각형을 그립니다.

최상위 대표문제 1

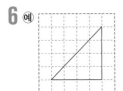

삼각형 ㄱㄷㄹ은 이등변삼각형이므로
(각 ㄷㄱㄹ)=(각 ㄷㄹㄱ)=35°이고
(각 ㄱㄷㄹ)=180°−35°−35°=110°입니다.
(각 ㄱㄷㄴ)=180°−110°=70°

삼각형 ㄱㄴㄷ은 이등변삼각형이므로 (각 ㄱㄴㄷ)=(각 ㄱㄷㄴ)=70°이고
(각 ㄴㄱㄷ)=180°−70°−70°=40°입니다.

1-1 120°

삼각형 ㄱㄴㄷ이 이등변삼각형이고 (각 ㄴㄱㄷ)=(각 ㄴㄷㄱ)=20°이므로
(각 ㄱㄴㄷ)=180°−20°−20°=140°입니다.
삼각형 ㄹㄴㄷ이 이등변삼각형이므로 (각 ㄹㄴㄷ)=(각 ㄹㄷㄴ)=20°입니다.
따라서 (각 ㄱㄴㄹ)=140°−20°=120°입니다.

1-2 50°

(각 ㄱㄷㄹ)=180°−115°=65°이고,
삼각형 ㄱㄷㄹ은 이등변삼각형이므로 (각 ㄱㄹㄷ)=(각 ㄱㄷㄹ)=65°입니다.
삼각형 ㄱㄴㄹ은 이등변삼각형이므로 (각 ㄴㄱㄹ)=(각 ㄴㄹㄱ)=65°입니다.
따라서 (각 ㄱㄴㄷ)=180°−65°−65°=50°입니다.

1-3 25°

삼각형 ㄱㄴㄹ에서 (각 ㄱㄹㄴ)=180°−90°−40°=50°이므로
(각 ㄴㄹㄷ)=180°−50°=130°입니다.
삼각형 ㄹㄴㄷ은 이등변삼각형이므로 각 ㄹㄴㄷ과 각 ㄹㄷㄴ의 크기가 같습니다.
(각 ㄹㄴㄷ)=(각 ㄹㄷㄴ)=(180°−130°)÷2=25°
따라서 (각 ㄱㄷㄴ)=25°입니다.

1-4 85°

삼각형 ㄱㄴㄷ에서 (각 ㄱㄷㄴ)=180°−50°−70°=60°입니다.
삼각형 ㅁㄷㄹ에서 (각 ㅁㄷㄹ)=(각 ㄷㅁㄹ)=(180°−110°)÷2=35°입니다.
따라서 (각 ㄱㄷㅁ)=180°−60°−35°=85°입니다.

2 이등변삼각형은 두 변의 길이가 같으므로

(이등변삼각형의 세 변의 길이의 합)=21+21+15=57(cm)입니다.

정삼각형은 세 변의 길이가 같으므로

(정삼각형의 한 변)=57÷3=19(cm)입니다.

따라서 정삼각형의 한 변은 19 cm로 해야 합니다.

2-1 9 cm

이등변삼각형은 두 변의 길이가 같으므로 나머지 한 변은 8 cm입니다.

(이등변삼각형의 세 변의 길이의 합)=8+8+11=27(cm)

➡ (정삼각형의 한 변)=27÷3=9(cm)

서술형
2-2 3개

⒣ 한 변의 길이가 9 cm인 정삼각형 한 개를 만드는 데 필요한 철사의 길이는

9×3=27(cm)입니다.

1 m=100 cm이고 100-27-27-27=19(cm)이므로 동호는 정삼각형을 3개까지

만들 수 있습니다.

채점 기준	배점
한 변의 길이가 9 cm인 정삼각형을 만드는 데 필요한 철사의 길이를 구했나요?	2점
1 m인 철사로 만들 수 있는 정삼각형의 개수를 구했나요?	3점

2-3 70°

정삼각형은 세 각의 크기가 모두 같으므로

(각 ㄴㄱㄷ)=(각 ㄱㄴㄷ)=(각 ㄱㄷㄴ)=60°입니다.

(각 ㅁㄱㄹ)=60°-20°=40°이므로

삼각형 ㄱㅁㄹ에서 (각 ㄱㄹㅁ)=180°-40°-30°=110°입니다.

따라서 (각 ㅁㄹㄷ)=180°-110°=70°입니다.

2-4 90°

정삼각형은 세 각의 크기가 모두 같으므로

(각 ㄴㄱㄷ)=(각 ㄱㄴㄷ)=(각 ㄱㄷㄴ)=60°입니다.

(각 ㄹㄷㄴ)=60°-15°=45°이고 삼각형 ㄹㄴㄷ은 이등변삼각형이므로

(각 ㄹㄴㄷ)=(각 ㄹㄷㄴ)=45°입니다.

따라서 ㉠=180°-45°-45°=90°입니다.

3 삼각형 ㄹㄴㅁ은 이등변삼각형이므로 (각 ㄹㄴㅁ)=(각 ㄴㄹㅁ)=40°이고

(각 ㄴㄹㅁ)=180°-40°-40°=100°입니다.

삼각형 ㄱㄴㄷ에서 접혀진 각의 크기는 같으므로

(각 ㄹㅁㅂ)=(각 ㄴㄱㄷ)=180°-40°-80°=60°이고

(각 ㅂㅁㄷ)=180°-(각 ㄴㄹㅁ)-(각 ㄹㅁㅂ)

＝180°-100°-60°=20°입니다.

따라서 삼각형 ㅂㅁㄷ에서 (각 ㅁㅂㄷ)=180°-20°-80°=80°입니다.

3-1 85°

삼각형 ㄹㅁㅂ에서 (각 ㅁㄹㅂ)=180°−70°−35°=75°,

(각 ㄴㄹㅁ)=(각 ㅁㄹㅂ)=75°이므로

(각 ㄱㄹㅂ)=180°−75°−75°=30°입니다.

따라서 삼각형 ㄱㄹㅂ에서 (각 ㄱㅂㄹ)=180°−65°−30°=85°입니다.

3-2 65°

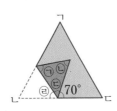

정삼각형 ㄱㄴㄷ에서 접혀진 각의 크기는 같으므로

ⓒ=60°입니다.

ⓒ과 ⓔ의 크기는 같으므로 ⓒ=(180°−70°)÷2=55°입니다.

따라서 ㉠=180°−60°−55°=65°입니다.

3-3 70°

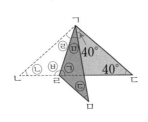

삼각형 ㄱㄴㄷ은 이등변삼각형이고 접혀진 각의 크기는 같으므로 ⓒ=ⓒ=40°

삼각형 ㄱㄴㄷ에서 ⓔ+ⓜ+40°=180°−40°−40°,

ⓔ+ⓜ+40°=100°, ⓔ+ⓜ=60°,

ⓔ+ⓜ=ⓔ+ⓔ=30°+30° ➡ ⓔ=30°

삼각형 ㄱㄴㄹ에서 ⓗ=180°−30°−40°=110°

따라서 ㉠=180°−110°=70°입니다.

3-4 50°

정삼각형 ㄱㄴㄷ에서 접혀진 각의 크기는 같으므로 (각 ㄴㅁㅂ)=(각 ㅂㅁㅅ)=60°,

(각 ㄱㄹㅇ)=㉠입니다.

(각 ㄹㅁㅅ)=180°−60°−60°=60°이고

삼각형 ㄹㅁㅅ에서 (각 ㅁㄹㅅ)=180°−60°−40°=80°이므로

㉠+(각 ㄱㄹㅇ)=180°−80°=100° ➡ ㉠+㉠=100°

따라서 ㉠의 크기는 50°입니다.

44~45쪽

삼각형 ㄱㄴㄷ을 시계 방향으로 90° 회전시켰으므로

(각 ㅁㄱㄷ)=(각 ㄹㄱㄴ)=90°입니다.

삼각형 ㄱㄹㄴ에서 변 ㄱㄹ과 변 ㄱㄴ의 길이가 같으므로

(각 ㄱㄹㄴ)=(각 ㄱㄴㄹ)=45°입니다.

정삼각형 ㄱㄹㅁ에서 각 ㄹㄱㅁ의 크기는 60°이므로

㉠=180°−45°−60°=75°입니다.

4-1 85°

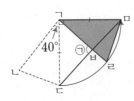

삼각형 ㄱㄷㅁ에서 변 ㄱㄷ과 변 ㄱㅁ의 길이가 같고 각 ㄷㄱㅁ의 크기가 90°이므로 (각 ㄱㄷㅁ)=(각 ㄱㅁㄷ)=45°입니다.

(각 ㄴㄱㄷ)=(각 ㄹㄱㅁ)=40°이므로

(각 ㄱㅂㅁ)=180°−40°−45°=95°입니다.

따라서 ㉠=180°−95°=85°입니다.

4-2 70°

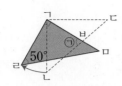

점 ㄱ을 중심으로 하여 시계 방향으로 30° 회전시켰으므로
(각 ㄷㄱㅂ)=30°이고,
(각 ㄱㄷㄴ)=(각 ㄱㅁㄹ)=180°−90°−50°=40°입니다.
삼각형 ㄱㅂㄷ에서 (각 ㄱㅂㄷ)=180°−30°−40°=110°입니다.
따라서 ㉠=180°−110°=70°입니다.

4-3 30°

점 ㄷ을 중심으로 하여 시계 방향으로 20° 회전시켰으므로
(각 ㄴㄷㄹ)=(각 ㄱㄷㅁ)=20°,
변 ㄱㄷ과 ㅁㄷ의 길이가 같으므로 삼각형 ㄱㄷㅁ에서
(각 ㄷㄱㅁ)=(각 ㄱㅁㄷ)=(180°−20°)÷2=80°입니다.
따라서 (각 ㄴㄱㄷ)=(각 ㄱㅁㄷ)=80°이므로 삼각형 ㄱㄴㄷ에서
㉠=180°−80°−50°−20°=30°입니다.

4-4 30°

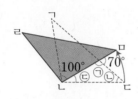

삼각형 ㄹㄴㅁ에서
(각 ㄴㅁㄹ)=(180°−100°)÷2=40°입니다.
㉠=180°−70°=110°, ㉡=(각 ㄴㅁㄹ)=40°,
㉢=180°−110°−40°=30°
따라서 삼각형 ㄱㄴㄷ을 ㉢만큼 회전시킨 것이므로 시계 반대 방향으로 30°만큼
회전시킨 것입니다.

한 변이 성냥개비 1개인 정삼각형의 개수는 9개입니다.

한 변이 성냥개비 2개인 정삼각형의 개수는 3개입니다.

한 변이 성냥개비 3개인 정삼각형의 개수는 1개입니다.

따라서 크고 작은 정삼각형은 모두 9+3+1=13(개)입니다.

5-1 16개

한 변이 성냥개비 1개인 정삼각형: 12개
한 변이 성냥개비 2개인 정삼각형: 4개
➡ (크고 작은 정삼각형의 수)=12+4=16(개)

5-2 20개

서술형

㉾ 그림에서 찾을 수 있는 정삼각형의 종류는 삼각형 1개짜리, 삼각형 4개짜리, 삼각형

9개짜리입니다.

따라서 삼각형 1개짜리: 12개, 삼각형 4개짜리: 6개, 삼각형 9개짜리: 2개이므로 찾을 수 있는 크고 작은 정삼각형은 모두 $12+6+2=20$(개)입니다.

채점 기준	배점
찾을 수 있는 정삼각형의 종류를 설명했요?	2점
찾을 수 있는 정삼각형의 수를 구했요?	3점

5-3 18개

삼각형 1개로 만들어진 이등변삼각형: 8개
삼각형 2개로 만들어진 이등변삼각형: 8개
삼각형 4개로 만들어진 이등변삼각형: 2개
➡ (크고 작은 이등변삼각형의 수)$=8+8+2=18$(개)

5-4 23개

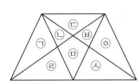

도형 1개로 만들어진 삼각형: 7개
도형 2개로 만들어진 삼각형: 8개
➡ ㉠ㄴ, ㉠ㄹ, ㄴㄷ, ㄴㅁ, ㄷㅂ, ㅁㅂ, ㅂㅇ, ㅅㅇ

도형 3개로 만들어진 삼각형: 5개
➡ ㉠ㄴㄷ, ㄴㅁㅅ, ㄷㅂㅇ, ㄹㅁㅂ, ㄹㅁㅅ
도형 4개로 만들어진 삼각형: 1개 ➡ ㄴㄷㅁㅂ
도형 5개로 만들어진 삼각형: 2개 ➡ ㉠ㄴㄹㅁㅅ, ㄹㅁㅂㅅㅇ
➡ (크고 작은 삼각형의 수)$=7+8+5+1+2=23$(개)

48~49쪽

한 원에서 반지름의 길이는 모두 같으므로
변 ㄱㅇ, 변 ㄴㅇ, 변 ㄷㅇ의 길이는 모두 같습니다.
삼각형 ㄱㄴㅇ은 이등변삼각형이므로
(각 ㅇㄱㄴ)$=15°$, (각 ㄱㅇㄴ)$=180°-15°-15°=150°$입니다.
삼각형 ㅇㄴㄷ은 이등변삼각형이므로
(각 ㅇㄴㄷ)$=30°$, (각 ㄴㅇㄷ)$=180°-30°-30°=120°$입니다.
(각 ㄱㅇㄷ)$=360°-150°-120°=90°$
따라서 삼각형 ㄱㅇㄷ은 이등변삼각형이므로 ㉠$=(180°-90°)÷2=45°$입니다.

6-1 75°

삼각형 ㄱㄴㅇ은 이등변삼각형이므로 (각 ㄴㄱㅇ)$=$(각 ㄱㄴㅇ)$=50°$입니다.
삼각형 ㄱㅇㄷ은 이등변삼각형이므로 (각 ㅇㄱㄷ)$=$(각 ㅇㄷㄱ)$=25°$입니다.
따라서 ㉠$=50°+25°=75°$입니다.

6-2 ㉠ 72° ㉡ 54°

삼각형 ㄱㄴㅇ은 이등변삼각형이므로 (각 ㄴㄱㅇ)$=36°$입니다.
따라서 (각 ㅇㄱㄷ)$=90°-36°=54°$이고 삼각형 ㄱㅇㄷ은 이등변삼각형이므로
㉡$=54°$입니다.
➡ ㉠$=180°-54°-54°=72°$

6-3 35°

삼각형 ㄱㄴㅇ은 이등변삼각형이므로
(각 ㄱㅇㄴ)=180°−35°−35°=110°입니다.
삼각형 ㅇㄴㄷ은 이등변삼각형이므로 (각 ㄴㅇㄷ)=180°−20°−20°=140°입니다.
(각 ㄱㅇㄷ)=360°−110°−140°=110°
따라서 삼각형 ㄱㅇㄷ은 이등변삼각형이므로 ㉠=(180°−110°)÷2=35°입니다.

6-4 45°

(변 ㄴㄹ)=(변 ㄷㅇ)=(변 ㄹㅇ)=(변 ㄱㅇ)이므로
삼각형 ㄴㄹㅇ, 삼각형 ㄹㅇㄱ은 이등변삼각형입니다.
(각 ㄴㄹㅇ)=180°−15°−15°=150°, (각 ㅇㄹㄱ)=(각 ㅇㄱㄹ)=180°−150°=30°,
(각 ㄹㅇㄱ)=180°−30°−30°=120°입니다.
따라서 ㉠=180°−15°−120°=45°입니다.

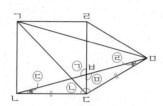

변 ㄴㄷ과 변 ㄷㅁ의 길이가 같으므로 삼각형 ㄴㄷㅁ은 이등변삼각형입니다.
㉡=90°+60°=150°이고,
㉢=㉣=(180°−150°)÷2=15°입니다.

삼각형 ㄷㅁㅂ에서
㉤=180°−60°−15°=105°이고
㉠=㉤이므로 ㉠=105°입니다.

7-1 75°

변 ㄱㄹ과 변 ㄹㅁ의 길이가 같으므로 삼각형 ㄱㄹㅁ은 이등변삼각형입니다.
(각 ㄱㄹㅁ)=90°+60°=150°, (각 ㄹㅁㄱ)=(180°−150°)÷2=15°입니다.
따라서 삼각형 ㄷㅂㅁ에서 (각 ㅂㅁㄷ)=60°−15°=45°이므로
(각 ㄷㅂㅁ)=180°−60°−45°=75°입니다.

7-2 ㉠ 15° ㉡ 60°

삼각형 ㄴㄷㅁ은 이등변삼각형이고 (각 ㄴㄷㅁ)=90°+60°=150°이므로
㉠=(각 ㅁㄴㄷ)=(180°−150°)÷2=15°입니다.
삼각형 ㄱㄴㄷ은 이등변삼각형이므로
(각 ㄴㄱㄷ)=(각 ㄴㄷㄱ)=(180°−90°)÷2=45°이고,
삼각형 ㄴㄷㅂ에서 (각 ㄴㅂㄷ)=180°−15°−45°=120°입니다.
따라서 ㉡=180°−120°=60°입니다.

7-3 150°

삼각형 ㄱㄹㅁ에서 (각 ㅁㄱㄹ)=90°−60°=30°이므로
(각 ㄱㅁㄹ)=(각 ㄱㄹㅁ)=(180°−30°)÷2=75°입니다.
삼각형 ㄴㅁㄷ에서 (각 ㅁㄴㄷ)=90°−60°=30°이므로
(각 ㄴㅁㄷ)=(각 ㄴㄷㅁ)=(180°−30°)÷2=75°입니다.
따라서 (각 ㄹㅁㄷ)=360°−75°−60°−75°=150°입니다.

7-4 65°

삼각형 ㄴㄷㅂ에서 (각 ㄴㄷㅂ)=90°+40°=130°,
(각 ㄷㄴㅂ)=(각 ㄷㅂㄴ)=(180°−130°)÷2=25°입니다.
삼각형 ㅅㄷㅂ에서 (각 ㄷㅅㅂ)=180°−40°−25°=115°입니다.
따라서 ㉠=180°−115°=65°입니다.

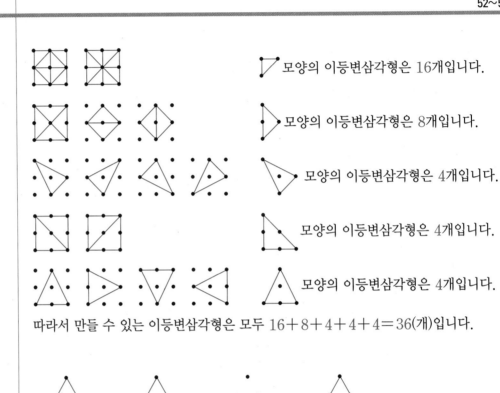

◹ 모양의 이등변삼각형은 16개입니다.

▷ 모양의 이등변삼각형은 8개입니다.

◺ 모양의 이등변삼각형은 4개입니다.

모양의 이등변삼각형은 4개입니다.

△ 모양의 이등변삼각형은 4개입니다.

따라서 만들 수 있는 이등변삼각형은 모두 16+8+4+4+4=36(개)입니다.

8-1 15개

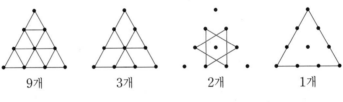

9개   3개   2개   1개

➡ 9+3+2+1=15(개)

8-2 6가지

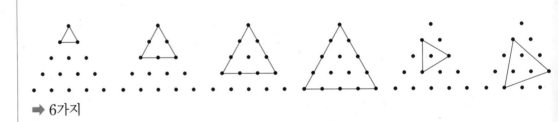

➡ 6가지

8-3 52개

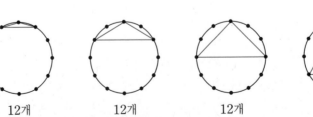

12개   12개   12개   4개   12개

➡ 12+12+12+4+12=52(개)

8-4 12개

3개　　　　3개　　　　3개　　　　3개

➡ 3＋3＋3＋3＝12(개)

1 17 cm

이등변삼각형의 세 변의 길이의 합이 47 cm이므로
(변 ㄷㄹ)＋(변 ㄷㅁ)＝47－13＝34(cm)입니다.
이등변삼각형은 두 변의 길이가 같으므로
(변 ㄷㄹ)＝(변 ㄷㅁ)＝34÷2＝17(cm)입니다.
따라서 정사각형의 한 변은 17 cm입니다.

2 12 cm

정삼각형 ㄹㅁㅂ의 한 변의 길이는 16÷2＝8(cm)이고,
정삼각형 ㅅㅇㅈ의 한 변의 길이는 8÷2＝4(cm)입니다.
따라서 정삼각형 ㅅㅇㅈ의 세 변의 길이의 합은 4＋4＋4＝12(cm)입니다.

3 60°

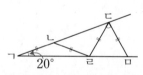

삼각형 ㄴㄱㄹ에서 (각 ㄴㄱㄹ)＝(각 ㄴㄹㄱ)＝20°이므로
(각 ㄱㄴㄹ)＝180°－20°－20°＝140°입니다.
삼각형 ㄴㄹㄷ에서
(각 ㄹㄴㄷ)＝(각 ㄹㄷㄴ)＝180°－140°＝40°이므로
(각 ㄴㄹㄷ)＝180°－40°－40°＝100°입니다.
삼각형 ㄷㄹㅁ에서 (각 ㄷㄹㅁ)＝(각 ㄷㅁㄹ)＝180°－20°－100°＝60°이므로
(각 ㄹㄷㅁ)＝180°－60°－60°＝60°입니다.

4 85°

삼각형 ㄱㄴㄷ은 이등변삼각형이므로
(각 ㄴㄷㄱ)＝(180°－110°)÷2＝35°이고,
삼각형 ㅁㄷㄹ은 정삼각형이므로 (각 ㅁㄷㄹ)＝60°입니다.
따라서 ㉠＝180°－35°－60°＝85°입니다.

5 28개

삼각형 1개로 만들어진 정삼각형: 18개
삼각형 4개로 만들어진 정삼각형: 8개
삼각형 9개로 만들어진 정삼각형: 2개
➡ (크고 작은 정삼각형의 수)＝18＋8＋2＝28개

6 20°

㉖ 삼각형 ㄱㄴㄷ은 한 각이 직각인 이등변삼각형이므로
(각 ㄴㄱㄷ)＝(각 ㄴㄷㄱ)＝(180°－90°)÷2＝45°입니다.
삼각형 ㄹㄴㄷ은 이등변삼각형이므로
(각 ㄹㄴㄷ)＝(각 ㄹㄷㄴ)＝(180°－50°)÷2＝65°입니다.
따라서 (각 ㄱㄷㄹ)＝65°－45°＝20°입니다.

채점 기준	배점
각 ㄴㄷㄱ과 각 ㄹㄷㄴ의 크기를 구했나요?	3점
각 ㄱㄷㄹ의 크기를 구했나요?	2점

7 45°

삼각형 ㅁㄱㄹ은 이등변삼각형이므로 (각 ㄱㅁㄹ)＝(각 ㅁㄱㄹ)＝70°,
(각 ㄱㄹㅁ)＝180°－70°－70°＝40°입니다.
(각 ㅁㄹㄷ)＝40°＋90°＝130°이고 삼각형 ㄹㅁㄷ은 이등변삼각형이므로
(각 ㄹㅁㄷ)＝(각 ㄹㄷㅁ)＝(180°－130°)÷2＝25°입니다.
따라서 (각 ㄱㅁㅂ)＝70°－25°＝45°입니다.

8 30°

삼각형 ㄴㅅㅈ은 이등변삼각형이고
(각 ㄴㅅㅈ)＝(각 ㄴㄱㄷ)＝110°이므로
(각 ㅅㄴㅈ)＝(각 ㅅㅈㄴ)＝(180°－110°)÷2＝35°입니다.
따라서 삼각형 ㄴㅇㅈ에서 (각 ㄴㅇㅈ)＝180°－65°＝115°이므로
(각 ㅇㄴㅈ)＝180°－115°－35°＝30°입니다.

9 48 cm

㉖ 정삼각형이 1개일 때 둘레는 4×(1＋2)＝12(cm),
정삼각형이 2개일 때 생기는 도형의 둘레는 4×(2＋2)＝16(cm),
정삼각형이 3개일 때 생기는 도형의 둘레는 4×(3＋2)＝20(cm),
정삼각형이 4개일 때 생기는 도형의 둘레는 4×(4＋2)＝24(cm)입니다.
따라서 정삼각형 10개를 이어 붙였을 때 생기는 도형의 둘레는
4×(10＋2)＝48(cm)입니다.

채점 기준	배점
정삼각형을 1개, 2개, 3개, 4개 이어 붙였을 때 생기는 도형의 둘레를 구했나요?	3점
정삼각형을 10개 이어 붙였을 때 생기는 도형의 둘레를 구했나요?	2점

10 45°

삼각형 ㄹㄴㅁ에서 (각 ㄴㄹㅁ)＝180°－60°－90°＝30°이고,
삼각형 ㅅㅂㄷ에서 (각 ㅂㅅㄷ)＝180°－60°－90°＝30°입니다.
(각 ㄱㄹㅅ)＝(각 ㄱㅅㄹ)＝180°－90°－30°＝60°,
(각 ㄹㄱㅅ)＝60°이므로 삼각형 ㄱㄹㅅ은 정삼각형입니다.
(각 ㄱㄹㅁ)＝60°＋90°＝150°이고, (변 ㄱㄹ)＝(변 ㄹㅅ)＝(변 ㄹㅁ)이므로
삼각형 ㄱㄹㅁ은 이등변삼각형이고 (각 ㄹㄱㅁ)＝(180°－150°)÷2＝15°입니다.
따라서 ㉠＝60°－15°＝45°입니다.

3 소수의 덧셈과 뺄셈

1 소수 두 자리 수, 소수 세 자리 수 58쪽

1 6.33, 6.47

6.3과 6.4 사이가 10칸으로 똑같이 나누어져 있으므로 눈금 1칸의 크기는 0.01입니다.

2 ©

숫자 8이 소수 셋째 자리에 있는 수를 찾습니다.

⊙ 2.0<u>8</u>3 → 0.08 © 1.<u>8</u>93 → 0.8 © 4.72<u>8</u> → 0.008 ② <u>8</u>.561 → 8

3 0.1, 5

일의 자리		소수 첫째 자리	소수 둘째 자리	소수 셋째 자리
3	.			
0	.	2		
0	.	0	0	
0	.	0	0	5

2 소수 사이의 관계, 소수의 크기 비교 59쪽

1 0.35, 3.5

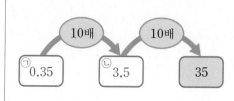

©의 10배가 35이므로 ©은 35의 $\frac{1}{10}$인 3.5입니다.

⊙의 10배가 3.5이므로 ⊙은 3.5의 $\frac{1}{10}$인 0.35입니다.

2 ©, ©, ⊙

자연수 부분, 소수 첫째 자리, 소수 둘째 자리, 소수 셋째 자리 순서로 비교합니다.

➡ 4.302＞4.043＞4.032

3 소수의 덧셈 60~61쪽

1 (1) 7.1 (2) 9.34 (3) 8

(1)
```
    1
    5.3
+   1.8
───────
    7.1
```
(2)
```
      1
    7.2 5
+   2.0 9
─────────
    9.3 4
```
(3)
```
    1 1
    4.5 6
+   3.4 4
─────────
    8.0 0
```

2 (1) 1.84 m (2) 4 m

(1) 1 cm＝0.01 m이므로 56 cm＝0.56 m,
   1 m 28 cm＝128 cm＝1.28 m입니다.

$$
\begin{array}{r}
\scriptstyle 1\\
0.5\,6\\
+\ 1.2\,8\\
\hline
1.8\,4
\end{array}
$$

(2) 3 m 9 cm＝309 cm＝3.09 m,

　91 cm＝0.91 m입니다.

$$
\begin{array}{r}
\scriptstyle 1\ 1\\
3.0\,9\\
+\ 0.9\,1\\
\hline
4.0\,0
\end{array}
$$

3 (1) ＝ (2) ＞

(1) 0.38＋0.86＝1.24, 0.36＋0.88＝1.24

　더하는 두 수의 소수 둘째 자리 수가 서로 바뀐 것이므로 합은 같습니다.

(2) 1.75＋1.23＝2.98, 1.57＋1.32＝2.89이므로 2.98 ⊙ 2.89입니다.

　　　　　　　　　　　　　　　　　　　└─9＞8─┘

4 1.7 kg

(민수가 산 사과와 배의 무게)＝(사과의 무게)＋(배의 무게)

　　　　　　　　　　　　　＝0.8＋0.9＝1.7(kg)

5 6.22 km

(집~서점~학교까지의 거리)＝(집에서 서점까지의 거리)＋(서점에서 학교까지의 거리)

　　　　　　　　　　　　＝1.95＋4.27＝6.22(km)

6 (1) 2.5 (2) 5.87 (3) B

(1) 2.5＋0.7＝3.2

　 0.7＋2.5＝3.2

(2) 6.49＋5.87＝12.36

　 5.87＋6.49＝12.36

---

4 소수의 뺄셈

62~63쪽

1 (1) 4.8 (2) 6.97

$$
\begin{array}{cc}
(1) & \begin{array}{r}
\scriptstyle 4\ 10\\
\cancel{5}.6\\
-\ 0.8\\
\hline
4.8
\end{array}
&
(2) & \begin{array}{r}
\scriptstyle 8\ 16\ 10\\
\cancel{9}.\cancel{7}\,2\\
-\ 2.7\,5\\
\hline
6.9\,7
\end{array}
\end{array}
$$

2 0.08, 2.67, 2.75

2.6과 2.7 사이가 10칸으로 나누어져 있으므로 눈금 한 칸의 크기는 0.01입니다.

왼쪽 □의 수는 2.7에서 왼쪽으로 3칸 간 곳이므로 2.67, 오른쪽 □의 수는

2.7에서 오른쪽으로 5칸 간 곳이므로 2.75입니다.

두 수 사이의 거리는 2.75－2.67＝0.08입니다.

3 ㉠ 8 ㉡ 2 ㉢ 9

- 소수 둘째 자리: $10+3-4=$ ㉢, ㉢ $=9$
- 소수 첫째 자리: $8-1-$ ㉡ $=5$, $7-$ ㉡ $=5$, ㉡ $=7-5=2$
- 일의 자리: ㉠ $-6=2$, ㉠ $=2+6=8$

4 풀이 참조 / ⑩ 소수점의 자리를 잘못 맞추고 계산했습니다.

$$
\begin{array}{r}
\overset{2}{\cancel{3}}.\overset{10}{4}\ 2 \\
-\quad 1.\ 6 \\
\hline
1.\ 8\ 2
\end{array}
$$

소수 두 자리 수와 소수 한 자리 수의 계산은 소수점끼리 맞추어 쓰고 같은 자리 수끼리 계산합니다.

5 137.63 cm

(예지의 키)＝(훈호의 키)－12.8
$\qquad$ ＝150.43－12.8＝137.63(cm)

6 0.65 L

(물병에 남은 물의 양)＝(물병에 들어 있는 물의 양)－(마신 물의 양)
$\qquad$ ＝1.5－0.85＝0.65(L)

대표문제 1

65.42보다 0.007 작은 수는 65.42－0.007＝65.413입니다.

어떤 수 $\xrightarrow[\quad 100배 \quad]{\quad \frac{1}{100} \quad}$ 65.413

어떤 수의 $\frac{1}{100}$ 인 수가 65.413이므로 어떤 수는 65.413의 100배인 수입니다.

따라서 어떤 수는 6541.3입니다.

1-1 55.7

0.1이 3개이면 0.3
0.01이 24개이면 0.24 $\;\Big\}$ ➡ $0.3+0.24+0.017=0.557$
0.001이 17개이면 0.017

어떤 수의 $\frac{1}{100}$ 인 수가 0.557이므로 어떤 수는 0.557의 100배인 수입니다.

따라서 어떤 수는 55.7입니다.

1-2 3662

36.54보다 0.08 큰 수는 36.54＋0.08＝36.62입니다.

36.62는 어떤 수의 $\frac{1}{100}$ 인 수이므로 어떤 수는 36.62의 100배인 수입니다.

따라서 어떤 수는 3662입니다.

1-3 2.893

29.54보다 0.61 작은 수는 29.54−0.61=28.93입니다.

28.93은 어떤 수의 10배인 수이므로 어떤 수는 28.93의 $\frac{1}{10}$인 수입니다.

따라서 어떤 수는 2.893입니다.

1-4 100배

• 6.7보다 0.23 작은 수는 6.7−0.23=6.47입니다.

  6.47은 ㉠의 $\frac{1}{10}$인 수이므로 ㉠은 6.47의 10배인 수입니다. ➡ ㉠=64.7

• 5.98보다 0.49 큰 수는 5.98+0.49=6.47입니다.

  6.47은 ㉡의 10배인 수이므로 ㉡은 6.47의 $\frac{1}{10}$인 수입니다. ➡ ㉡=0.647

따라서 64.7은 0.647의 100배이므로 ㉠은 ㉡의 100배입니다.

정삼각형은 세 변의 길이가 모두 같으므로 세 변의 길이는 0.58 m로 같습니다.

(사용한 철사의 길이)=(정삼각형의 둘레)이므로

(정삼각형의 둘레)=0.58+0.58+0.58=1.74(m)

➡ (사용하고 남은 철사의 길이)=4−1.74=2.26(m)

2-1 23.9 m

사용한 철사의 길이는 직사각형의 둘레와 같습니다.

➡ (사용한 철사의 길이)=4.83+7.12+4.83+7.12=23.9(m)

2-2 0.84 m

이등변삼각형의 나머지 한 변의 길이는 0.9 m입니다.

(사용한 끈의 길이)=0.9+0.9+0.36=2.16(m)

➡ (사용하고 남은 끈의 길이)=3−2.16=0.84(m)

서술형 **2-3** 0.21 m

㉠ 정사각형은 네 변의 길이가 모두 같으므로 네 변의 길이는 모두 0.16 m입니다.

사용한 색 테이프의 길이는 0.16+0.16+0.16+0.16=0.64(m)이고,

85 cm는 0.85 m이므로 남은 색 테이프의 길이는 0.85−0.64=0.21(m)입니다.

채점 기준	배점
사용한 색 테이프의 길이를 구했나요?	2점
남은 색 테이프의 길이를 구했나요?	3점

2-4 7 m

(칠판의 세로)=1.97−0.83=1.14(m)

(칠판의 둘레)=1.97+1.14+1.97+1.14=6.22(m)

➡ (처음에 있던 리본의 길이)=(칠판의 둘레)+(남은 리본의 길이)

　　　　　　　　　　　　　=6.22+0.78=7(m)

대표문제 3

어떤 수를 먼저 구한 후 바르게 계산합니다.

어떤 수를 ■라 하면 잘못 계산한 식은 ■+6.7=15.29입니다.

➡ ■=15.29-6.7=8.59

따라서 바르게 계산하면 8.59-6.7=1.89입니다.

3-1 0.12

어떤 수를 □라 하면 □+0.6=1.32 ➡ □=1.32-0.6=0.72

따라서 바르게 계산하면 0.72-0.6=0.12입니다.

3-2 39.31

어떤 수를 □라 하면 □-5.84=27.63 ➡ □=27.63+5.84=33.47

따라서 바르게 계산하면 33.47+5.84=39.31입니다.

서술형 3-3 25.61

⑩ 어떤 수를 □라 하면 □-16.3=10.94, □=10.94+16.3=27.24입니다.

따라서 어떤 수는 27.24이므로 바르게 계산하면 27.24-1.63=25.61입니다.

채점 기준	배점
어떤 수를 구하는 식을 세우고 어떤 수를 구했나요?	3점
바르게 계산했나요?	2점

3-4 15.4

어떤 수를 □라 하면 □-8.5+3.75=5.9 ➡ □=5.9+8.5-3.75=10.65

따라서 바르게 계산하면 10.65+8.5-3.75=15.4입니다.

대표문제 4

30에 가까운 소수 두 자리 수를 만들려면 십의 자리에 2 또는 3을 놓아야 합니다.

• 십의 자리 수가 2일 때: 남은 수 카드는 7>4>3이므로

30에 가장 가까운 수가 되려면 높은 자리부터 큰 수를 차례로 씁니다. ➡ 27.43

• 십의 자리 수가 3일 때: 남은 수 카드는 2<4<7이므로

30에 가장 가까운 수가 되려면 높은 자리부터 작은 수를 차례로 씁니다. ➡ 32.47

$\underset{=2.57}{30-27.43}$ > $\underset{=2.47}{32.47-30}$이므로

만들 수 있는 소수 두 자리 수 중에서 30에 가장 가까운 수는 32.47입니다.

4-1 63.45

60에 가까운 소수 두 자리 수를 만들려면 십의 자리에 5 또는 6을 놓아야 합니다.

십의 자리 수가 5인 소수 두 자리 수 중에서 60에 가장 가까운 수는 56.43이고,

십의 자리 수가 6인 소수 두 자리 수 중에서 60에 가장 가까운 수는 63.45입니다.

60-56.43=3.57, 63.45-60=3.45이므로 3.57>3.45입니다.

따라서 만들 수 있는 소수 두 자리 수 중에서 60에 가장 가까운 수는 63.45입니다.

4-2 0.951

1에 가까운 소수 세 자리 수를 만들려면 일의 자리에 1 또는 0을 놓아야 합니다.
일의 자리 수가 1일 때 1에 가장 가까운 수는 1.059이고
일의 자리 수가 0일 때 1에 가장 가까운 수는 0.951입니다.
$1.059-1=0.059$, $1-0.951=0.049$이므로 $0.059>0.049$입니다.
따라서 만들 수 있는 소수 세 자리 수 중에서 1에 가장 가까운 수는 0.951입니다.

4-3 39.9

20에 가까운 소수 두 자리 수를 만들려면 십의 자리에 1 또는 2를 놓아야 합니다.
십의 자리 수가 1인 소수 두 자리 수 중에서 20에 가장 가까운 수는 18.42이고, 둘째로 가까운 수는 18.24입니다.
십의 자리 수가 2인 소수 두 자리 수 중에서 20에 가장 가까운 수는 21.48이고, 둘째로 가까운 수는 21.84입니다.
$20-18.42=1.58$, $20-18.24=1.76$, $21.48-20=1.48$, $21.84-20=1.84$이고, $1.48<1.58<1.76<1.84$이므로
만들 수 있는 소수 두 자리 수 중에서 20에 가장 가까운 수는 21.48이고 둘째로 가까운 수는 18.42입니다.
따라서 20에 가장 가까운 수와 둘째로 가까운 수의 합은 $21.48+18.42=39.9$입니다.

 대표문제 5

□ 안에 가장 작은 수와 가장 큰 수를 넣어 수의 크기를 비교합니다.
□ 안에 0을 넣으면 ㉠ 79.098, ㉡ 70.096, ㉢ 70.002가 되므로 ㉢<㉡<㉠입니다.
□ 안에 9를 넣으면 ㉠ 79.998, ㉡ 79.096, ㉢ 70.092가 되므로 ㉢<㉡<㉠입니다.
따라서 □ 안에 어떤 수를 넣더라도 ㉢<㉡<㉠이므로 크기가 작은 수부터 차례로 기호를 쓰면 ㉢, ㉡, ㉠입니다.

5-1 ㉢, ㉠, ㉡

□ 안에 0을 넣으면 ㉠ 60.095, ㉡ 60.003, ㉢ 69.110이므로 ㉢>㉠>㉡입니다.
□ 안에 9를 넣으면 ㉠ 69.095, ㉡ 60.093, ㉢ 69.119이므로 ㉢>㉠>㉡입니다.
따라서 □ 안에 어떤 수를 넣더라도 ㉢>㉠>㉡이므로 큰 수부터 차례로 기호를 쓰면 ㉢, ㉠, ㉡입니다.

5-2 ㉣, ㉡, ㉠, ㉢

□ 안에 0을 넣으면 ㉠ 49.06, ㉡ 50.830, ㉢ 40.027, ㉣ 50.891이므로
㉣>㉡>㉠>㉢입니다.
□ 안에 9를 넣으면 ㉠ 49.96, ㉡ 50.839, ㉢ 49.027, ㉣ 59.891이므로
㉣>㉡>㉠>㉢입니다.
따라서 □ 안에 어떤 수를 넣더라도 ㉣>㉡>㉠>㉢이므로 큰 수부터 차례로 기호를 쓰면 ㉣, ㉡, ㉠, ㉢입니다.

5-3 0, 9, 9

$18.3㉠8<18.30㉡<1㉢.052$라 하면 $18.3㉠8$은 $18.30㉡$보다 작으므로 ㉠=0이고
㉡은 8보다 커야 하므로 ㉡=9입니다.

18.309<1ⓒ.052라 하면 ⓒ은 8보다 커야 하므로 ⓒ=9입니다.

5-4 0, 0, 9, 9

28.㉠7<28.㉡93<28.0ⓒ5라 하면 28.0ⓒ5의 소수 첫째 자리 수가 0이므로 ㉠=0, ㉡=0입니다.

28.093<28.0ⓒ5라 하면 ⓒ=9입니다.

28.095<2㉣.031이라 하면 ㉣은 8보다 커야 하므로 ㉣=9입니다.

따라서 ☐ 안에 알맞은 수를 차례로 쓰면 0, 0, 9, 9입니다.

6 대표문제

<를 =로 놓고 계산했을 때의 ☐를 먼저 구합니다.

☐+4.17=10.45−2.71, ☐+4.17=7.74

➡ ☐=7.74−4.17=3.57

☐ 안에 들어갈 수 있는 수는 3.57보다 작은 수이므로

☐ 안에 들어갈 수 있는 가장 큰 소수 두 자리 수는 3.56입니다.

6-1 12.37

<를 =로 놓고 계산하면 ☐−8.32=4.06 ➡ ☐=4.06+8.32=12.38

따라서 ☐ 안에 들어갈 수 있는 수는 12.38보다 작은 수이므로 ☐ 안에 들어갈 수 있는 가장 큰 소수 두 자리 수는 12.37입니다.

6-2 8.26

>를 =로 놓고 계산하면 3.57+☐=15.8−3.98, 3.57+☐=11.82

➡ ☐=11.82−3.57=8.25

따라서 ☐ 안에 들어갈 수 있는 수는 8.25보다 큰 수이므로 ☐ 안에 들어갈 수 있는 가장 작은 소수 두 자리 수는 8.26입니다.

6-3 0.149

<를 =로 놓고 계산하면 6.82+2.34=9.31−☐, 9.16=9.31−☐

➡ ☐=9.31−9.16=0.15

따라서 ☐ 안에 들어갈 수 있는 수는 0.15보다 작은 수이므로 ☐ 안에 들어갈 수 있는 가장 큰 소수 세 자리 수는 0.149입니다.

6-4 5개

• 10−7.52>☐에서 10−7.52=2.48이므로 2.48>☐입니다.

➡ ☐ 안에 들어갈 수 있는 수는 2.48보다 작은 수입니다.

• ☐+4.73>6.45+0.7에서 >를 =로 놓고 계산하면 ☐+4.73=6.45+0.7,

☐+4.73=7.15, ☐=7.15−4.73=2.42입니다.

➡ ☐ 안에 들어갈 수 있는 수는 2.42보다 큰 수입니다.

따라서 ☐ 안에 공통으로 들어갈 수 있는 수는 2.42보다 크고 2.48보다 작은 소수 두 자리 수이므로 2.43, 2.44, 2.45, 2.46, 2.47로 모두 5개입니다.

음료수의 1병의 무게를 먼저 구합니다.

(음료수 1병의 무게)

=(음료수 5병이 들어 있는 상자의 무게)−(음료수 1병을 꺼낸 후 상자의 무게)

=0.89−0.74=0.15(kg)

(음료수 5병의 무게)=0.15+0.15+0.15+0.15+0.15=0.75(kg)

➡ (빈 상자의 무게)=(음료수 5병이 들어 있는 상자의 무게)−(음료수 5병의 무게)

=0.89−0.75=0.14(kg)

7-1 0.45 kg

(사과 1개의 무게)

=(사과 1개를 더 넣은 후 바구니의 무게)−(사과 10개가 들어 있는 바구니의 무게)

=4.63−4.25=0.38(kg)

사과 10개의 무게는 사과 1개의 무게의 10배이므로 3.8 kg입니다.

(빈 바구니의 무게)=(사과 10개가 들어 있는 바구니의 무게)−(사과 10개의 무게)

=4.25−3.8=0.45(kg)

서술형 **7-2** 0.28 kg

예 책 1권의 무게는 (책 10권이 들어 있는 상자의 무게)−(책 1권을 꺼낸 후 상자의 무게)

=9.48−8.56=0.92(kg)입니다.

책 10권의 무게는 책 1권의 무게의 10배이므로 9.2 kg입니다.

따라서 빈 상자의 무게는 (책 10권이 들어 있는 상자의 무게)−(책 10권의 무게)

=9.48−9.2=0.28(kg)입니다.

채점 기준	배점
책 1권의 무게를 구했나요?	2점
책 10권의 무게를 구했나요?	1점
빈 상자의 무게를 구했나요?	2점

7-3 0.16 kg

(물 $\frac{1}{3}$만큼의 무게)=(물이 가득 들어 있는 병의 무게)−(물을 $\frac{1}{3}$만큼 마신 후 병의 무게)

=1−0.72=0.28(kg)

(물 전체의 무게)=0.28+0.28+0.28=0.84(kg)

➡ (빈 병의 무게)=(물이 가득 들어 있는 병의 무게)−(물 전체의 무게)

=1−0.84=0.16(kg)

7-4 0.3 kg

(식용유 600 mL의 무게)

=(식용유 1 L가 들어 있는 병의 무게)−(식용유를 600 mL 사용한 후 병의 무게)

=1.2−0.66=0.54(kg)

0.54 kg은 540 g이므로 (식용유 100 mL의 무게)=540÷6=90(g)입니다.

(식용유 1 L의 무게)=90×10=900(g)=0.9(kg)

➡ (빈 병의 무게)=(식용유 1 L가 들어 있는 병의 무게)−(식용유 1 L의 무게)

=1.2−0.9=0.3(kg)

대표문제 8

두 소수 중에서 큰 수를 ㉠, 작은 수를 ㉡이라고 하면

㉠+㉡=12.46, ㉠-㉡=5.68입니다.

(㉠+㊀)+(㉠-㊀)=12.46+5.68

㉠+㉠=18.14

18.14=9.07+9.07이므로 ㉠=9.07입니다.

㉠+㉡=12.46에서 9.07+㉡=12.46

따라서 ㉡=12.46-9.07=3.39입니다.

8-1 ㉠ 5.04 ㉡ 2.41

두 식을 더하면 (㉠+㉡)+(㉠-㉡)=7.45+2.63=10.08,

㉠+㉠=10.08입니다.

10.08=5.04+5.04이므로 ㉠=5.04입니다.

㉠+㉡=7.45에서 5.04+㉡=7.45, ㉡=7.45-5.04=2.41입니다.

8-2 0.04

두 소수 중에서 큰 수를 ㉠, 작은 수를 ㉡이라고 하면 ㉠+㉡=6.42,

㉠-㉡=1.58입니다.

두 식을 더하면 (㉠+㉡)+(㉠-㉡)=6.42+1.58=8, ㉠+㉠=8, ㉠=4입니다.

따라서 4의 $\frac{1}{100}$인 수는 0.04입니다.

8-3 141

두 소수 중에서 큰 수를 ㉠, 작은 수를 ㉡이라고 하면 ㉠+㉡=4.72,

㉠-㉡=1.9입니다.

두 식을 더하면 (㉠+㉡)+(㉠-㉡)=4.72+1.9=6.62, ㉠+㉠=6.62

6.62=3.31+3.31이므로 ㉠=3.31입니다.

㉠+㉡=4.72에서 3.31+㉡=4.72, ㉡=4.72-3.31=1.41

따라서 작은 수는 1.41이므로 1.41의 100배인 수는 141입니다.

8-4 ㉠ 0.65 ㉡ 3.58
㉢ 4.77

㉠+㉡=4.23, ㉡+㉢=8.35, ㉠+㉢=5.42에서 세 식을 모두 더합니다.

㉠+㉡+㉡+㉢+㉠+㉢=4.23+8.35+5.42이므로

(㉠+㉡+㉢)+(㉠+㉡+㉢)=18, ㉠+㉡+㉢=9입니다.

➡ ㉠=9-(㉡+㉢)=9-8.35=0.65

㉡=9-(㉠+㉢)=9-5.42=3.58

㉢=9-(㉠+㉡)=9-4.23=4.77

대표문제 9

⊙, ⓛ, ⓒ, ⓔ, ⓜ은 연속하는 자연수이므로 ⓒ＝⊙＋2입니다.

⊙.ⓛⓒ과 ⓒ.ⓔⓜ의 합이 6보다 크고 7보다 작으므로

⊙＋ⓒ은 5이거나 6입니다.

— 0.ⓛⓒ＋0.ⓔⓜ＞1일 때

— 0.ⓛⓒ＋0.ⓔⓜ＜1일 때

⊙＋ⓒ이 5가 되는 자연수 ⊙과 ⓒ은 없습니다.

⊙＋ⓒ＝6일 때, ⊙＝2, ⓒ＝4입니다.

따라서 ⊙.ⓛⓒ은 2.34이므로 ⊙.ⓛⓒ의 100배는 234입니다.

9-1 0.567

⊙, ⓛ, ⓒ, ⓔ, ⓜ은 연속하는 자연수이므로 ⓒ＝⊙＋2입니다.

⊙.ⓛⓒ과 ⓒ.ⓔⓜ의 합이 9보다 크고 10보다 작으므로 ⊙＋ⓒ은 8이거나 9입니다.

⊙＋ⓒ＝8일 때, ⊙＝3, ⓒ＝5입니다.

⊙＋ⓒ＝9가 되는 자연수 ⊙과 ⓒ은 없습니다.

따라서 ⓒ.ⓔⓜ은 5.67이므로 5.67의 $\frac{1}{10}$은 0.567입니다.

9-2 0.09

⊙, ⓛ, ⓒ, ⓔ, ⓜ, ⓗ은 연속하는 자연수이므로 ⓔ＝⊙＋3입니다.

⊙.ⓛⓒ과 ⓔ.ⓜⓗ의 합이 12보다 크고 13보다 작으므로 ⊙＋ⓔ은 11이거나 12입니다.

⊙＋ⓔ＝11일 때, ⊙＝4, ⓔ＝7입니다.

⊙＋ⓔ＝12가 되는 자연수 ⊙과 ⓔ은 없습니다.

따라서 ⊙＝4, ⓛ＝5, ⓒ＝6, ⓔ＝7, ⓜ＝8, ⓗ＝9이므로 9의 $\frac{1}{100}$은 0.09입니다.

9-3 214

앞의 수와의 차가 0.01씩인 소수 두 자리 수이고 ⊙＜ⓛ＜ⓒ이므로

ⓛ＝⊙＋0.01, ⓒ＝⊙＋0.02입니다.

⊙＋ⓛ＋ⓒ＝⊙＋(⊙＋0.01)＋(⊙＋0.02)＝6.39,

⊙＋⊙＋⊙＋0.03＝6.39, ⊙＋⊙＋⊙＝6.36

6.36＝2.12＋2.12＋2.12이므로 ⊙＝2.12

➡ ⓒ＝⊙＋0.02＝2.12＋0.02＝2.14

따라서 2.14의 100배는 214입니다.

9-4 ⊙ 2.61 ⓛ 2.72
　　 ⓒ 2.83

눈금 한 칸의 크기를 ■라 하면 ⊙＝2.5＋■, ⓛ＝2.5＋■＋■,

ⓒ＝2.5＋■＋■＋■입니다.

ⓛ＋ⓒ이 2.5＋⊙보다 0.44 크므로 ⓛ＋ⓒ＝2.5＋⊙＋0.44에서

(2.5＋■＋■)＋(2.5＋■＋■＋■)＝2.5＋(2.5＋■)＋0.44,

■＋■＋■＋■＝0.44입니다.

0.44＝0.11＋0.11＋0.11＋0.11이므로 ■＝0.11입니다.

따라서 ⊙＝2.5＋0.11＝2.61, ⓛ＝2.61＋0.11＝2.72,

ⓒ＝2.72＋0.11＝2.83입니다.

1 3.44

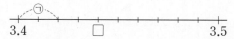

㉠은 3.4와 3.5 사이를 10등분한 것 중 2칸이므로 0.02입니다.
□ 안에 알맞은 수는 3.4에서 0.02씩 2번 뛰어서 센 수입니다.
➡ 3.4 → 3.42 → 3.44
따라서 □ 안에 알맞은 수는 3.44입니다.

2 72900

어떤 수의 $\frac{1}{100}$인 수가 0.729이므로 어떤 수는 0.729의 100배인 72.9입니다.
따라서 72.9의 1000배인 수는 72900입니다.

3 0, 1, 2

5.47＋2.79＝8.26이므로 8.26＞8.□3입니다.
일의 자리 수가 같고 소수 둘째 자리 수가 6＞3이므로 □ 안에는 2이거나 2보다 작은
수가 들어갈 수 있습니다.
따라서 □ 안에는 0, 1, 2가 들어갈 수 있습니다.

4 7, 6, 5, 3, 4 / 4.25

차가 가장 큰 뺄셈식을 만들려면 빼어지는 수에는 높은 자리부터 큰 수를 차례로 써넣
고, 빼는 수에는 높은 자리부터 작은 수를 차례로 써넣습니다.
따라서 차가 가장 큰 뺄셈식은 7.65－3.4입니다.
➡ 7.65－3.4＝4.25

5 99.76 km

(청주에서 대전까지의 거리)＝161.61＋289.72－414.6＝36.73(km)
(대전에서 대구까지의 거리)＝289.72－36.73－116.5＝136.49(km)
따라서 대전에서 대구까지의 거리는 청주에서 대전까지의 거리보다
136.49－36.73＝99.76(km) 더 멉니다.

다른 풀이
(대전에서 대구까지의 거리)＝414.6－161.61－116.5＝136.49(km)
(청주에서 대전까지의 거리)＝289.72－136.49－116.5＝36.73(km)
따라서 대전에서 대구까지의 거리는 청주에서 대전까지의 거리보다 136.49－36.73＝99.76(km)
더 멉니다.

서술형 **6** 2.36 kg

㈎ 상자의 무게가 3.97 kg이므로 지호의 몸무게는 36.51－3.97＝32.54(kg)입니다.
지호의 몸무게가 32.54 kg이므로 가방의 무게는 34.9－32.54＝2.36(kg)입니다.

채점 기준	배점
지호의 몸무게를 구했나요?	2점
가방의 무게를 구했나요?	3점

7 6.261, 6.391

㉠에서 일의 자리 수는 6이고, 소수 첫째 자리 수는 2, 3, 4가 될 수 있습니다.

➡ 6.□□□

㉡에서 (소수 둘째 자리 수)=(소수 첫째 자리 수)×3이므로

소수 첫째 자리 수는 2 또는 3이고,

소수 둘째 자리 수는 2×3=6 또는 3×3=9입니다. ➡ 6.26□ 또는 6.39□

㉢에서 소수 셋째 자리 수는 1입니다. ➡ 6.261 또는 6.391

8 0.073 m

첫 번째로 튀어 오른 높이는 73 m의 $\dfrac{1}{10}$인 7.3 m입니다.

두 번째로 튀어 오른 높이는 7.3 m의 $\dfrac{1}{10}$인 0.73 m입니다.

세 번째로 튀어 오른 높이는 0.73 m의 $\dfrac{1}{10}$인 0.073 m입니다.

서술형 **9** 14.92 km

⑩ 20분＋20분＋20분=60분=1시간이므로

소라가 1시간 동안 간 거리는 2.36＋2.36＋2.36=7.08(km)입니다.

30분＋30분=60분=1시간이므로

민석이가 1시간 동안 간 거리는 3.92＋3.92=7.84(km)입니다.

따라서 소라와 민석이가 1시간 동안 서로 반대 방향으로 직선 거리를 간다면 두 사람 사이의 거리는 7.08＋7.84=14.92(km)입니다.

채점 기준	배점
소라와 민석이가 각각 1시간 동안 간 거리를 구했나요?	3점
1시간 후 소라와 민석이 사이의 거리를 구했나요?	2점

10 41.57

차가 소수 두 자리 수이므로 어떤 소수는 소수 두 자리 수입니다.

어떤 소수를 ㉠㉡.㉢㉣이라 하면 자연수는 ㉠㉡㉢㉣입니다.

```
      ㉠ ㉡ ㉢ ㉣
  —     ㉠ ㉡.㉢ ㉣
    4  1  1  5.4  3
```

10－㉣=3에서 ㉣=7, 10－1－㉢=4에서 ㉢=5,

7－1－㉡=5에서 ㉡=1, 5－㉠=1에서 ㉠=4입니다.

따라서 어떤 소수는 41.57입니다.

4 사각형

1 수직과 평행

1 가, 라

두 변이 서로 직각을 이루고 있는 도형은 가, 라입니다.

2 변 ㄱㄹ, 변 ㄴㄷ

직선 가와 만나서 이루는 각이 직각인 변은 변 ㄱㄹ과 변 ㄴㄷ입니다.

3 2쌍

직선 가와 직선 나, 직선 라와 직선 바 ➡ 2쌍

4 7 cm

평행선 사이의 선분 중에서 수선의 길이가 평행선 사이의 거리이므로 7 cm입니다.

5 ㉠ 40 ㉡ 40

㉠은 40°와 동위각이고 ㉡은 40°와 엇각이므로 각의 크기가 같습니다.

2 사다리꼴, 평행사변형, 마름모

1 2개

사다리꼴은 평행한 변이 한 쌍이라도 있는 사각형입니다.

2 ㉠ 75 ㉡ 105

평행사변형은 마주 보는 두 각의 크기가 같으므로 ㉡=105°이고
이웃한 두 각의 크기의 합이 180°이므로 ㉠=180°-105°=75°입니다.

3 ②

마주 보는 두 쌍의 변이 평행이 되도록 자를 수 있는 선은 ②입니다.

4 가, 다

네 변의 길이가 모두 같은 사각형을 찾으면 가와 다입니다.

5 (위에서부터)
　(1) 9, 120 　(2) 130, 7

(1) 마름모는 네 변의 길이가 같으므로 9 cm이고, 마주 보는 각의 크기가 같으므로
　　120°입니다.
(2) 마름모는 네 변의 길이가 같으므로 7 cm이고, 이웃한 두 각의 크기의 합이
　　180°이므로 180°-50°=130°입니다.

6 32 cm

마름모는 네 변의 길이가 모두 같으므로 8+8+8+8=32(cm)입니다.

1 (1) (위에서부터) 8, 90
　　(2) 10

(1) 직사각형이므로 네 각이 모두 직각이고 마주 보는 두 변의 길이가 같습니다.
(2) 정사각형이므로 네 변의 길이가 모두 같습니다.

2 ②

정사각형은 마주 보는 두 쌍의 변이 서로 평행하므로 평행사변형이라고 할 수 있습니다.

3 없습니다에 ○표

예 네 각의 크기가 모두 같지만 네 변의 길이가 같지 않으므로 정사각형이라 할 수 없습니다.

4 (1) 가, 다, 라　(2) 가, 라

(1) 마름모, 직사각형, 정사각형은 평행사변형이라고 할 수 있습니다.
(2) 정사각형은 직사각형이라고 할 수 있습니다.

5 마름모, 정사각형

• 마주 보는 두 쌍의 변이 서로 평행한 사각형: 평행사변형, 마름모, 직사각형, 정사각형
• 네 변의 길이가 모두 같은 사각형: 마름모, 정사각형
➡ 조건을 만족하는 사각형은 마름모와 정사각형입니다.

6 ㉡, ㉢

주어진 사각형은 네 변의 길이가 모두 같으므로 마름모입니다.
마름모는 사다리꼴, 평행사변형이라고 할 수 있습니다.

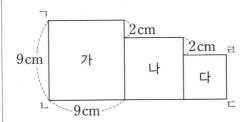

정사각형은 네 변의 길이가 모두 같습니다.
(나의 한 변의 길이)=9-2=7(cm)
(다의 한 변의 길이)=7-2=5(cm)
따라서 변 ㄱㄴ과 변 ㄹㄷ 사이의 거리는
9+7+5=21(cm)입니다.

1-1 30 cm

(나의 한 변의 길이)=7+3=10(cm)
(다의 한 변의 길이)=10+3=13(cm)
➡ (변 ㄱㄴ과 변 ㄹㄷ 사이의 거리)=7+10+13=30(cm)

1-2 39 cm

(나의 한 변의 길이)=24-9=15(cm)

도형에서 가장 먼 평행선 사이의 거리는 변 ㄱㄴ과 변 ㄷㄹ 사이의 거리와 같습니다.

➡ (변 ㄱㄴ과 변 ㄷㄹ 사이의 거리)=24+15=39(cm)

1-3 36 cm

직사각형에서 짧은 변의 길이가 8 cm이고, 긴 변과 짧은 변의 길이의 차가 2 cm이므로
직사각형의 긴 변의 길이는 8+2=10(cm)입니다.

➡ (변 ㄱㄴ과 변 ㄹㄷ 사이의 거리)=10+8+10+8=36(cm)

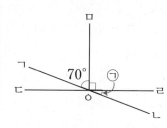

선분 ㄷㅇ과 선분 ㅁㅇ이 서로 수직이므로
(각 ㅁㅇㄹ)=(각 ㅁㅇㄷ)=90°입니다.
한 직선이 이루는 각의 크기는 180°이므로
㉠=180°-(각 ㄱㅇㅁ)-(각 ㅁㅇㄹ)
　=180°-70°-90°=20°입니다.

2-1 10°

선분 ㄷㅇ과 선분 ㄹㅇ이 서로 수직이므로 (각 ㄷㅇㄹ)=90°입니다.
한 직선이 이루는 각의 크기는 180°이므로 ㉠=180°-55°-90°-25°=10°입니다.

서술형

2-2 55°

㉞ 직선 ㄷㄹ과 직선 ㅁㅂ이 수직이므로 (각 ㄷㅇㅂ)=90°입니다.
한 직선이 이루는 각의 크기는 180°이므로 ㉠=180°-90°-35°=55°입니다.

채점 기준	배점
각 ㄷㅇㅂ의 크기를 구했나요?	2점
㉠의 크기를 구했나요?	3점

2-3 ㉠ 50° ㉡ 40°

선분 ㄷㅇ과 선분 ㅁㅇ이 서로 수직이고 (각 ㅁㅇㄹ)=90°이므로
㉠=90°-40°=50°입니다.
한 직선이 이루는 각의 크기는 180°이므로 ㉡=180°-90°-50°=40°입니다.

2-4 35°

선분 ㄱㅁ과 선분 ㄷㅁ이 서로 수직이므로
(각 ㄱㅁㄷ)=90°이고, 선분 ㄴㅁ과 ㄹㅁ이 서로 수직이므로 (각 ㄴㅁㄹ)=90°입니다.
(각 ㄱㅁㄴ)=(각 ㄱㅁㄹ)-(각 ㄴㅁㄹ)=145°-90°=55°이므로
㉠=(각 ㄱㅁㄷ)-(각 ㄱㅁㄴ)=90°-55°=35°입니다.

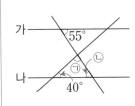

평행한 두 직선이 한 직선과 만날 때 생기는 엇갈린 위치에 있는 각의 크기는 서로 같습니다.

ⓒ은 55°의 엇갈린 위치에 있는 각이므로 ⓒ=55입니다.

따라서 삼각형의 세 각의 크기의 합은 180°이므로

㉠=180°-40°-55°=85입니다.

3-1 115°

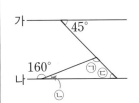

한 직선이 이루는 각의 크기는 180°이므로

ⓒ=180°-160°=20입니다.

평행한 두 직선이 한 직선과 만날 때 생기는 엇갈린 위치에 있는 각의 크기는 서로 같으므로 ⓒ=45입니다.

삼각형의 세 각의 크기의 합은 180°이므로 ㉠=180°-20°-45°=115입니다.

3-2 70°

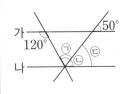

평행한 두 직선이 한 직선과 만날 때 생기는 엇갈린 위치에 있는 각의 크기는 같으므로 ⓒ=120°입니다.

평행선과 한 직선이 만날 때 생기는 같은 위치에 있는 각의 크기는 같으므로 ⓒ=50°입니다.

따라서 ㉠=ⓒ-ⓒ=120°-50°=70°입니다.

3-3 ㉠ 80° ⓒ 100°

평행한 두 직선이 한 직선과 만날 때 생기는 엇갈린 위치에 있는 각의 크기는 같으므로

㉠+ⓒ=180°입니다.

㉠과 ⓒ의 합이 180°이고 차가 20°이므로 알맞은 두 각도는 100°, 80°입니다.

➡ ㉠은 예각이고 ⓒ은 둔각이므로 ㉠=80°, ⓒ=100°입니다.

3-4 ㉠ 65° ⓒ 115°

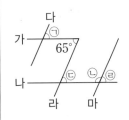

평행한 두 직선이 한 직선과 만날 때 생기는 엇갈린 위치에 있는 각의 크기는 같으므로 ㉠=ⓒ=65°입니다.

평행한 두 직선이 한 직선과 만날 때 생기는 같은 위치에 있는 각의 크기는 같으므로 ⓒ=ⓒ=65°입니다.

따라서 ⓒ=180°-65°=115°입니다.

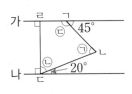

평행한 두 직선 사이에 수선인 직선을 긋습니다.

점 ㄷ에서 직선 가에 수선을 그어 만나는 점을 점 ㄹ이라 하면 직선 나와 선분 ㄷㄹ은 서로 수직이므로

ⓒ=90°-20°=70입니다.

한 직선이 이루는 각의 크기는 180°이므로 ⓒ=180°-45°=135입니다.

사각형의 네 각의 크기의 합은 360°이므로

$㉠+㉡+90°+㉢=360°$, $㉠+70°+90°+135°=360°$
따라서 $㉠=360°-70°-90°-135°=65°$입니다.

4-1 $110°$

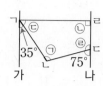

점 ㄱ에서 직선 나에 수직인 직선을 그어 만나는 점을 점 ㄹ이라 하면 직선 나와 선분 ㄱㄹ은 서로 수직이므로 $㉡=90°$, $㉢=90°-35°=55°$입니다.

한 직선이 이루는 각의 크기는 180°이므로 $㉣=180°-75°=105°$입니다.
사각형의 네 각의 크기의 합은 360°이므로 $㉠=360°-55°-90°-105°=110°$입니다.

4-2 $50°$

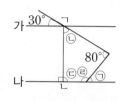

점 ㄱ에서 직선 나에 수직인 직선을 그어 만나는 점을 점 ㄴ이라 하면 $㉢=90°$, 한 직선이 이루는 각의 크기는 180°이므로 $㉡=180°-90°-30°=60°$입니다.
사각형의 네 각의 크기의 합은 360°이므로
$㉣=360°-60°-90°-80°=130°$입니다.
따라서 $㉠=180°-130°=50°$입니다.

4-3 $77°$

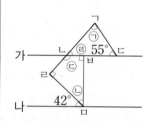

점 ㅁ에서 직선 가에 수직인 직선을 그어 만나는 점을 점 ㅂ이라 하면 직선 나와 선분 ㅁㅂ은 서로 수직이므로
$㉡=90°-42°=48°$입니다.
사각형의 네 각의 크기의 합은 360°이므로
$㉢=360°-90°-48°-90°=132°$입니다.

한 직선이 이루는 각의 크기는 180°이므로 $㉣=180°-132°=48°$입니다.
따라서 $㉠=180°-48°-55°=77°$입니다.

4-4 $㉠ 60°$ $㉡ 30°$

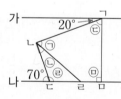

점 ㄱ에서 직선 나에 수직인 직선을 그어 만나는 점을 점 ㅁ이라 하면 직선 나와 선분 ㄱㅁ은 서로 수직이므로
$㉢=90°-20°=70°$, $㉤=90°$입니다.
한 직선이 이루는 각의 크기는 180°이므로
$㉣=180°-70°=110°$입니다.
사각형 ㄱㄴㄷㅁ에서 사각형의 네 각의 크기의 합은 360°이므로
$㉠+㉡=360°-70°-110°-90°=90°$입니다.
$㉠+㉡=90°$이고 $㉠=㉡×2$이므로 $㉡×2+㉡=90°$, $㉡×3=90°$, $㉡=30°$, $㉠=60°$입니다.

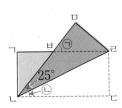

직사각형 모양의 종이를 접었을 때 생기는 접은 각과 접힌 각의 크기는 같습니다.
ⓒ=(각 ㅁㄴㄹ)=25°
(각 ㅁㄴㄷ)=25°+25°=50°

평행한 두 직선이 한 직선과 만날 때 생기는 같은 위치에 있는 각의 크기는 같습니다.
따라서 ㉠=(각 ㅁㄴㄷ)=50°입니다.

5-1 ㉠ 70° ⓒ 110°

직사각형 모양의 종이를 접었을 때 생기는 접은 각과 접힌 각의 크기는 같습니다.
(각 ㄴㅈㅇ)=180°−40°=140°, ㉠=(각 ㅂㅈㅇ)이므로
㉠+㉠=140°, ㉠=70°입니다.
사각형 ㅁㅂㅈㅇ에서 ⓒ=360°−90°−70°−90°=110°입니다.

5-2 150°

직사각형 모양의 종이를 접었을 때 생기는 접은 각과 접힌 각의 크기는 같으므로
(각 ㅁㅇㅈ)=(각 ㅈㅇㄷ)=30°입니다.
삼각형 ㅁㅇㅈ에서 (각 ㅇㅈㅁ)=180°−90°−30°=60°입니다.
평행한 두 직선이 한 직선과 만날 때 생기는 엇갈린 위치에 있는 각의 크기는 서로 같으므로 (각 ㅅㅂㅇ)=(각 ㅂㅇㄴ)=180°−30°−30°=120°입니다.
사각형 ㅂㅇㅈㅅ에서 ㉠=360°−120°−30°−60°=150°입니다.

5-3 ㉠ 50° ⓒ 80°

한 직선이 이루는 각의 크기는 180°이므로
ⓒ=180°−130°=50°입니다.
평행한 두 직선이 한 직선과 만날 때 생기는 엇갈린 위치에 있는
각의 크기는 서로 같으므로 ㉠=ⓒ=50°이고,
직사각형 모양의 종이를 접었을 때 생기는 접은 각과 접힌 각의 크기는 같으므로
㉣=㉠=50°입니다.
사각형의 네 각의 크기의 합은 360°이므로 90°+90°+50°+ⓒ+ⓒ=360°,
90°+90°+50°+ⓒ+50°=360°,
ⓒ+280°=360°, ⓒ=80°입니다.

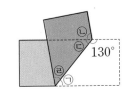

5-4 60°

평행한 두 직선이 한 직선과 만날 때 생기는 엇갈린
위치에 있는 각의 크기는 서로 같으므로 ⓒ=110°입니다.
직사각형 모양의 종이를 접었을 때 생기는 접은 각과
접힌 각의 크기는 같으므로 ㉢=ⓒ=110°입니다.
사각형의 네 각의 크기의 합은 360°이므로
㉣=360°−90°−90°−110°=70°입니다.
ⓜ=110°−㉣=110°−70°=40°,
삼각형의 세 각의 크기의 합은 180°이므로 ⓗ=180°−20°−40°=120°입니다.
따라서 ㉠=360°−120°−90°−90°=60°입니다.

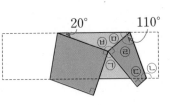

6 대표문제

정삼각형 2개, 8개로 이루어진 마름모를 각각 찾아봅니다.

정삼각형 2개로 이루어진 마름모

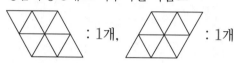 : 6개, : 6개, : 4개

➡ 6＋6＋4＝16(개)

정삼각형 8개로 이루어진 마름모

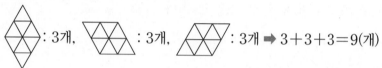 : 1개, : 1개

➡ 1＋1＝2(개)

따라서 도형에서 찾을 수 있는 크고 작은 마름모는 16＋2＝18(개)입니다.

6-1 39개

작은 삼각형 2개로 이루어진 마름모

: 10개, : 10개, : 10개 ➡ 10＋10＋10＝30(개)

작은 삼각형 8개로 이루어진 마름모

: 3개, : 3개, : 3개 ➡ 3＋3＋3＝9(개)

따라서 도형에서 찾을 수 있는 크고 작은 마름모는 30＋9＝39(개)입니다.

6-2 26개

작은 삼각형 2개로 이루어진 평행사변형

: 2개, : 2개 ➡ 2＋2＝4(개)

작은 삼각형 4개로 이루어진 평행사변형

: 4개, : 2개, : 2개, : 4개,

: 4개 ➡ 4＋2＋2＋4＋4＝16(개)

작은 삼각형 8개로 이루어진 평행사변형

: 4개, : 1개 ➡ 4＋1＝5(개)

작은 삼각형 16개로 이루어진 평행사변형

: 1개

따라서 도형에서 찾을 수 있는 크고 작은 평행사변형은 4＋16＋5＋1＝26(개)입니다.

6-3 24개

사각형 1개짜리 ➡ 1개

사각형 2개짜리 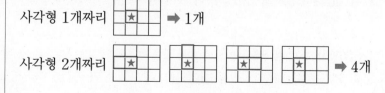 ➡ 4개

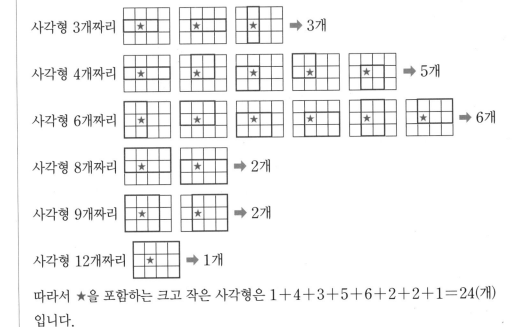

사각형 3개짜리 ➡ 3개

사각형 4개짜리 ➡ 5개

사각형 6개짜리 ➡ 6개

사각형 8개짜리 ➡ 2개

사각형 9개짜리 ➡ 2개

사각형 12개짜리 ➡ 1개

따라서 ★을 포함하는 크고 작은 사각형은 $1+4+3+5+6+2+2+1=24$(개)입니다.

104~105쪽

대표문제 7

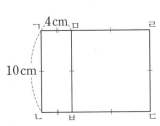

직사각형은 마주 보는 변의 길이가 같고, 정사각형은 네 변의 길이가 모두 같습니다.

(선분 ㄱㄴ)=(선분 ㅁㅂ)=10 cm이고

정사각형 ㅁㅂㄷㄹ은 네 변의 길이가 모두 같으므로

(선분 ㄹㄷ)=(선분 ㅁㄹ)=10 cm입니다.

(선분 ㄱㄹ)=(선분 ㄱㅁ)+(선분 ㅁㄹ)=4+10=14(cm)

따라서 직사각형 ㄱㄴㄷㄹ의 네 변의 길이의 합은

$10+14+10+14=48$(cm)입니다.

7-1 58 cm

정사각형은 네 변의 길이가 모두 같으므로

(선분 ㄱㄹ)=(선분 ㄱㅅ)+(선분 ㅅㄹ)=8+8=16(cm)입니다.

(선분 ㄱㄴ)=(선분 ㄱㅁ)+(선분 ㅁㄴ)=8+5=13(cm)

따라서 직사각형 ㄱㄴㄷㄹ의 네 변의 길이의 합은 16+13+16+13=58(cm)입니다.

7-2 42 cm

작은 직사각형의 긴 변의 길이는 짧은 변의 길이의 3배이므로 $3\times3=9$(cm)입니다.

(변 ㄱㄴ)=9 cm, (변 ㄱㄹ)=3+9=12(cm)

따라서 직사각형 ㄱㄴㄷㄹ의 네 변의 길이의 합은 12+9+12+9=42(cm)입니다.

7-3 16 cm

(변 ㄱㄹ)=2+6=8(cm)이므로 정사각형 ㄱㄴㄷㄹ의 둘레는

$8+8+8+8=32$(cm)입니다.

(변 ㅂㅈ)=6−2=4(cm)이므로 정사각형 ㅂㅅㅇㅈ의 둘레는
4+4+4+4=16(cm)입니다.
따라서 정사각형 ㄱㄴㄷㄹ의 둘레와 정사각형 ㅂㅅㅇㅈ의 둘레의 차는
32−16=16(cm)입니다.

7-4 40 cm

가부터 차례로 가로와 세로의 길이를 구해 봅니다.
가의 가로: 48 cm, 가의 세로: 32 cm
나의 가로: 24 cm, 나의 세로: 32 cm
다의 가로: 24 cm, 다의 세로: 16 cm
라의 가로: 12 cm, 라의 세로: 16 cm
마의 가로: 12 cm, 마의 세로: 8 cm
따라서 직사각형 마의 네 변의 길이의 합은 12+8+12+8=40(cm)입니다.

8 대표문제

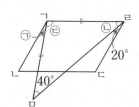

(변 ㄱㅁ)=(변 ㄱㄹ)이므로 삼각형 ㄱㅁㄹ은 이등변삼각형입니다.
ⓛ=(각 ㄱㅁㄹ)=40°, ⓒ=180°−40°−40°=100°입니다.
(각 ㄱㄹㄷ)=40°+20°=60°입니다.
평행사변형에서 이웃하는 두 각의 크기의 합은 180°이므로
(각 ㄴㄱㄹ)=180°−60°=120°입니다.
따라서 ㉠=(각 ㄴㄱㄹ)−ⓒ=120°−100°=20°입니다.

8-1 70°

평행사변형에서 이웃하는 두 각의 크기의 합은 180°입니다.
(각 ㄱㅁㄷ)=180°−70°=110°입니다.
한 직선이 이루는 각의 크기는 180°이므로 ㉠=180°−110°=70°입니다.

8-2 25°

삼각형 ㄹㄷㅁ에서 (각 ㄹㄷㅁ)=180°−80°−45°=55°입니다.
한 직선이 이루는 각의 크기는 180°이므로 (각 ㄴㄷㄹ)=180°−55°=125°입니다.
평행사변형에서 마주 보는 두 각의 크기는 같으므로
(각 ㄴㄷㄹ)=(각 ㄴㄱㄹ)=125°입니다.
삼각형 ㄱㄴㄹ에서 ㉠=180°−125°−30°=25°입니다.

8-3 30°

(선분 ㄱㅁ)=(선분 ㅁㄹ)=18÷2=9(cm)이고, (각 ㄴㄱㅁ)=60°입니다.
(각 ㄱㄴㅁ)=(각 ㄱㅁㄴ)=(180°−60°)÷2=60°이므로 삼각형 ㄱㄴㅁ은 정삼각형입니다.

(각 ㄴㅁㄹ)=180°−(각 ㄱㅁㄴ)=180°−60°=120°이고
삼각형 ㅁㄴㄹ은 이등변삼각형이므로 (각 ㅁㄴㄹ)=(180°−120°)÷2=30°입니다.
평행사변형에서 이웃하는 두 각의 크기의 합은 180°이므로
(각 ㄱㄴㄷ)=180°−60°=120°입니다.
따라서 ㉠=120°−60°−30°=30°입니다.

8-4 ㉠ 105° ㉡ 15°
　　　 ㉢ 75°

삼각형 ㅁㄴㄷ은 이등변삼각형이므로 (각 ㅁㄴㄷ)=(각 ㅁㄷㄴ)=45°입니다.
삼각형 ㅁㄷㄹ은 정삼각형이므로 (각 ㅁㄷㄹ)=60°입니다. ➡ ㉠=45°+60°=105°
평행사변형에서 이웃하는 두 각의 크기의 합은 180°이므로
(각 ㄱㄹㄷ)=180°−105°=75°입니다. ➡ ㉡=75°−60°=15°
평행사변형에서 마주 보는 두 각의 크기는 같으므로 (각 ㄱㄴㄷ)=(각 ㄱㄹㄷ)=75°이
고 (각 ㅁㄴㄷ)=45°이므로 (각 ㄱㄴㅁ)=75°−45°=30°입니다.
(변 ㅁㄷ)=(변 ㄷㄹ)=(변 ㄱㄴ)이므로 삼각형 ㄱㄴㅁ은 (변 ㄴㅁ)=(변 ㄱㄴ)인 이등
변삼각형입니다. ➡ ㉢=(180°−30°)÷2=75°

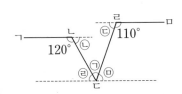

선분 ㄱㄴ에 평행하고 점 ㄷ을 지나는 직선을 그어 봅
니다.
한 직선이 이루는 각의 크기는 180°이므로
㉡=180°−120°=60°,
㉢=180°−110°=70°입니다.
평행한 두 직선이 한 직선과 만날 때 생기는 엇갈린 위치에 있는 각의 크기는 서로 같으
므로 ㉣=㉡=60°, ㉤=㉢=70°입니다.
따라서 ㉠=180°−60°−70°=50°입니다.

9-1 155°

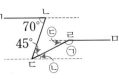

선분 ㄹㅁ에 평행하고 점 ㄷ을 지나는 직선을 그어 봅니다.
평행한 두 직선이 한 직선과 만날 때 생기는 엇갈린 위치에 있
는 각의 크기는 서로 같으므로
45°+㉡=70°, ㉡=25°이고 ㉢=㉡=25°입니다.
한 직선이 이루는 각의 크기는 180°이므로 ㉠=180°−25°=155°입니다.

9-2 75°

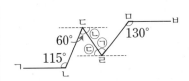

선분 ㄱㄴ에 평행하고 점 ㄷ과 점 ㄹ을 지나는 직선을
각각 그어 봅니다.
평행한 두 직선이 한 직선과 만날 때 생기는 엇갈린
위치에 있는 각의 크기는 서로 같으므로
60°+㉡=115°, ㉡=55°이고 ㉢=㉡=55°입니다.
따라서 ㉠+㉢=130°, ㉠+55°=130°, ㉠=75°입니다.

9-3 65°

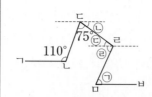

선분 ㄱㄴ에 평행하고 점 ㄷ과 점 ㄹ을 지나는 직선을 각각 그어 봅니다.

평행한 두 직선이 한 직선과 만날 때 생기는 엇갈린 위치에 있는 각의 크기는 서로 같으므로

$75°+$ⓛ$=110°$, ⓛ$=35°$이고, ⓒ$=$ⓛ$=35°$, ⓒ$+$ⓔ$=100°$이므로

ⓔ$=100°-35°=65°$입니다.

따라서 ㉠$=$ⓔ$=65°$입니다.

1 36 cm

(직선 가와 직선 나 사이의 거리)$=16$ cm

(직선 나와 직선 다 사이의 거리)$=20$ cm

➡ (직선 가와 직선 다 사이의 거리)$=16+20=36$(cm)

2 115°

한 직선이 이루는 각의 크기는 $180°$이므로

ⓛ$=180°-105°=75°$, ⓔ$=180°-140°=40°$입니다.

평행한 두 직선이 한 직선과 만날 때 생기는 엇갈린 위치에 있는 각의 크기는 서로 같으므로 ⓒ$=$ⓛ$=75°$입니다.

삼각형 세 각의 크기의 합은 $180°$이므로 ⓜ$=180°-40°-75°=65°$입니다.

따라서 ㉠$=180°-65°=115°$입니다.

3 50°

마름모 ㅂㄷㄹㅁ에서 이웃하는 각의 크기의 합은 $180°$이므로

(각 ㅂㄷㄹ)$=180°-100°=80°$입니다.

1바퀴가 이루는 각은 $360°$이므로 (각 ㄴㄷㅂ)$=360°-150°-80°=130°$입니다.

평행사변형 ㄱㄴㄷㅂ에서 이웃하는 각의 크기의 합은 $180°$이므로

㉠$=180°-130°=50°$입니다.

4 20°

마름모에서 이웃하는 두 각의 크기의 합은 $180°$이므로

(각 ㄴㅁㅂ)$=$(각 ㄴㄷㅂ)$=180°-110°=70°$입니다.

삼각형 ㅁㄴㅂ에서 (각 ㅁㄴㅂ)$=180°-70°-65°=45°$입니다.

(각 ㄷㄴㅂ)$=$(각 ㅁㄴㅂ)$=45°$이므로 (각 ㄱㄴㅁ)$=110°-45°-45°=20°$입니다.

5 ㉠ 63° ⓛ 47°

삼각형 ㄱㄴㅁ은 이등변삼각형이므로 (각 ㄱㅁㄴ)$=54°$입니다.

평행한 두 직선이 한 직선과 만날 때 생기는 엇갈린 위치에 있는 각의 크기는 서로 같으므로

(각 ㅁㄱㄹ)$=$(각 ㄱㅁㄴ)$=54°$이고 삼각형 ㄱㅁㄹ은 이등변삼각형이므로

$\bigcirc=(180°-54°)\div2=63°$입니다.

한 직선이 이루는 각의 크기는 180°이므로 (각 ㄹㅁㄷ)$=180°-54°-63°=63°$입니다.

삼각형 ㄹㅁㄷ에서 $\bigcirc=180°-63°-70°=47°$입니다.

예 평행사변형에서 마주 보는 변의 길이는 같으므로

(변 ㄴㄷ)=(변 ㄱㅁ)=6 cm이고, (변 ㄷㄹ)=13-6=7(cm)입니다.

삼각형 ㅁㄷㄹ은 이등변삼각형이므로 (변 ㅁㄷ)=(변 ㄷㄹ)=7 cm이고,

(변 ㄱㄴ)=(변 ㅁㄷ)=7 cm입니다.

채점 기준	배점
변 ㄷㄹ의 길이를 구했나요?	3점
변 ㄱㄴ의 길이를 구했나요?	2점

7 60°

평행한 두 직선이 한 직선과 만날 때 생기는 엇갈린 위치에 있는 각의 크기는 서로 같으므로 (각 ㄱㄴㄷ)=70°, $\bigcirc$=(각 ㄴㄷㄹ)입니다.

삼각형 ㄱㄴㄹ에서 (각 ㄱㄹㄴ)$=180°-100°=80°$이므로

(각 ㄱㄴㄹ)$=180°-40°-80°=60°$입니다.

➡ $\bigcirc=70°-60°=10°$

삼각형 ㄹㄴㄷ에서 (각 ㄴㄷㄹ)$=180°-100°-10°=70°$이므로

$\bigcirc$=(각 ㄴㄷㄹ)=70°입니다.

따라서 $\bigcirc=70°$, $\bigcirc=10°$이므로 $\bigcirc-\bigcirc=70°-10°=60°$입니다.

8 110°

평행사변형에서 마주 보는 각의 크기는 같으므로 (각 ㄴㄱㄹ)=(각 ㄴㄷㄹ)=70°

삼각형 ㄱㄴㅁ에서 (각 ㄱㄴㅁ)$=180°-70°-90°=20°$입니다.

삼각형 ㅅㄴㅇ에서 (각 ㅅㅇㄴ)$=180°-90°-20°=70°$입니다.

따라서 한 직선이 이루는 각의 크기는 180°이므로 (각 ㄴㅇㅂ)$=180°-70°=110°$입니다.

9 65°

직선 가와 직선 나에 평행한 직선을 그어 봅니다.

평행한 두 직선이 한 직선과 만날 때 생기는 같은 위치에 있는 각의 크기는 서로 같으므로 $\bigcirc=55°$, $\bigcirc=80°-\bigcirc=80°-55°=25°$

➡ $\bigcirc=\bigcirc=25°$

한 직선이 이루는 각의 크기는 180°이므로 $\bigcirc=180°-140°=40°$

평행한 두 직선이 한 직선과 만날 때 생기는 같은 위치에 있는 각의 크기는 서로 같으므로 $\bigcirc=\bigcirc=40°$입니다.

따라서 $\bigcirc=\bigcirc+\bigcirc=25°+40°=65°$입니다.

10 4개

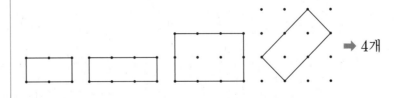

➡ 4개

5 꺾은선그래프

1 꺾은선그래프 114~115쪽

1 꺾은선그래프

수량을 점으로 표시하고, 그 점들을 선분으로 이어 그린 그래프를 꺾은선그래프라고 합니다.

2 시각, 온도

가로는 시간의 흐름을, 세로는 온도의 값을 나타냅니다.

3 2℃, 1℃

(가) 그래프는 세로 눈금 5칸이 10℃를 나타내므로 세로 눈금 한 칸은 $10 \div 5 = 2$(℃)를 나타내고, (나) 그래프는 세로 눈금 5칸이 5℃를 나타내므로 세로 눈금 한 칸은 1℃를 나타냅니다.

4 (나)

물결선을 사용한 꺾은선그래프가 기울기의 변화가 커서 변화하는 모양을 더 뚜렷하게 알 수 있습니다.

5 꺾은선그래프

늘어나고 줄어드는 변화를 알아보기 쉬운 것은 꺾은선그래프입니다.

보충 개념

시간에 따른 연속적인 변화를 알아보기 쉬운 것은 꺾은선그래프입니다.

6 예 막대그래프는 막대로, 꺾은선그래프는 선으로 나타냈습니다.

2 꺾은선그래프 내용 알아보기 116~117쪽

1 9일

그래프가 가장 높이 올라간 날은 9일입니다.

2 6 mm

세로 눈금 5칸의 크기가 5 mm이므로 세로 눈금 한 칸의 크기는 $5 \div 5 = 1$(mm)입니다.
따라서 5일에 감자 싹의 키는 6 mm입니다.

3 6 mm

9일에 감자 싹의 키는 16 mm이고, 7일에 감자 싹의 키는 10 mm이므로
9일에 감자 싹의 키는 7일에 감자 싹의 키보다 $16 - 10 = 6$(mm) 더 큽니다.

4 예 9일에 감자 싹의 키보다 더 커질 것입니다.

감자 싹의 키가 계속 커지고 있으므로 11일에도 커질 것으로 예상할 수 있습니다.

5 6월과 7월 사이   선분이 오른쪽 아래로 기울어진 곳을 찾으면 6월과 7월 사이입니다.

6 7월과 8월 사이   선분의 기울기가 가장 큰 곳을 찾으면 7월과 8월 사이입니다.

3 꺾은선그래프 그리기

118~119쪽

1 요일, 판매량   꺾은선그래프를 그릴 때 가로 눈금에는 시간의 흐름을, 세로 눈금에는 변화하는 양을 나타내는 것이 좋습니다.

2 9칸   세로 눈금 한 칸이 멜론 2개를 나타내므로 수요일의 멜론 판매량인 18개는 9칸인 곳에 점을 찍어야 합니다.

3 풀이 참조

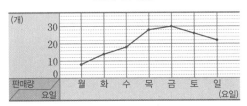

가로와 세로 눈금을 정하고, 세로 눈금 한 칸의 크기를 정한 다음, 가로 눈금과 세로 눈금이 만나는 자리에 점을 찍은 후, 점들을 선분으로 연결합니다.

4 풀이 참조

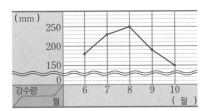

꺾은선이 잘리지 않도록 0 mm~150 mm 사이에 물결선(≈)을 그립니다.

120~121쪽

세로 눈금 5칸의 크기가 100개이므로
세로 눈금 한 칸의 크기는 $100 \div 5 = 20$(개)입니다.
아이스크림 판매량이 가장 많은 때는 목요일로 740개이고,
가장 적은 때는 월요일로 520개입니다.
➡ (아이스크림 판매량의 차)$=740-520=220$(개)

1-1 48만 개

세로 눈금 5칸의 크기가 20만 개이므로 세로 눈금 한 칸의 크기는 20÷5＝4(만 개)입니다.
접시 생산량이 가장 많은 때는 2011년으로 84만 개이고 가장 적은 때는 2013년으로 36만 개입니다.
➡ (접시 생산량의 차)＝84－36＝48(만 개)

1-2 2015년, 480대

전년도에 비해 오른쪽 위로 기울어진 정도가 가장 심한 때는 2015년입니다.
세로 눈금 5칸의 크기가 400대이므로 세로 눈금 한 칸의 크기는 400÷5＝80(대)입니다.
2014년의 컴퓨터 판매량은 6560대이고 2015년의 컴퓨터 판매량은 7040대입니다.
➡ (판매량의 차)＝7040－6560＝480(대)

122~123쪽

세로 눈금 5칸의 크기가 20개이므로
세로 눈금 한 칸의 크기는 20÷5＝4(개)입니다.
호떡 판매량은 5일에 32개, 6일에 16개, 7일에 28개,
8일에 52개, 9일에 36개입니다.
➡ (5일 동안의 호떡 판매량)
　＝32＋16＋28＋52＋36＝164(개)

2-1 456회

세로 눈금 5칸의 크기가 20회이므로 세로 눈금 한 칸의 크기는 20÷5＝4(회)입니다.
줄넘기를 한 횟수는 월요일에 96회, 화요일에 104회, 수요일에 88회, 목요일에 76회, 금요일에 92회입니다.
➡ (5일 동안 줄넘기를 한 횟수)＝96＋104＋88＋76＋92＝456(회)

2-2 756000원

세로 눈금 5칸의 크기가 10개이므로 세로 눈금 한 칸의 크기는 10÷5＝2(개)입니다.
햄버거 판매량은 월요일에 44개, 화요일에 50개, 수요일에 54개, 목요일에 46개, 금요일에 58개입니다.
(조사한 기간 동안의 햄버거 판매량)＝44＋50＋54＋46＋58＝252(개)
➡ (조사한 기간 동안의 햄버거 판매액)＝3000×252＝756000(원)

124~125쪽

세로 눈금 5칸의 크기가 5℃이므로
세로 눈금 한 칸의 크기는 5÷5＝1(℃)입니다.
오후 12시의 기온은 11℃이고, 오후 2시의 기온은 15℃입니다.
따라서 오후 1시의 기온은 11℃와 15℃의 중간값인
약 (11＋15)÷2＝26÷2＝13(℃)입니다.

3-1 약 32 kg

⑩ 세로 눈금 5칸의 크기가 10 kg이므로 세로 눈금 한 칸의 크기는 10÷5＝2(kg)입니다.

주아가 10살인 해의 1월에 잰 몸무게는 28 kg이고, 11살인 해의 1월에 잰 몸무게는 36 kg입니다.

따라서 주아가 10살인 해의 7월에 잰 몸무게는 28 kg과 36 kg의 중간값인
약 (28＋36)÷2＝64÷2＝32(kg)입니다.

채점 기준	배점
세로 눈금 한 칸의 크기를 구했나요?	1점
10살인 해의 1월에 잰 몸무게와 11살인 해의 1월에 잰 몸무게를 구했나요?	2점
10살인 해의 7월에 잰 몸무게를 구했나요?	2점

3-2 약 10 cm

세로 눈금 5칸의 크기가 5 cm이므로 세로 눈금 한 칸의 크기는
5÷5＝1(cm)입니다.

14일에 잰 봉숭아 싹의 키는 4 cm입니다.

26일에 잰 봉숭아 싹의 키는 12 cm, 30일에 잰 봉숭아 싹의 키는 16 cm이므로
28일에 잰 봉숭아 싹의 키는 12 cm와 16 cm의 중간값인
약 (12＋16)÷2＝28÷2＝14(cm)입니다.

따라서 28일에 잰 봉숭아 싹의 키는 14일에 잰 봉숭아 싹의 키보다
약 14－4＝10(cm) 늘었습니다.

126~127쪽

대표문제 4

세로 눈금 5칸의 크기가 100개이므로
세로 눈금 한 칸의 크기는 100÷5＝20(개)입니다.

6월의 액자 생산량이 180개이므로
(7월의 액자 생산량)＝180＋80＝260(개)이고,

7월과 8월의 액자 생산량의 합은 640개이므로
(8월의 액자 생산량)＝640－260＝380(개)입니다.

7월과 8월의 자료 값에 알맞게 점을 찍고
선분으로 차례로 연결하여 꺾은선그래프를 완성합니다.

4-1 풀이 참조

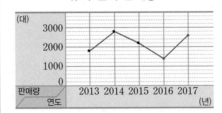

휴대 전화 판매량

세로 눈금 5칸의 크기가 1000대이므로 세로 눈금 한 칸의 크기는
1000÷5＝200(대)입니다.

2015년도의 휴대 전화 판매량이 2200대이므로

(2016년도의 휴대 전화 판매량)=2200−800=1400(대)이고,

2016년도와 2017년도의 휴대 전화 판매량의 합은 4000대이므로

(2017년도의 휴대 전화 판매량)=4000−1400=2600(대)입니다.

2016년과 2017년도의 자료 값에 알맞게 점을 찍고 선분으로 차례로 연결하여 꺾은선 그래프를 완성합니다.

4-2 풀이 참조

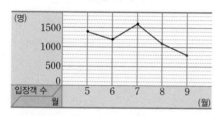

입장객 수

세로 눈금 5칸의 크기가 500명이므로 세로 눈금 한 칸의 크기는 500÷5=100(명)입니다.

5월부터 9월까지의 입장객 수는 모두 6100명이므로

(8월과 9월의 입장객 수)=6100−1400−1200−1600=1900(명)

8월의 입장객 수를 □명이라 하면 9월의 입장객 수는 (□−300)명입니다.

따라서 □+(□−300)=1900, □+□=2200, □=1100

➡ 8월의 입장객 수는 1100명, 9월의 입장객 수는 1100−300=800(명)입니다.

8월과 9월의 자료 값에 알맞게 점을 찍고 선분으로 차례로 연결하여 꺾은선그래프를 완성합니다.

128~129쪽

세로 눈금 5칸의 크기가 5 cm이므로

세로 눈금 한 칸의 크기는 5÷5=1(cm)입니다.

해바라기의 키는 12일에 45 cm, 16일에 49 cm입니다.

(해바라기의 키의 차)=(16일의 해바라기의 키)−(12일의 해바라기의 키)

=49−45=4(cm)

세로 눈금 한 칸의 크기를 2 cm로 하면 세로 눈금은 4÷2=2(칸) 차이가 납니다.

5-1 14칸

세로 눈금 5칸의 크기가 50개이므로 세로 눈금 한 칸의 크기는 50÷5=10(개)입니다.

인형 판매량은 10월에 290개, 11월에 360개입니다.

(인형 판매량의 차)=(11월의 인형 판매량)−(10월의 인형 판매량)

=360−290=70(개)

세로 눈금 한 칸의 크기를 5개로 하면 세로 눈금은 70÷5=14(칸) 차이가 납니다.

5-2 5만 명

세로 눈금 5칸의 크기가 100만 명이므로 세로 눈금 한 칸의 크기는

100÷5=20(만 명)입니다.

신생아 수가 가장 많은 해는 2014년으로 420만 명이고, 가장 적은 해는 2017년으로 240만 명입니다.
(신생아 수가 가장 많은 해와 가장 적은 해의 신생아 수의 차)
$= 420 - 240 = 180$(만 명)
다시 그린 그래프는 180만 명이 36칸을 차지하므로 세로 눈금 한 칸의 크기를
$180 \div 36 = 5$(만 명)으로 한 것입니다.

130~131쪽

세로 눈금 5칸의 크기가 5 kg이므로
세로 눈금 한 칸의 크기는 $5 \div 5 = 1$(kg)입니다.
두 사람의 몸무게의 차가 가장 작은 때는 두 꺾은선 사이의 간격이 가장 작은 9살 때입니다.
이때 민선이의 몸무게는 27 kg이고, 윤민이의 몸무게는 25 kg이므로
(두 사람의 몸무게의 차)$= 27 - 25 = 2$(kg)입니다.

6-1 14회

세로 눈금 5칸의 크기가 10회이므로 세로 눈금 한 칸의 크기는 $10 \div 5 = 2$(회)입니다.
두 사람의 기록의 차가 가장 큰 때는 두 꺾은선 사이의 간격이 가장 큰 수요일입니다.
이때 근형이의 팔굽혀펴기 횟수는 28회이고 수연이의 팔굽혀펴기 횟수는 14회이므로
(두 사람의 기록의 차)$= 28 - 14 = 14$(회)입니다.

6-2 4℃

세로 눈금 5칸의 크기가 5℃이므로 세로 눈금 한 칸의 크기는 $5 \div 5 = 1$(℃)입니다.
A 도시의 기온이 B 도시의 기온보다 더 높은 때는 빨간색 꺾은선이 파란색 꺾은선보다 위에 있을 때이므로 오후 3시 이후입니다.
오후 3시 이후 기온의 차가 가장 큰 때는 두 꺾은선 사이의 간격이 가장 큰 오후 6시입니다.
오후 6시에 A 도시의 기온은 11℃이고, B 도시의 기온은 7℃이므로
(두 도시의 기온의 차)$= 11 - 7 = 4$(℃)입니다.

132~133쪽

왼쪽 꺾은선그래프는 세로 눈금 한 칸의 크기가 $100 \div 5 = 20$(개)이고,
오른쪽 꺾은선그래프는 세로 눈금 한 칸의 크기가 $50 \div 5 = 10$(개)입니다.
판매량이 가장 많은 날과 가장 적은 날의 판매량의 차를 각각 구하면
초코 쿠키: $220 - 100 = 120$(개), 딸기 쿠키: $230 - 150 = 80$(개)
따라서 판매량이 가장 많은 날과 가장 적은 날의 판매량의 차가 더 큰 쿠키는
초코 쿠키입니다.

7-1 단단 공장

왼쪽 꺾은선그래프는 세로 눈금 한 칸의 크기가 $100 \div 5 = 20$(자루)이고,
오른쪽 꺾은선그래프는 세로 눈금 한 칸의 크기가 $200 \div 5 = 40$(자루)입니다.
생산량이 가장 많은 달과 가장 적은 달의 생산량의 차를 각각 구하면
튼튼 공장: $750 - 570 = 180$(자루), 단단 공장: $480 - 280 = 200$(자루)
따라서 생산량이 가장 많은 달과 가장 적은 달의 생산량의 차가 더 큰 공장은 단단 공장
입니다.

7-2 ㉯ 과수원

왼쪽 꺾은선그래프는 세로 눈금 한 칸의 크기가 $1000 \div 5 = 200$(개)이고,
오른쪽 꺾은선그래프는 세로 눈금 한 칸의 크기가 $1500 \div 5 = 300$(개)입니다.
수확량이 가장 많았던 해와 가장 적었던 해의 수확량의 차를 각각 구하면
㉮ 과수원: $3600 - 1800 = 1800$(개), ㉯ 과수원: $3600 - 2000 = 1600$(개),
㉰ 과수원: $4800 - 2700 = 2100$(개), ㉱ 과수원: $3600 - 2400 = 1200$(개)
따라서 수확량이 가장 많은 해와 가장 적은 해의 수확량의 차가 가장 큰 과수원은 ㉰ 과
수원입니다.

134~135쪽

가로 눈금 4칸의 크기가 1시간이므로
가로 눈금 한 칸의 크기는 15분입니다.
꺾은선그래프에서 제현이가 움직인 구간은 선이 기울어진 구간이므로
집에서 친구네 집까지 가는 데 자전거를 타고 움직인 시간은
15분＋15분＋15분＝45분입니다.

8-1 45분

우진이는 출발하여 5분 동안 뛰다가 그 후로는 걸어갔으므로 5분 후의 꺾은선그래프에
서 우진이가 1분 동안 걷는 거리를 구합니다.
우진이는 $25 - 5 = 20$(분) 동안 $900 - 500 = 400$(m)를 걸었으므로
(우진이가 1분 동안 걸은 거리)$= 400 \div 20 = 20$(m)입니다.
따라서 우진이가 처음부터 걸어간다면 마트까지 가는 데 $900 \div 20 = 45$(분) 걸립니다.

8-2 15분

윤혁이는 출발하여 10분 동안 뛰다가 그 후로 걸어갔으므로 10분 후의 꺾은선그래프에
서 윤혁이가 1분 동안 걷는 거리를 구합니다.
윤혁이는 $30 - 10 = 20$(분) 동안 $1800 - 1000 = 800$(m)를 걸었으므로
(윤혁이가 1분 동안 걷는 거리)$= 800 \div 20 = 40$(m)입니다.
따라서 윤혁이가 처음부터 걸어간다면 공원까지 가는 데
$1800 \div 40 = 45$(분)이 걸리므로 형보다 $45 - 30 = 15$(분) 늦게 도착합니다.

1 목요일, 800000원

전체 입장료가 줄어든 날은 관람객 수가 줄어든 날입니다.

관람객 수가 줄어든 날은 꺾은선이 오른쪽 아래로 내려간 때이므로 목요일입니다.

관람객 수는 수요일에 320명, 목요일에 240명이므로 $320-240=80$(명) 줄었습니다.

따라서 전체 입장료는 $10000 \times 80 = 800000$(원) 줄었습니다.

2 4분과 5분 사이, 16 L

그래프에서 선분의 기울어진 정도가 가장 심한 때를 찾으면 4분과 5분 사이입니다.

따라서 물이 가장 많이 흘러나온 때는 4분과 5분 사이입니다.

세로 눈금 한 칸의 크기는 $20 \div 5 = 4$(L)이고 4분과 5분 사이에 칸 수의 차는 4칸이므로 4분과 5분 사이에 흘러나온 물은 $4 \times 4 = 16$(L)입니다.

3 약 2 kg

9살인 해의 7월에 진아의 몸무게는 24 kg과 28 kg의 중간값인

약 $(24+28) \div 2 = 26$(kg)이고, 정민이의 몸무게는 23 kg과 25 kg의 중간값인

약 $(23+25) \div 2 = 24$(kg)입니다.

따라서 두 사람의 몸무게의 차는 약 $26-24=2$(kg)입니다.

4 3번

두 그래프가 만나는 때를 찾아보면 가로 눈금이 9살과 10살 사이, 11살과 12살 사이, 14살과 15살 사이입니다. 따라서 두 사람의 키가 같은 때는 모두 3번입니다.

5 300

세로 눈금 $3+6+7+11+8=35$(칸)이 700 MB를 나타내므로

세로 눈금 한 칸의 크기는 $700 \div 35 = 20$(MB)입니다.

➡ ㉠$=20 \times 5 = 100$, ㉡$=20 \times 10 = 200$이므로 ㉠$+$㉡$=100+200=300$

6 11000원

빨간색 선이 파란색 선보다 위에 있으면 저금한 금액이 더 많은 것이므로 차이 나는 금액만큼 더하고, 빨간색 선이 파란색 선보다 아래에 있으면 찾은 금액이 더 많은 것이므로 차이 나는 금액만큼 뺍니다.

➡ (12월 31일에 통장에 남아 있는 돈)
  $=4000+11000-6000+5000-3000=11000$(원)

다른 풀이
(5개월 동안 저금한 금액)$=23000+26000+17000+24000+21000=111000$(원)
(5개월 동안 찾은 금액)$=19000+15000+23000+19000+24000=100000$(원)
(12월 31일에 통장에 남아 있는 돈)$=111000-100000=11000$(원)

서술형 **7** 11분

⑩ 물을 담기 시작한 지 4분 후부터 수도꼭지를 2개로 하여 물을 담았습니다.

수도꼭지를 2개 사용하는 구간에서는 1분에 30 L씩 물이 찹니다.

물을 가득 담는 데까지 걸리는 시간은 $4+(270-60) \div 30 = 4+7=11$(분)입니다.

채점 기준	배점
수도꼭지를 2개로 하여 물을 담는 구간을 찾았나요?	1점
수도꼭지를 2개 사용하는 구간에서 1분에 얼마만큼 물이 차는지 구했나요?	2점
물을 가득 담는 데까지 걸리는 시간을 구했나요?	2점

8 풀이 참조

서점에 방문한 사람 수

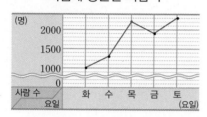

목요일에서 금요일까지 줄어든 사람 수를 □명이라 하면 수요일에서 목요일까지 늘어난 사람 수는 (□×3)명입니다.

(□×3)−□=1900−1300=600, □×2=600, □=300

➡ (목요일에 서점에 방문한 사람 수)=1300+(300×3)=1300+900=2200(명)

9 풀이 참조

수학 점수

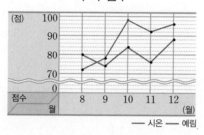

— 시온 — 예림

(예림이의 수학 점수의 합)=80+74+84+76+88=402(점)

(시온이의 수학 점수의 합)=402+34=436(점)

➡ (10월의 시온이의 수학 점수)

=436−(72+78+92+96)=436−338=98(점)

10 900000원

왼쪽 꺾은선그래프에서 수요일의 도넛 생산량은 1700개입니다.

오른쪽 막대그래프에서 수요일의 종류별 도넛 생산량을 보면

도넛 ㉠: 350개, 도넛 ㉡: 600개, 도넛 ㉣: 300개이므로

(수요일에 생산한 도넛 ㉢의 개수)=1700−(350+600+300)=450(개)

따라서 수요일에 생산한 도넛 ㉢의 판매 금액은 모두 2000×450=900000(원)입니다.

Brain 👍

(위에서부터) 6, 5, 4, 3 / 4, 3, 2, 6 / 5, 1, 4, 2 / 4, 1 / 3, 5, 6, 4 / 6, 4, 2

6 다각형

1 다각형과 정다각형

1 나, 다, 라, 사

2 나, 라

3 정구각형, 72 cm

변이 9개인 정다각형은 정구각형입니다.
(정구각형의 둘레)=8×9=72(cm)입니다.

4 정십이각형

정다각형은 변의 길이가 모두 같으므로 (변의 수)=24÷2=12(개)입니다.
따라서 변의 수가 12개인 정다각형은 정십이각형입니다.

5 1080°

정팔각형은 삼각형 8-2=6(개)로 나눌 수 있습니다.
(정팔각형의 모든 각의 크기의 합)=180°×6=1080°입니다.

6 144°

(정십각형의 한 각의 크기)
=180°×(10-2)÷10=180°×8÷10=1440°÷10=144°

7 70°

다각형에서 내각과 외각의 크기의 합은 180°이므로 ㉠=180°-110°=70°입니다.

2 대각선

1 가, 나

두 대각선이 서로 수직으로 만나는 사각형은 마름모, 정사각형입니다.

2 나, 라

두 대각선의 길이가 같은 사각형은 직사각형, 정사각형입니다.

3 정사각형

네 각의 크기가 모두 같은 사각형은 직사각형, 정사각형이고 그중
두 대각선이 서로 수직으로 만나는 사각형은 정사각형입니다.

4 14개

오른쪽 도형은 변의 수가 7개이므로 칠각형입니다.
따라서 칠각형에 그을 수 있는 대각선의 수는 (7-3)×7÷2=14(개)입니다.

5 35개

십각형에 그을 수 있는 대각선의 수는 $(10-3) \times 10 \div 2 = 35$(개)입니다.

6 20개

다각형의 꼭짓점의 수를 □개라 하면 한 꼭짓점에서 그을 수 있는 대각선은 (□−3)개
이므로 □−3=5, □=8입니다.
따라서 이 다각형은 팔각형이고, 팔각형에 그을 수 있는 대각선의 수는
$(8-3) \times 8 \div 2 = 20$(개)입니다.

3 여러 가지 모양 만들기와 모양 채우기

146~147쪽

1 나, 마, 바

2 다

가 모양 조각 3개로 만들 수 있는 모양 조각은 다입니다.

3 6개, 3개, 2개

라 모양 조각은 가, 나, 다 모양 조각으로 다음과 같이 채울 수 있습니다.

4 풀이 참조

5 풀이 참조

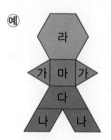

6 예

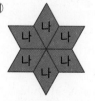

가 모양 조각 3개, 다 모양 조각 3개로 채우는 방법도 있습니다.

(정다각형을 한 개 만드는 데 사용한 철사의 길이)
=(처음 가지고 있던 철사의 길이)−(남은 철사의 길이)
=120−24=96(cm)
(정다각형의 변의 수)
=(정다각형을 한 개 만드는 데 사용한 철사의 길이)÷(한 변의 길이)
=96÷8=12(개)
따라서 만든 정다각형의 이름은 정십이각형입니다.

1-1 정십오각형

(정다각형을 한 개 만드는 데 사용한 철사의 길이)=200−20=180(cm)
(한 변의 길이가 12 cm인 정다각형의 변의 수)=180÷12=15(개)이므로 정십오각형
입니다.

1-2 정십각형

(정육각형을 만드는 데 사용한 색 테이프의 길이)=5×6=30(cm)
(한 변의 길이가 6 cm인 정다각형을 만드는 데 사용한 색 테이프의 길이)
=90−30=60(cm)
(한 변의 길이가 6 cm인 정다각형의 변의 수)=60÷6=10(개)이므로 정십각형입니
다.

서술형 **1-3** 정구각형

㉔ 정팔각형을 만드는 데 사용한 끈의 길이는 4×8=32(cm)이므로
정팔각형을 만들고 남은 끈의 길이는 100−32=68(cm)입니다.
한 변의 길이가 7 cm인 정다각형을 만드는 데 사용한 끈의 길이는 68−5=63(cm)입
니다.
한 변의 길이가 7 cm인 정다각형의 변의 수는 63÷7=9(개)이므로 정구각형입니다.

채점 기준	배점
정팔각형을 만들고 남은 끈의 길이를 구했나요?	2점
한 변의 길이가 7 cm인 정다각형을 만드는 데 사용한 끈의 길이를 구했나요?	1점
한 변의 길이가 7 cm인 정다각형의 변의 수와 이름을 구했나요?	2점

1-4 8 cm

(정오각형의 둘레)=13×5=65(cm)이므로
(정십삼각형의 한 변의 길이)=65÷13=5(cm)
따라서 한 변의 길이는 13−5=8(cm) 짧아집니다.

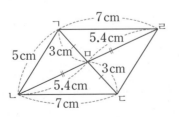

평행사변형의 한 대각선은 다른 대각선을 반으로 나눕
니다.
(선분 ㄴㅁ)=(선분 ㄹㅁ)=5.4 cm
(선분 ㄷㅁ)=6÷2=3(cm)
평행사변형에서 마주 보는 변의 길이는 같으므로

(선분 ㄴㄷ)=(선분 ㄱㄹ)=7 cm입니다.

➡ (삼각형 ㅁㄴㄷ의 둘레)
   =5.4+3+7=15.4(cm)

2-1 18 cm

평행사변형의 한 대각선은 다른 대각선을 반으로 나누므로

(선분 ㄴㅁ)=10÷2=5(cm), (선분 ㄱㅁ)=14÷2=7(cm)입니다.

따라서 삼각형 ㄱㄴㅁ의 둘레는 6+5+7=18(cm)입니다.

2-2 18 cm

직사각형은 마주 보는 변의 길이가 같으므로 (선분 ㄴㄷ)=(선분 ㄱㄹ)=8 cm

직사각형의 두 대각선은 길이가 같고 한 대각선이 다른 대각선을 반으로 나누므로

(선분 ㄴㅁ)=(선분 ㅁㄷ)=10÷2=5(cm)

따라서 삼각형 ㅁㄴㄷ의 둘레는 5+8+5=18(cm)입니다.

2-3 10 cm

마름모는 네 변의 길이가 같으므로 (선분 ㄱㄴ)=(선분 ㄱㄹ)=20 cm이므로

(각 ㄱㄴㄹ)=(각 ㄱㄹㄴ)=(180°−60°)÷2=60°입니다.

삼각형 ㄱㄴㄹ은 정삼각형이므로 (선분 ㄴㄹ)=20 cm입니다.

마름모의 한 대각선은 다른 대각선을 반으로 나누므로 (선분 ㄴㅁ)=20÷2=10(cm)

입니다.

2-4 12 cm

합이 14이고 차가 2인 두 수를 알아봅니다.

두 수	13	12	11	10	9	8	7
	1	2	3	4	5	6	7
차	12	10	8	6	4	2	0

합이 14이고 차가 2인 두 수는 8과 6이므로 (선분 ㄴㄹ)=8 cm,

(선분 ㄱㄷ)=6 cm입니다.

마름모의 한 대각선은 다른 대각선을 반으로 나누므로

(선분 ㄴㅁ)=8÷2=4(cm)이고, (선분 ㄱㅁ)=6÷2=3(cm)입니다.

따라서 삼각형 ㄱㄴㅁ의 둘레는 5+4+3=12(cm)입니다.

152~153쪽

대표문제 **3**

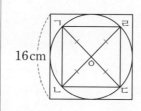

(큰 정사각형의 한 변의 길이)=(원의 지름)=16 cm

원의 지름과 선분 ㄴㄹ의 길이가 같고 선분 ㄴㄹ은

사각형 ㄱㄴㄷㄹ의 대각선입니다.

정사각형은 한 대각선이 다른 대각선을 반으로 나누므로

(선분 ㄴㅇ)=(선분 ㄴㄹ)÷2=16÷2=8(cm)입니다.

3-1 80 cm

원의 반지름이 20 cm이므로 원의 지름은 40 cm입니다.

직사각형 ㄱㄴㄷㄹ의 한 대각선의 길이는 원의 지름과 같으므로 두 대각선의 길이의 합은 40＋40＝80(cm)입니다.

3-2 15 cm

(큰 정사각형의 한 변의 길이)＝(원의 지름)＝30 cm

원의 지름과 선분 ㄱㄷ의 길이가 같고 선분 ㄱㄷ은 사각형 ㄱㄴㄷㄹ의 대각선입니다.

정사각형은 한 대각선이 다른 대각선을 반으로 나누므로

(선분 ㄱㅇ)＝(선분 ㄱㄷ)÷2＝30÷2＝15(cm)입니다.

3-3 52 cm

(큰 정사각형의 한 변의 길이)＝(원의 지름)＝26 cm

(원의 지름)＝(선분 ㄱㄷ)＝(선분 ㄴㄹ)＝26 cm

정사각형은 대각선의 길이가 같으므로

사각형 ㄱㄴㄷㄹ의 대각선의 길이의 합은 26＋26＝52(cm)입니다.

154~155쪽

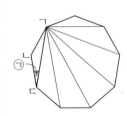

정구각형의 한 각의 크기를 먼저 구합니다.

정구각형은 삼각형 7개로 나눌 수 있으므로

(정구각형의 모든 각의 크기의 합)＝$180° \times 7 = 1260°$이고,

(정구각형의 한 각의 크기)＝$1260° \div 9 = 140°$입니다.

(변 ㄱㄴ)＝(변 ㄴㄷ)이므로 삼각형 ㄱㄴㄷ은 이등변삼각형입니다.

따라서 ㉠＝$(180° - 140°) \div 2 = 20°$입니다.

4-1 15°

정십이각형은 사각형 5개로 나눌 수 있으므로

(정십이각형의 모든 각의 크기의 합)＝$360° \times 5 = 1800°$입니다.

정십이각형은 모든 각의 크기가 같으므로

(정십이각형의 한 각의 크기)＝$1800° \div 12 = 150°$입니다.

(변 ㄱㄴ)＝(변 ㄴㄷ)이므로 삼각형 ㄱㄷㄴ은 이등변삼각형입니다.

따라서 ㉠＝$(180° - 150°) \div 2 = 15°$입니다.

서술형 **4-2** 120°

예 정육각형은 삼각형 4개로 나눌 수 있으므로 (정육각형의 모든 각의 크기의 합)

＝$180° \times 4 = 720°$이고, (정육각형의 한 각의 크기)＝$720° \div 6 = 120°$입니다.

(변 ㄱㄴ)＝(변 ㄴㄷ)이고 삼각형 ㄱㄴㄷ은 이등변삼각형이므로

(각 ㄴㄱㄷ)＝$(180° - 120°) \div 2 = 30°$입니다.

같은 방법으로 삼각형 ㄱㄴㅂ은 이등변삼각형이므로 (각 ㄱㄴㅂ)＝30°입니다.

따라서 삼각형 ㄱㄴㅅ에서 ㉠＝$180° - 30° - 30° = 120°$입니다.

채점 기준	배점
정육각형의 한 각의 크기를 구했나요?	2점
각 ㄴㄱㄷ과 각 ㄱㄴㅂ의 크기를 구했나요?	2점
㉠의 크기를 구했나요?	1점

4-3 180°

정오각형은 삼각형 3개로 나눌 수 있으므로
(정오각형의 모든 각의 크기의 합)=180°×3=540°입니다.
정오각형은 모든 각의 크기가 같으므로
(정오각형의 한 각의 크기)=540°÷5=108°입니다.
정오각형의 모든 변의 길이는 같으므로 삼각형 ㄱㄴㄷ,
삼각형 ㄱㄹㅁ은 이등변삼각형입니다.
(각 ㄴㄱㄷ)=(각 ㄹㄱㅁ)=(180°−108°)÷2=36°입니다.
➡ ㉠=108°−36°−36°=36°
같은 방법으로 구해 보면 ㉠=㉡=㉢=㉣=㉤=36°입니다.
따라서 ㉠+㉡+㉢+㉣+㉤=36°×5=180°입니다.

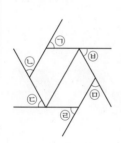

한 직선이 이루는 각의 크기는 180°이므로 직선 6개가 이루는
각의 크기는 180°×6=1080°입니다.
정육각형은 사각형 2개로 나눌 수 있으므로
(정육각형의 모든 각의 크기의 합)=360°×2=720°입니다.
따라서 ㉠+㉡+㉢+㉣+㉤+㉥
=1080°−720°=360°입니다.

5-1 36°

정십각형은 사각형 4개로 나눌 수 있으므로
(정십각형의 모든 각의 크기의 합)=360°×4=1440°입니다.
(정십각형의 한 각의 크기)=1440°÷10=144°
따라서 ㉠=180°−144°=36°입니다.

5-2 360°

한 직선이 이루는 각의 크기는 180°이므로 직선 5개가 이루는 각의 크기는
180°×5=900°입니다.
정오각형은 삼각형 3개로 나눌 수 있으므로
(정오각형의 모든 각의 크기의 합)=180°×3=540°입니다.
따라서 ㉠+㉡+㉢+㉣+㉤=900°−540°=360°입니다.

5-3 12°

정육각형의 한 각의 크기는 (360°×2)÷6=120°이고,
정오각형의 한 각의 크기는 (180°×3)÷5=108°입니다.

한 바퀴가 이루는 각은 360°이므로 ㉠=360°-120°-120°-108°=12°입니다.

5-4 126°

정오각형의 한 각의 크기는 (180°×3)÷5=108°이고,
정팔각형의 한 각의 크기는
(360°×3)÷8=1080°÷8=135°입니다.
㉡=180°-108°=72°, ㉢=180°-135°=45°,
㉣=360°-108°-135°=117°입니다.
사각형의 네 각의 크기의 합은 360°이므로
㉠=360°-72°-45°-117°=126°입니다.

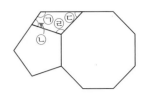

평행사변형 모양 조각 2개를 사용하여 모양을 만들고, 남은 모양 조각 1개를 더 붙입니다.

평행사변형 모양 조각 2개로 만들 수 있는 모양은 와 2가지입니다.

 모양에 평행사변형 모양 조각 1개를 더 붙여 만들 수 있는 모양: 6가지

 모양에 평행사변형 모양 조각 1개를 더 붙여 만들 수 있는 모양: 3가지

따라서 평행사변형 모양 조각 3개를 사용하여 만들 수 있는 모양은 모두
6+3=9(가지)입니다.

6-1 3가지

정삼각형 모양 조각 3개로 만들 수 있는 모양: 1가지

여기에 남은 모양 조각 1개를 더 붙여 만들 수 있는 모양: 3가지

따라서 정삼각형 모양 조각 4개를 사용하여 만들 수 있는 모양은 모두 3가지입니다.

6-2 5가지

정사각형 모양 조각 3개로 만들 수 있는 모양: 2가지

에 정사각형 모양 조각 1개를 붙여 만들 수 있는 모양: 3가지

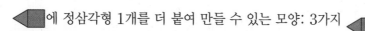

에 정사각형 모양 조각 1개를 붙여 만들 수 있는 모양: 2가지

따라서 정사각형 모양 조각 4개로 만들 수 있는 모양은 모두 3+2=5(가지)입니다.

6-3 3가지

정삼각형 1개와 정사각형 1개를 사용하여 만들 수 있는 모양: 1가지

에 정삼각형 1개를 더 붙여 만들 수 있는 모양: 3가지

대표문제 7

오른쪽 모양을 가 모양 조각과 마 모양 조각으로 나누어 봅니다.
오른쪽 모양은 가 모양 조각 7개, 마 모양 조각 4개로 만든 모양이므로
오른쪽 모양의 크기는 약 $1 \times 7 + 2 \times 4 = 15$입니다.

7-1 6

오른쪽 모양을 왼쪽 모양 조각으로 만들면 그림과 같습니다.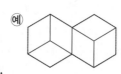
왼쪽 모양 조각 6개로 만든 모양이므로
왼쪽 모양 조각의 크기가 1이면 오른쪽 모양의 크기는 6입니다.

7-2 약 16

오른쪽 모양을 가와 마로 나누어 봅니다.
오른쪽 모양은 가 모양 조각 12개,
마 모양 조각 2개로 만든 모양이므로
오른쪽 모양의 크기는
약 $1 \times 12 + 2 \times 2 = 12 + 4 = 16$입니다.

7-3 약 32

 나는 가가 2개이므로 나의 크기는 2

 다는 가가 3개이므로 다의 크기는 3

 라는 가가 6개이므로 라의 크기는 6

오른쪽 모양은 나 모양 조각 2개, 다 모양 조각 2개, 라 모양 조각 3개, 마 모양 조각 2개로 만든 모양이므로 오른쪽 모양의 크기는 약 $2 \times 2 + 3 \times 2 + 6 \times 3 + 2 \times 2 = 32$입니다.

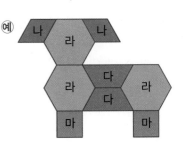

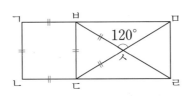

한 직선이 이루는 각은 180°이므로
(각 ㅂㅅㄷ)＝180°－120°＝60°입니다.
직사각형은 두 대각선의 길이가 같고 한 대각선이 다른 대각선을 반으로 나누므로
(선분 ㅂㅅ)＝(선분 ㄷㅅ)＝32÷2＝16(cm)이고,
(각 ㄷㅂㅅ)＝(각 ㅂㄷㅅ)＝(180°－60°)÷2＝60°입니다.
삼각형 ㅂㄷㅅ은 정삼각형이고 한 변이 16 cm이므로
(정사각형 ㄱㄴㄷㅂ의 둘레)
＝16×4＝64(cm)입니다.

8-1 48 cm

한 직선이 이루는 각은 180°이므로 (각 ㅂㅅㄷ)＝180°－120°＝60°입니다.
직사각형은 두 대각선의 길이가 같고 한 대각선이 다른 대각선을 반으로 나누므로
(선분 ㅂㅅ)＝(선분 ㄷㅅ)＝24÷2＝12(cm)이고,
(각 ㅅㅂㄷ)＝(각 ㅅㄷㅂ)＝(180°－60°)÷2＝60°입니다.
삼각형 ㅂㅅㄷ은 정삼각형이고 한 변이 12 cm이므로
(정사각형 ㅂㄷㄹㅁ의 둘레)＝12×4＝48(cm)입니다.

8-2 54 cm

마주 보는 각의 크기는 같으므로 (각 ㄱㄴㄷ)＝60°입니다.
직사각형은 두 대각선의 길이가 같고 한 대각선이 다른 대각선을 반으로 나누므로
(선분 ㄴㄱ)＝(선분 ㄴㄷ)＝18÷2＝9(cm)이고,
(각 ㄴㄱㄷ)＝(각 ㄴㄷㄱ)＝(180°－60°)÷2＝60°입니다.
삼각형 ㄱㄴㄷ은 정삼각형이고 한 변이 9 cm이므로 정육각형의 한 변의 길이는 9 cm 입니다.
따라서 (정육각형의 둘레)＝9×6＝54(cm)입니다.

보충 개념

두 직선이 한 점에서 만날 때, 서로 마주 보는 각의 크기는 같습니다.

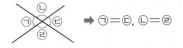

8-3 92 cm

삼각형 ㄹㄴㄷ에서 (각 ㄴㄹㄷ)=180°−30°−90°=60°
직사각형은 두 대각선의 길이가 같고 한 대각선이 다른 대각선을 반으로
나누므로 (선분 ㅁㄹ)=(선분 ㅁㄷ)=46÷2=23(cm)이고,
(각 ㅁㄹㄷ)=(각 ㅁㄷㄹ)=60°, (각 ㄹㅁㄷ)=180°−60°−60°=60°입니다.
삼각형 ㄹㅁㄷ은 정삼각형이고 삼각형 ㄹㄷㅂ도 정삼각형이므로
(선분 ㄹㅁ)=(선분 ㅁㄷ)=(선분 ㄷㅂ)=(선분 ㅂㄹ)=23 cm입니다.
따라서 (사각형 ㄹㅁㄷㅂ의 둘레)=23×4=92(cm)입니다.

1 10°

마름모에서 이웃하는 두 각의 크기의 합이 180°이므로
(각 ㅁㅂㅅ)=180°−(각 ㅂㅁㅇ)=180°−140°=40°입니다.
정육각형의 한 각의 크기는 (360°×2)÷6=120°이므로 (각 ㄱㅂㅁ)=120°이고,
(각 ㄱㅂㅅ)=120°+40°=160°입니다.
변 ㄱㅂ의 길이와 변 ㅂㅅ의 길이가 같으므로 삼각형 ㄱㅂㅅ은 이등변삼각형입니다.
따라서 ㉠=(180°−160°)÷2=10°입니다.

서술형
2 11개

㈎ 정팔각형에 그을 수 있는 대각선의 수는 (8−3)×8÷2=20(개)입니다.
정육각형에 그을 수 있는 대각선의 수는 (6−3)×6÷2=9(개)입니다.
따라서 대각선의 수의 차는 20−9=11(개)입니다.

채점 기준	배점
정팔각형에 그을 수 있는 대각선의 수를 구했나요?	2점
정육각형에 그을 수 있는 대각선의 수를 구했나요?	2점
대각선의 수의 차를 구했나요?	1점

3 540°

보조선을 그으면 그림은 오각형이 됩니다.
◎=㊀이므로 ㊅+㊂=㊀+㊃입니다.
㉠, ㉡, ㉢, ㉣, ㉤, ㊅, ㊂의 합은
㉠, ㉡, ㉢, ㉣, ㉤, ㊀, ㊃의 합과 같으므로
오각형의 모든 각의 크기의 합과 같습니다.
따라서 오각형은 삼각형 3개로 나눌 수 있으므로 ㉠, ㉡, ㉢, ㉣, ㉤, ㊅, ㊂의
합은 180°×3=540°입니다.

보충 개념

◎과 ㊀은 두 직선이 한 점에서 만날 때 서로 마주 보는 각이므로 크기가 같습니다.
➡ ◎=㊀

4 54개

구하는 정다각형의 변의 수를 □개라고 하면
(□−2)개의 삼각형으로 나눌 수 있습니다.
(□−2)×180＝1800, □−2＝10, □＝12
따라서 정십이각형이므로 대각선의 수는 (12−3)×12÷2＝54(개)입니다.

5 30 cm

마름모의 두 대각선은 수직으로 만나므로 (각 ㄴㄱ)＝90°이고
삼각형 ㄱㄴㅇ에서 (각 ㄴㄱㅇ)＝180°−30°−90°＝60°입니다.
마름모는 네 변의 길이가 모두 같으므로 (변 ㄱㄴ)＝(변 ㄴㄷ),
삼각형 ㄱㄴㄷ은 이등변삼각형이므로 (각 ㄴㄷㅇ)＝(각 ㄴㄱㅇ)＝60°,
(각 ㄱㄴㄷ)＝180°−60°−60°＝60°이므로 삼각형 ㄱㄴㄷ은 정삼각형입니다.
마름모의 한 대각선은 다른 대각선을 반으로 나누므로
(선분 ㄱㅇ)＝(선분 ㅇㄷ)＝5 cm이고,
(선분 ㄱㄷ)＝5＋5＝10(cm)
➡ (선분 ㄱㄴ)＝(선분 ㄴㄷ)＝(선분 ㄱㄷ)＝10 cm
따라서 삼각형 ㄱㄴㄷ의 세 변의 길이의 합은 10＋10＋10＝30(cm)입니다.

6 정구각형, 36 cm

꼭짓점의 개수를 □개라고 하면 대각선의 수는 27개이므로
(□−3)×□÷2＝27, (□−3)×□＝54
차가 3이고 곱이 54인 두 수를 찾으면 9−6＝3, 6×9＝54이므로 □＝9
따라서 구하는 다각형은 정구각형이고, 둘레는 9×4＝36(cm)입니다.

7 마

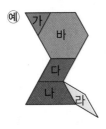

8 18개

사다리꼴 모양 조각 2개로 오른쪽과 같은 평행사변형을
만들 수 있습니다.
만든 평행사변형은 짧은 변에 18÷6＝3(개),
긴 변에 54÷18＝3(개)를 놓을 수 있으므로 모두 3×3＝9(개)가 필요합니다.
만든 평행사변형은 사다리꼴 모양 조각 2개로 이루어져 있으므로
사다리꼴 모양 조각은 모두 2×9＝18(개)가 필요합니다.

9 600 cm

정육각형을 3개씩 묶어 변의 수의 규칙을 찾습니다.

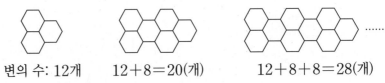

변의 수: 12개   12＋8＝20(개)   12＋8＋8＝28(개)

정육각형 21개를 이어 붙인 도형의 둘레의 변의 수는

$12+\underbrace{8+8+\cdots\cdots+8}_{6개}=12+8\times6=60$(개)입니다.

따라서 정육각형 21개를 이어 붙인 도형의 둘레는 $10\times60=600$(cm)입니다.

10 150°

정다각형이므로 (변 ㄱㄴ)=(변 ㄴㄷ)=(변 ㄷㄹ)=(변 ㄹㅁ),
(각 ㄱㄴㄷ)=(각 ㄴㄷㄹ)=(각 ㄷㄹㅁ)입니다.
삼각형 ㄴㄱㄷ, 삼각형 ㄹㄷㅁ은 이등변삼각형이므로
(각 ㄴㄱㄷ)=(각 ㄴㄷㄱ)=(각 ㄹㄷㅁ)=(각 ㄹㅁㄷ)입니다.
각 ㄴㄱㄷ의 크기를 ㉠이라고 하면
(각 ㄱㄴㄷ)=$180°-$㉠$-$㉠, (각 ㄴㄷㄹ)=㉠$+120°+$㉠
(각 ㄱㄴㄷ)=(각 ㄴㄷㄹ)이므로
$180°-$㉠$-$㉠$=$㉠$+120°+$㉠, ㉠$+$㉠$+$㉠$+$㉠$=60°$, ㉠$\times4=60°$ ➡ ㉠$=15°$
따라서 (각 ㄴㄷㄹ)=$15°+120°+15°=150°$이므로
정다각형의 한 각의 크기는 150°입니다.

1 분수의 덧셈과 뺄셈

1 5

어떤 수를 □라 하면 잘못 계산한 식은

$$\square+1\frac{7}{9}=8\frac{5}{9} \Rightarrow \square=8\frac{5}{9}-1\frac{7}{9}=7\frac{14}{9}-1\frac{7}{9}=6\frac{7}{9}$$

따라서 바르게 계산하면 $6\frac{7}{9}-1\frac{7}{9}=5$입니다.

2 26 m

$$(직사각형의 가로)=6\frac{6}{8}-\frac{7}{8}=5\frac{14}{8}-\frac{7}{8}=5\frac{7}{8}(m)$$

$$(직사각형의 네 변의 길이의 합)=5\frac{7}{8}+6\frac{6}{8}+5\frac{7}{8}+6\frac{6}{8}=22\frac{26}{8}=25\frac{2}{8}(m)$$

따라서 철사를 적어도 26 m를 사야 합니다.

3 $11\frac{2}{9}$

두 대분수의 분모가 같아야 하므로 분모에는 수 카드가 2장인 9를 놓아야 합니다.

$8>6>5>2$이므로 가장 큰 대분수는 $8\frac{6}{9}$, 가장 작은 대분수는 $2\frac{5}{9}$입니다.

따라서 만들 수 있는 가장 큰 대분수와 가장 작은 대분수의 합은

$8\frac{6}{9}+2\frac{5}{9}=10\frac{11}{9}=11\frac{2}{9}$입니다.

4 $16\frac{4}{13}$ km

(㉭에서 ㉮까지의 거리)

$$=(㉯~㉮)-(㉯~㉭)=7\frac{2}{13}-2\frac{12}{13}=6\frac{15}{13}-2\frac{12}{13}=4\frac{3}{13}(km)$$

$\Rightarrow$ (㉠에서 ㉮까지의 거리)$=(㉠~㉯)+(㉯~㉭)+(㉭~㉮)$

$$=3\frac{6}{13}+8\frac{8}{13}+4\frac{3}{13}=15\frac{17}{13}=16\frac{4}{13}(km)$$

5 3

$㉠\star2\frac{4}{7}=㉠+2\frac{4}{7}+2\frac{4}{7}=㉠+4\frac{8}{7}=㉠+5\frac{1}{7}=8\frac{1}{7}$

$\Rightarrow ㉠=8\frac{1}{7}-5\frac{1}{7}=3$

6 5일

승미가 2일 동안 하는 일의 양은 전체의 $\frac{3}{18}+\frac{3}{18}=\frac{6}{18}$이고

남은 일의 양은 $1-\frac{6}{18}=\frac{12}{18}$입니다.

승미와 유주가 하루에 하는 일의 양은

$\dfrac{3}{18}+\dfrac{1}{18}=\dfrac{4}{18}$이고 $\dfrac{4}{18}+\dfrac{4}{18}+\dfrac{4}{18}=\dfrac{12}{18}$이므로 남은 일은 3일 동안 하면 끝낼 수

있습니다.

따라서 승미가 일을 시작한 지 $2+3=5$(일) 만에 끝낼 수 있습니다.

7 $7\dfrac{5}{15}$ m

(연못의 깊이의 2배)
$=$(막대 전체의 길이)$-$(물에 젖지 않은 부분의 길이)
$=20\dfrac{7}{15}-5\dfrac{12}{15}=19\dfrac{22}{15}-5\dfrac{12}{15}=14\dfrac{10}{15}$(m)

➡ $14\dfrac{10}{15}=7\dfrac{5}{15}+7\dfrac{5}{15}$이므로 연못의 깊이는 $7\dfrac{5}{15}$ m입니다.

8 $67\dfrac{13}{17}$

자연수 부분은 15부터 2씩 작아지고, 분수 부분의 분자는 1부터 2씩 커지는 규칙입니다.

➡ $15\dfrac{1}{17}+13\dfrac{3}{17}+11\dfrac{5}{17}+\cdots\cdots+1\dfrac{15}{17}$

$=(15+13+11+\cdots\cdots+3+1)+\left(\dfrac{1}{17}+\dfrac{3}{17}+\dfrac{5}{17}+\cdots\cdots+\dfrac{13}{17}+\dfrac{15}{17}\right)$

$=64+\dfrac{64}{17}=64+3\dfrac{13}{17}=67\dfrac{13}{17}$

다시 푸는
MATH MASTER

1 81, 82, 83

$8\dfrac{6}{11}-1\dfrac{3}{11}=7\dfrac{3}{11}$, $3\dfrac{2}{11}+4\dfrac{5}{11}=7\dfrac{7}{11}$

➡ $7\dfrac{3}{11}<\dfrac{\square}{11}<7\dfrac{7}{11}$에서 $\dfrac{80}{11}<\dfrac{\square}{11}<\dfrac{84}{11}$이므로

□ 안에 들어갈 수 있는 수는 81, 82, 83입니다.

2 $\dfrac{5}{6}$, $\dfrac{4}{6}$

두 진분수 중 큰 진분수를 $\dfrac{\blacksquare}{6}$, 작은 진분수를 $\dfrac{\blacktriangle}{6}$라 하면

$\dfrac{\blacksquare}{6}+\dfrac{\blacktriangle}{6}=1\dfrac{3}{6}=\dfrac{9}{6}$, $\dfrac{\blacksquare}{6}-\dfrac{\blacktriangle}{6}=\dfrac{1}{6}$이므로 $\blacksquare+\blacktriangle=9$, $\blacksquare-\blacktriangle=1$입니다.

두 식을 더하면 $\blacksquare+\blacktriangle+\blacksquare-\blacktriangle=\blacksquare+\blacksquare=10$이므로 $\blacksquare=5$이고,

$\blacksquare+\blacktriangle=9$에서 $5+\blacktriangle=9$, $\blacktriangle=4$입니다.

따라서 두 진분수의 분자는 5, 4이므로 두 진분수는 $\dfrac{5}{6}$, $\dfrac{4}{6}$입니다.

3 $23\frac{2}{4}$ cm

색 테이프 3장의 길이의 합은 $9 \times 3 = 27$ (cm)이고,

겹쳐진 부분의 길이의 합은 $1\frac{3}{4} + 1\frac{3}{4} = 2\frac{6}{4} = 3\frac{2}{4}$ (cm)이므로

이어 붙인 색 테이프의 전체 길이는 $27 - 3\frac{2}{4} = 26\frac{4}{4} - 3\frac{2}{4} = 23\frac{2}{4}$ (cm)입니다.

4 18

계산 결과가 가장 크려면 ◆와 ♥의 합이 가장 커야 하므로 가장 큰 수와 둘째로 큰 수인 9와 8을 놓아야 합니다.

➡ $9\frac{7}{13} + 8\frac{6}{13} = 9\frac{6}{13} + 8\frac{7}{13} = 17\frac{13}{13} = 18$,

$8\frac{7}{13} + 9\frac{6}{13} = 8\frac{6}{13} + 9\frac{7}{13} = 17\frac{13}{13} = 18$과 같이 덧셈식을 만들 수 있습니다.

5 $4\frac{4}{11}$ cm

(20분 동안 탄 양초의 길이) $= 25 - 21\frac{5}{11} = 24\frac{11}{11} - 21\frac{5}{11} = 3\frac{6}{11}$ (cm)

1시간은 20분의 3배이므로 1시간 동안 탄 양초의 길이는

$3\frac{6}{11} + 3\frac{6}{11} + 3\frac{6}{11} = 9\frac{18}{11} = 10\frac{7}{11}$ (cm)입니다.

따라서 1시간이 지난 후에 남은 양초의 길이는

$15 - 10\frac{7}{11} = 14\frac{11}{11} - 10\frac{7}{11} = 4\frac{4}{11}$ (cm)입니다.

6 오후 3시 12분 24초

9월 14일 오후 3시부터 9월 18일 오후 3시까지 4일 동안 빨라지는 시간은

$3\frac{6}{60} + 3\frac{6}{60} + 3\frac{6}{60} + 3\frac{6}{60} = 12\frac{24}{60}$ (분)입니다.

$12\frac{24}{60}$분은 12분 24초이므로 9월 18일 오후 3시에 이 시계가 가리키는 시각은

오후 3시 12분 24초입니다.

서술형 **7** $1\frac{2}{7}$ kg

예) 책 2권의 무게는 $7 - 4\frac{3}{7} = 6\frac{7}{7} - 4\frac{3}{7} = 2\frac{4}{7}$ (kg)입니다.

$2\frac{4}{7} = 1\frac{2}{7} + 1\frac{2}{7}$이므로 책 한 권의 무게는 $1\frac{2}{7}$ (kg)입니다.

채점 기준	배점
책 2권의 무게를 구했나요?	3점
책 1권의 무게를 구했나요?	2점

8 50 kg

(성우의 몸무게) + (경규의 몸무게) $= 34\frac{6}{13}$ (kg),

(성우의 몸무게) + (민호의 몸무게) $= 31\frac{11}{13}$ (kg),

(경규의 몸무게) + (민호의 몸무게) $= 33\frac{9}{13}$ (kg)이므로

3개의 식을 모두 더하면 {(성우의 몸무게) + (경규의 몸무게) + (민호의 몸무게)} $\times 2$

$$=34\frac{6}{13}+31\frac{11}{13}+33\frac{9}{13}=98\frac{26}{13}=100(\text{kg})\text{입니다.}$$

따라서 세 사람의 몸무게의 합은 $100\div2=50$이므로 50 kg입니다.

9 51

더하는 분수의 개수와 합의 관계를 알아봅니다.

$$\frac{1}{7}+\frac{2}{7}+\frac{3}{7}+\frac{4}{7}+\frac{5}{7}+\frac{6}{7}=3$$

$$\vdots$$

➡ 분모가 홀수인 연속하는 진분수의 합은 진분수 개수의 절반과 같습니다. 따라서 진분수의 합이 25이므로 진분수의 개수는 $25+25=50$(개)이고 $\square-1=50$, $\square=51$ 입니다.

10 ㉮ $2\frac{4}{9}$ ㉯ $5\frac{3}{9}$
㉰ $4\frac{8}{9}$

㉮+㉯+㉰$=12\frac{6}{9}$, ㉯$=$㉮$+2\frac{8}{9}$, ㉰$=$㉮$\times2$이므로

㉮+㉯+㉰$=$㉮$+($㉮$+2\frac{8}{9})+($㉮$\times2)=$㉮$\times4+2\frac{8}{9}=12\frac{6}{9}$,

㉮$\times4=12\frac{6}{9}-2\frac{8}{9}=11\frac{15}{9}-2\frac{8}{9}=9\frac{7}{9}=\frac{88}{9}$

➡ $\frac{88}{9}=\frac{22}{9}+\frac{22}{9}+\frac{22}{9}+\frac{22}{9}$이므로 ㉮$=\frac{22}{9}=2\frac{4}{9}$

㉯$=$㉮$+2\frac{8}{9}=2\frac{4}{9}+2\frac{8}{9}=4\frac{12}{9}=5\frac{3}{9}$, ㉰$=$㉮$\times2=$㉮$+$㉮$=2\frac{4}{9}+2\frac{4}{9}=4\frac{8}{9}$

2 삼각형

1 20°

삼각형 ㄱㄴㄹ에서 (각 ㄱㄹㄴ)$=180°-90°-50°=40°$이므로
(각 ㄴㄹㄷ)$=180°-40°=140°$입니다.
삼각형 ㄹㄴㄷ은 이등변삼각형이므로 각 ㄹㄴㄷ과 각 ㄹㄷㄴ의 크기가 같습니다.
(각 ㄹㄴㄷ)$=$(각 ㄹㄷㄴ)$=(180°-140°)\div2=20°$
➡ (각 ㄱㄷㄴ)$=20°$

2 10°

정삼각형은 세 각의 크기가 모두 같으므로
(각 ㄴㄱㄷ)$=$(각 ㄱㄴㄷ)$=$(각 ㄱㄷㄴ)$=60°$입니다.
삼각형 ㄹㄴㄷ은 이등변삼각형이므로
(각 ㄹㄴㄷ)$=$(각 ㄹㄷㄴ)$=(180°-80°)\div2=50°$입니다.
➡ ㉠$=60°-50°=10°$

3 70°

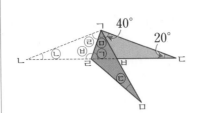

삼각형 ㄱㄴㄷ은 이등변삼각형이고 접혀진 부분의 각의 크기는 같으므로 ㉡=㉢=20°

㉣+㉤+40°=180°−20°−20°=140°,

㉣+㉤=100°, ㉣+㉤=㉣+㉣=50°+50°,

㉣=50°

삼각형 ㄱㄴㄹ에서 ㉂=180°−20°−50°=110° ➡ ㉠=180°−110°=70°

4 165°

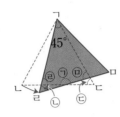

삼각형 ㄱㄴㄷ과 삼각형 ㄱㄹㅁ은 정삼각형이므로 ㉡=㉢=60°

㉣=180°−45°−㉢=180°−45°−60°=75°

㉤=180°−45°−㉡=180°−45°−60°=75°

➡ ㉠=360°−45°−㉣−㉤=360°−45°−75°−75°=165°

5 28개

한 변이 성냥개비 1개인 정삼각형: 18개

한 변이 성냥개비 2개인 정삼각형: 8개

한 변이 성냥개비 3개인 정삼각형: 2개

➡ (크고 작은 정삼각형의 수)=18+8+2=28(개)

6 ㉠ 80° ㉡ 50°

삼각형 ㄱㄴㅇ은 이등변삼각형이므로 (각 ㄴㄱㅇ)=40°입니다.

따라서 (각 ㅇㄱㄷ)=90°−40°=50°이고 삼각형 ㄱㅇㄷ은 이등변삼각형이므로

㉡=50°

➡ ㉠=180°−50°−50°=80°

7 ㉠ 15° ㉡ 60°

삼각형 ㄴㄷㅁ은 이등변삼각형이고 (각 ㄴㄷㅁ)=90°+60°=150°이므로

㉠=(180°−150°)÷2=15°입니다.

삼각형 ㄱㄷㄹ은 이등변삼각형이므로 (각 ㄹㄱㄷ)=(각 ㄱㄷㄹ)=45°이고,

삼각형 ㄷㄹㅁ에서 (각 ㄹㄷㅁ)=60°이므로

(각 ㅂㄷㅁ)=45°+60°=105°입니다.

따라서 삼각형 ㅂㄷㅁ에서 ㉡=180°−15°−105°=60°입니다.

8 8가지

➡ 8가지

1 58 cm

이등변삼각형 ㄱㄴㄷ의 둘레가 38 cm이므로

(변 ㄱㄷ)+(변 ㄷㄴ)=(이등변삼각형의 둘레)−(변 ㄱㄴ)=38−18=20(cm)입니다.

이등변삼각형은 두 변의 길이가 같으므로

(변 ㄱㄷ)=(변 ㄷㄴ)=20÷2=10(cm)입니다.

따라서 정삼각형의 한 변의 길이는 10 cm이므로

(이어 붙인 도형의 둘레)=18+10+10+10+10=58(cm)

2 36 cm

정삼각형 ㄹㅁㅂ의 한 변의 길이는 3×2=6(cm)이고,

정삼각형 ㄱㄴㄷ의 한 변의 길이는 6×2=12(cm)입니다.

따라서 정삼각형 ㄱㄴㄷ의 둘레는 12+12+12=36(cm)입니다.

3 90°

이등변삼각형 ㄴㄱㄹ에서 (각 ㄴㄱㄹ)=(각 ㄴㄹㄱ)=15°이므로

(각 ㄱㄴㄹ)=180°−15°−15°=150°입니다.

이등변삼각형 ㄴㄹㄷ에서 (각 ㄹㄴㄷ)=(각 ㄴㄷㄹ)=180°−150°=30°이므로

(각 ㄴㄹㄷ)=180°−30°−30°=120°입니다.

이등변삼각형 ㄷㄹㅁ에서 (각 ㄷㄹㅁ)=(각 ㄷㅁㄹ)=180°−15°−120°=45°이므로

(각 ㄹㄷㅁ)=180°−45°−45°=90°입니다.

4 40°

삼각형 ㄹㄴㄷ은 이등변삼각형이므로 (각 ㄹㄴㄷ)=(각 ㄹㄷㄴ)=35°이고,

(각 ㄴㄹㄷ)=180°−35°−35°=110°, (각 ㄱㄹㄴ)=180°−110°=70°

삼각형 ㄱㄴㄹ은 이등변삼각형이므로 (각 ㄹㄱㄴ)=(각 ㄱㄹㄴ)=70°입니다.

따라서 (각 ㄱㄴㄹ)=180°−70°−70°=40°입니다.

5 16개

삼각형 1개로 만들어진 정삼각형: 12개

삼각형 4개로 만들어진 정삼각형: 4개

➡ (크고 작은 정삼각형의 수)=12+4=16(개)

서술형 **6** 115°

예 삼각형 ㄱㄴㄷ은 이등변삼각형이고 (각 ㄱㄴㄷ)=90°이므로

(각 ㄴㄱㄷ)=(각 ㄴㄷㄱ)=(180°−90°)÷2=45°입니다.

삼각형 ㄹㄴㄷ은 이등변삼각형이고 (각 ㄴㄹㄷ)=40°이므로

(각 ㄹㄴㄷ)=(각 ㄹㄷㄴ)=(180°−40°)÷2=70°입니다.

(각 ㅁㄷㄹ)=70°−45°=25°이므로 삼각형 ㄹㅁㄷ에서

(각 ㄹㅁㄷ)=180°−40°−25°=115°입니다.

채점 기준	배점
각 ㄴㄷㄱ과 각 ㄹㄷㄴ의 크기를 구했나요?	2점
각 ㅁㄷㄹ의 크기를 구했나요?	2점
각 ㄹㅁㄷ의 크기를 구했나요?	1점

7 45°

삼각형 ㅁㄱㄹ은 이등변삼각형이므로 (각 ㄱㅁㄹ)=(각 ㅁㄱㄹ)=75°,
(각 ㅁㄹㄱ)=180°−75°−75°=30°입니다.
(각 ㅁㄹㄷ)=30°+90°=120°이고 삼각형 ㄹㅁㄷ은 이등변삼각형이므로
(각 ㄹㅁㄷ)=(각 ㄹㄷㅁ)=(180°−120°)÷2=30°입니다.
따라서 (각 ㄱㅁㅂ)=75°−30°=45°입니다.

8 20°

삼각형 ㄱㄴㄷ은 이등변삼각형이므로 (각 ㄴㄷㄱ)=(180°−140°)÷2=20°
이등변삼각형 ㄱㄴㄹ과 이등변삼각형 ㄷㄴㅁ에서
(각 ㄱㄴㄹ)=(각 ㄷㄴㅁ)=(180°−20°)÷2=80°
(각 ㄱㄴㅁ)=(각 ㄱㄴㄷ)−(각 ㄷㄴㅁ)=140°−80°=60°
➡ (각 ㅁㄴㄹ)=(각 ㄱㄴㄹ)−(각 ㄱㄴㅁ)=80°−60°=20°

서술형**9** 66 cm

㉣ 정삼각형이 1개일 때 둘레는 3×3=9(cm), 정삼각형이 2개일 때 생기는 도형의 둘레는 3×4=12(cm), 정삼각형이 3개일 때 생기는 도형의 둘레는 3×5=15(cm), 정삼각형이 4개일 때 생기는 도형의 둘레는 3×6=18(cm)입니다.
따라서 정삼각형 20개를 이어 붙였을 때 생기는 도형의 둘레는 3×22=66(cm)입니다.

채점 기준	배점
정삼각형을 1개, 2개, 3개, 4개 이어 붙였을 때 생기는 도형의 둘레를 구했나요?	3점
정삼각형을 20개 이어 붙였을 때 생기는 도형의 둘레를 구했나요?	2점

10 30°

삼각형 ㄹㄴㅁ에서 (각 ㄴㄹㅁ)=180°−60°−90°=30°이고,
삼각형 ㅅㅂㄷ에서 (각 ㅂㅅㄷ)=180°−60°−90°=30°입니다.
(각 ㄱㄹㅅ)=(각 ㄱㅅㄹ)=180°−90°−30°=60°, (각 ㄹㄱㅅ)=60°이므로
삼각형 ㄱㄹㅅ은 정삼각형입니다.
(각 ㄱㄹㅁ)=90°+60°=150°이고, (변 ㄱㄹ)=(변 ㄹㅅ)=(변 ㄹㅁ)이므로
삼각형 ㄱㄹㅁ은 이등변삼각형이고 (각 ㄹㄱㅁ)=(180°−150°)÷2=15°입니다.
같은 방법으로 (각 ㅅㄱㅂ)=15°입니다.
따라서 ㉠=60°−15°−15°=30°입니다.

3 소수의 덧셈과 뺄셈

1 3.396

34.87보다 0.91 작은 수는 34.87−0.91=33.96입니다.

33.96은 어떤 수의 10배인 수이므로 어떤 수는 33.96의 $\frac{1}{10}$ 인 수입니다.

따라서 어떤 수는 3.396입니다.

2 6 m

(칠판의 세로)=1.68−0.79=0.89(m)

(칠판의 둘레)=1.68+0.89+1.68+0.89=5.14(m)

➡ (처음에 있던 리본의 길이)=(칠판의 둘레)+(남은 리본의 길이)

$\qquad\qquad\qquad\qquad\qquad$ =5.14+0.86=6(m)

3 32.63

어떤 수를 □라 하면 □−8.36=15.91, □=15.91+8.36=24.27

따라서 바르게 계산하면 24.27+8.36=32.63입니다.

4 51.47

50에 가까운 소수 두 자리 수를 만들려면 십의 자리에 4 또는 5를 놓아야 합니다.

십의 자리가 4인 소수 두 자리 수 중에서 50에 가장 가까운 수는 47.51이고,

십의 자리가 5인 소수 두 자리 수 중에서 50에 가장 가까운 수는 51.47입니다.

50−47.51=2.49, 51.47−50=1.47이고, 2.49>1.47이므로

만들 수 있는 소수 두 자리 수 중에서 50에 가장 가까운 수는 51.47입니다.

5 0, 0, 9

63.□4<63.□82<63.0□1이고 63.0□1의 소수 첫째 자리 수가 0이므로 63.□4와

63.□82의 □ 안에 0이 들어가야 합니다. ➡ 63.04, 63.082

63.082<63.0□1에서 두 수는 십의 자리부터 소수 첫째 자리 수는 같고 소수 셋째 자

리 수가 2>1이므로 □ 안에 9가 들어가야 합니다. ➡ 63.091

따라서 □ 안에 알맞은 수를 차례로 쓰면 0, 0, 9입니다.

6 1.939

<를 =로 놓고 계산하면 3.73+4.59=10.26−□, 8.32=10.26−□

➡ □=10.26−8.32=1.94

따라서 □ 안에 들어갈 수 있는 수는 1.94보다 작은 수이므로 □ 안에 들어갈 수 있는

가장 큰 소수 세 자리 수는 1.939입니다.

7 0.14 kg

(물 $\frac{1}{4}$ 만큼의 무게)

=(물이 가득 들어 있는 병의 무게)−(물을 $\frac{1}{4}$ 만큼 마신 후 병의 무게)

=0.9−0.71=0.19(kg)

(물 전체의 무게)＝0.19＋0.19＋0.19＋0.19＝0.76(kg)

➡ (빈 병의 무게)＝(물이 가득 들어 있는 병의 무게)－(물 전체의 무게)
＝0.9－0.76＝0.14(kg)

8 254

두 소수 중에서 큰 수를 ㉠, 작은 수를 ㉡이라고 하면

㉠＋㉡＝7.96, ㉠－㉡＝2.88입니다.

두 식을 더하면 (㉠＋㉡)＋(㉠－㉡)＝7.96＋2.88＝10.84, ㉠＋㉠＝10.84

10.84＝5.42＋5.42이므로 ㉠＝5.42입니다.

㉠＋㉡＝7.96에서 5.42＋㉡＝7.96, ㉡＝7.96－5.42＝2.54

따라서 작은 수는 2.54이므로 2.54의 100배인 수는 254입니다.

9 ㉠ 6.32 ㉡ 6.44
㉢ 6.56

눈금 한 칸의 크기를 ▪라 하면 ㉠＝6.2＋▪, ㉡＝6.2＋▪＋▪,

㉢＝6.2＋▪＋▪＋▪입니다.

㉡＋㉢＝6.2＋㉠＋0.48에서

(6.2＋▪＋▪)＋(6.2＋▪＋▪＋▪)＝6.2＋(6.2＋▪)＋0.48,

▪＋▪＋▪＋▪＝0.48입니다.

0.48＝0.12＋0.12＋0.12＋0.12이므로 ▪＝0.12입니다.

따라서 ㉠＝6.2＋0.12＝6.32, ㉡＝6.32＋0.12＝6.44, ㉢＝6.44＋0.12＝6.56
입니다.

다시 푸는
MATH
MASTER

1 7.36

□ 안에 알맞은 수는 7.3에서 0.02씩 3번 뛰어서 센 수입니다.

➡ 7.3 → 7.32 → 7.34 → 7.36

따라서 □ 안에 알맞은 수는 7.36입니다.

2 2590

어떤 수의 $\frac{1}{10}$인 수가 2.59이므로 어떤 수는 2.59의 10배인 25.9입니다.

따라서 25.9의 100배인 수는 2590입니다.

3 0. 1

6.34＋1.87＝8.21이므로 8.21＞8.□2입니다.

일의 자리 수가 같고 소수 둘째 자리 수가 1＜2이므로 □ 안에는 2보다 작은 수가 들어
갑니다.

따라서 □ 안에는 0, 1이 들어갈 수 있습니다.

4 9, 8, 7, 4, 5, 6 / 5.31

차가 가장 큰 뺄셈식을 만들려면 빼어지는 수에는 높은 자리부터 큰 수를 차례로 써넣고, 빼는 수에는 높은 자리부터 작은 수를 써넣습니다.
따라서 차가 가장 큰 뺄셈식은 $9.87-4.56$입니다.
➡ $9.87-4.56=5.31$

5 0.36 km

(놀이터에서 학원까지의 거리)$=1.25+0.96-1.54=0.67$(km)
(학교에서 놀이터까지의 거리)$=1.54-0.27-0.96=0.31$(km)
따라서 놀이터에서 학원까지의 거리는 학교에서 놀이터까지의 거리보다
$0.67-0.31=0.36$(km) 더 멉니다.

서술형 **6** 1.31 kg

㉎ 상자의 무게가 2.84 kg이므로 지유의 몸무게는 $33.71-2.84=30.87$ (kg)입니다.
지유의 몸무게가 30.87 kg이므로 가방의 무게는 $32.18-30.87=1.31$ (kg)입니다.

채점 기준	배점
지유의 몸무게를 구했나요?	2점
가방의 무게를 구했나요?	3점

7 5.281

㉠에서 일의 자리 수는 5이고, 소수 첫째 자리 수는 2, 3이 될 수 있습니다.
➡ 5.□□□
㉡에서 (소수 둘째 자리 수)$=$(소수 첫째 자리 수)$\times4$이므로
소수 첫째 자리 수는 2이고, 소수 둘째 자리 수는 $2\times4=8$입니다. ➡ 5.28□
㉢에서 소수 셋째 자리 수는 1입니다. ➡ 5.281

8 0.012 m

첫 번째로 튀어 오른 높이는 120 m의 $\frac{1}{10}$인 12 m입니다.

두 번째로 튀어 오른 높이는 12 m의 $\frac{1}{10}$인 1.2 m입니다.

세 번째로 튀어 오른 높이는 1.2 m의 $\frac{1}{10}$인 0.12 m입니다.

네 번째로 튀어 오른 높이는 0.12 m의 $\frac{1}{10}$인 0.012 m입니다.

서술형 **9** 8.26 km

㉎ 12분$+$12분$+$12분$+$12분$+$12분$=$60분$=$1시간이므로
윤아가 1시간 동안 간 거리는 $0.86+0.86+0.86+0.86+0.86=4.3$(km)입니다.
30분$+$30분$=$60분$=$1시간이므로
정훈이가 1시간 동안 간 거리는 $1.98+1.98=3.96$(km)입니다.
따라서 윤아와 정훈이가 1시간 동안 서로 반대 방향으로 직선 거리를 간다면
두 사람 사이의 거리는 $4.3+3.96=8.26$(km)입니다.

채점 기준	배점
윤아와 정훈이가 각각 1시간 동안 간 거리를 구했나요?	3점
1시간 후 윤아와 정훈이 사이의 거리를 구했나요?	2점

10 32.74

$$
\begin{array}{r}
\ \ \bigcirc\ \ \bigcirc\ \ \bigcirc\ \ \textcircled{=} \\
-\quad\ \ \bigcirc\ \ \bigcirc.\bigcirc\ \ \textcircled{=} \\
\hline
3\ \ 2\ \ 4\ \ 1.2\ \ 6
\end{array}
$$

$10-\textcircled{=}=6$에서 $\textcircled{=}=4$

$10-1-\bigcirc=2$에서 $\bigcirc=7$

$4-1-\bigcirc=1$에서 $\bigcirc=2$

$7-\bigcirc=4$에서 $\bigcirc=3$

따라서 어떤 소수는 32.74입니다.

4 사각형

1 14 cm

(나의 한 변의 길이)=(변 ㄱㄴ과 변 ㄷㄹ 사이의 거리)−(가의 한 변의 길이)

$\qquad\qquad\qquad =56-35=21$(cm)

➡ (다의 한 변의 길이)=(가의 한 변의 길이)−(나의 한 변의 길이)

$\qquad\qquad\qquad =35-21=14$(cm)

2 60°

한 직선이 이루는 각의 크기는 180°이므로

$\bigcirc=180°-150°=30°$이고

직선 가와 직선 다가 90°로 만나므로 $\bigcirc=90°-30°=60°$입니다.

3 ㉠ 75° ㉡ 105°

평행선과 한 직선이 만날 때 생기는 엇갈린 위치에 있는 각의 크기는 같으므로

$㉠+㉡=180°$입니다.

㉠과 ㉡의 합이 180°이고 차가 30°이므로 알맞은 두 각도는 105°, 75°입니다.

➡ ㉠은 예각이고 ㉡은 둔각이므로 $㉠=75°$, $㉡=105°$입니다.

4 45°

점 ㄱ에서 직선 나에 수직인 직선을 그어 만나는

점을 점 ㄴ이라 하면 $㉢=90°$이고, 한 직선이 이루는 각의 크기는

180°이므로 $㉡=180°-90°-25°=65°$입니다.

사각형의 네 각의 크기의 합은 360°이므로

ㄹ＝360°－65°－90°－70°＝135°입니다.
따라서 ㉠＝180°－135°＝45°입니다.

5 ㉠ 65° ㉡ 115°

직사각형 모양의 종이를 접었을 때 생기는 접은 각과
접힌 각의 크기는 같으므로 ㉠＝㉢＝(180°－50°)÷2＝65°입니다.
사각형의 네 각의 크기의 합은 360°이므로
㉡＝360°－90°－65°－90°＝115°입니다.

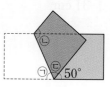

6 36개

사각형 1개짜리: 1개, 사각형 2개짜리: 4개, 사각형 3개짜리: 4개,
사각형 4개짜리: 6개, 사각형 5개짜리: 1개, 사각형 6개짜리: 8개,
사각형 8개짜리: 4개, 사각형 9개짜리: 3개, 사각형 10개짜리: 2개,
사각형 12개짜리: 2개, 사각형 15개짜리: 1개
➡ 1＋4＋4＋6＋1＋8＋4＋3＋2＋2＋1＝36(개)

7 24 cm

(변 ㄱㄹ의 길이)＝3＋10＝13 (cm)이므로
정사각형 ㄱㄴㄷㄹ의 둘레는 13＋13＋13＋13＝52 (cm)입니다.
(변 ㅂㅈ의 길이)＝10－3＝7 (cm)이므로
정사각형 ㅂㅅㅇㅈ의 둘레는 7＋7＋7＋7＝28 (cm)입니다.
따라서 정사각형 ㄱㄴㄷㄹ의 둘레와 정사각형 ㅂㅅㅇㅈ의 둘레의 차는
52－28＝24 (cm)입니다.

8 40°

삼각형의 세 각의 크기의 합은 180°이므로
삼각형 ㄹㄷㅁ에서 ㉡＝180°－70°－50°＝60°입니다.
한 직선이 이루는 각의 크기는 180°이므로
㉢＝180°－60°＝120°입니다.
평행사변형에서 마주 보는 두 각의 크기는 같으므로 ㉣＝㉢＝120°입니다.
삼각형의 세 각의 크기의 합은 180°이므로 삼각형 ㄱㄴㄹ에서
㉠＝180°－120°－20°＝40°입니다.

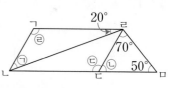

9 65°

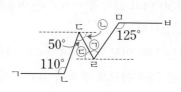

선분 ㄱㄴ에 평행하고 점 ㄷ과 점 ㄹ을 지나는 직선을
각각 그어 봅니다.
평행선과 한 직선이 만날 때 생기는 엇갈린 위치에 있는
각의 크기는 같으므로 50°＋㉡＝110°, ㉡＝60°입니다.
➡ ㉢＝㉡＝60°
평행선과 한 직선이 만날 때 생기는 엇갈린 위치에 있는 각의 크기는 같으므로
㉠＋㉢＝125°, ㉠＋60°＝125°, ㉠＝65°입니다.

1 31 cm

(직선 가와 직선 나 사이의 거리)=15 cm
(직선 나와 직선 다 사이의 거리)=16 cm
➡ (직선 가와 직선 다 사이의 거리)=15+16=31 (cm)

2 125°

한 직선이 이루는 각의 크기는 180°이므로
ⓛ=180°−100°=80°, ⓔ=180°−135°=45°입니다.
평행선과 한 직선이 만날 때 생기는 반대쪽 각의 크기는
서로 같으므로 ⓒ=ⓛ=80°입니다.
삼각형의 세 각의 크기의 합은 180°이므로
ⓜ=180°−45°−80°=55°입니다.
한 직선이 이루는 각의 크기는 180°이므로 ㉠=180°−55°=125°입니다.

3 110°

평행사변형 ㄱㄴㄷㅂ에서 이웃하는 두 각의 크기의 합은 180°이므로
(각 ㄴㄷㅂ)=180°−40°=140°입니다.
1바퀴가 이루는 각은 360°이므로 (각 ㅂㄷㄹ)=360°−150°−140°=70°입니다.
마름모 ㅂㄷㄹㅁ에서 이웃하는 두 각의 크기의 합은 180°이므로
㉠=180°−70°=110°입니다.

4 20°

마름모에서 이웃하는 두 각의 크기의 합은 180°이므로
(각 ㄴㅁㅂ)=(각 ㄴㄷㅂ)=180°−120°=60°입니다.
삼각형 ㅁㄴㅂ에서 (각 ㅁㄴㅂ)=180°−60°−70°=50°입니다.
따라서 (각 ㄷㄴㅂ)=(각 ㅁㄴㅂ)=50°이고 (각 ㄱㄴㄷ)=(각 ㄱㄹㄷ)=120°이므로
(각 ㄱㄴㅁ)=120°−50°−50°=20°입니다.

5 ㉠ 65° ㉡ 40°

삼각형 ㄱㄴㅁ은 이등변삼각형이므로 (각 ㄴㅁㄱ)=50°입니다.
평행선과 한 직선이 만날 때 생기는 엇갈린 위치에 있는 각의 크기는 서로 같으므로
(각 ㄹㄱㅁ)=(각 ㄱㅁㄴ)=50°이고 삼각형 ㄱㅁㄹ은 이등변삼각형이므로
㉠=(180°−50°)÷2=65°입니다.
한 직선이 이루는 각의 크기는 180°이므로 (각 ㄹㅁㄷ)=180°−50°−65°=65°이고,
삼각형의 세 각의 크기의 합은 180°이므로 삼각형 ㄹㅁㄷ에서
㉡=180°−65°−75°=40°입니다.

6 10 cm

(예) 평행사변형에서 마주 보는 변의 길이는 같으므로 (변 ㅁㄷ)=(변 ㄱㄴ)=8 cm이고,
삼각형 ㅁㄷㄹ은 이등변삼각형이므로 (변 ㄷㄹ)=(변 ㅁㄷ)=8 cm입니다.
(변 ㄴㄷ)=18−8=10 (cm)이고, 평행사변형에서 마주 보는 변의 길이는 같으므로
(변 ㄱㅁ)=(변 ㄴㄷ)=10 cm입니다.

채점 기준	배점
변 ㅁㄷ과 변 ㄷㄹ의 길이를 구했나요?	3점
변 ㄴㄷ과 변 ㄱㅁ의 길이를 구했나요?	2점

7 65°

평행선과 한 직선이 만날 때 생기는 엇갈린 위치에 있는 각의 크기는 같으므로
(각 ㄴㄷㄹ)=65°, ㉠=(각 ㅂㄹㄷ)입니다.
삼각형의 세 각의 크기의 합은 180°이므로 삼각형 ㄱㄷㄹ에서
(각 ㅂㄹㄷ)=180°−35°−65°=80°입니다.
➡ ㉠=(각 ㅂㄹㄷ)=80°
삼각형의 세 각의 크기의 합은 180°이므로 삼각형 ㅁㄷㄹ에서
㉡=180°−85°−80°=15°입니다.
따라서 ㉠−㉡=80°−15°=65°입니다.

8 115°

평행사변형에서 이웃하는 두 각의 크기의 합이 180°이므로
(각 ㄹㄱㄴ)=180°−115°=65°입니다.
사각형의 네 각의 크기의 합은 360°이고 (각 ㄱㅁㄴ)=(각 ㄱㅅㅂ)=90°이므로
(각 ㅅㅇㅁ)=360°−90°−65°−90°=115°입니다.
한 직선이 이루는 각의 크기는 180°이므로 (각 ㅁㅇㅂ)=180°−115°=65°,
(각 ㄴㅇㅂ)=180°−65°=115°입니다.

9 55°

직선 가와 직선 나에 평행한 직선을 그어 봅니다.
평행선과 한 직선이 만날 때 생기는 같은 위치에 있는 각의 크기는
같으므로
㉡=50°, ㉢=70°−㉡=70°−50°=20°,
한 직선이 이루는 각의 크기는 180°이므로
㉂=180°−145°=35°,
평행선과 한 직선이 만날 때 생기는 엇갈린 위치에 있는 각의 크기는 같으므로
㉃=㉂=35°, ㉣=㉢=20°입니다.
따라서 ㉠=㉣+㉃=20°+35°=55°입니다.

10 8개

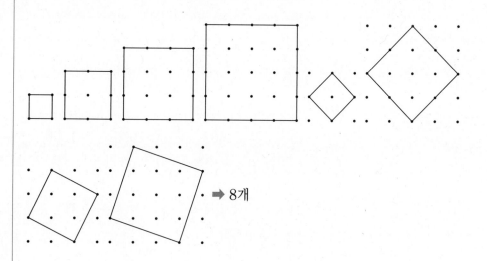

➡ 8개

5 꺾은선그래프

1 14만 병

세로 눈금 5칸의 크기가 10만 병이므로 세로 눈금 한 칸의 크기는 $10 \div 5 = 2$(만 병)입니다.

음료수 생산량이 가장 많은 때는 9월로 28만 병이고 가장 적은 때는 12월로 14만 병입니다.

➡ (음료수 생산량의 차)$= 28 - 14 = 14$(만 병)

2 9000000원

세로 눈금 5칸의 크기가 100권이므로 세로 눈금 한 칸의 크기는 $100 \div 5 = 20$(권)입니다.

(조사한 기간 동안의 책 판매량)$= 200 + 220 + 240 + 340 = 1000$(권)

➡ (조사한 기간 동안의 책 판매액)$= 9000 \times 1000 = 9000000$(원)

3 약 10 cm

세로 눈금 5칸의 크기가 5 cm이므로 세로 눈금 한 칸의 크기는 $5 \div 5 = 1$(cm)입니다.

10일에 잰 미나리의 키는 5 cm입니다.

16일에 잰 미나리의 키는 13 cm, 18일에 잰 미나리의 키는 17 cm이므로

17일에 잰 미나리의 키는 13 cm와 17 cm의 중간값인

약 $(13 + 17) \div 2 = 30 \div 2 = 15$(cm)입니다.

따라서 17일에 잰 미나리의 키는 10일에 잰 미나리의 키보다 약 $15 - 5 = 10$(cm) 늘었습니다.

4 풀이 참조

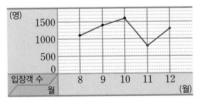

입장객 수

세로 눈금 5칸의 크기가 500명이므로 세로 눈금 한 칸의 크기는 $500 \div 5 = 100$(명)입니다.

8월부터 12월까지의 입장객 수는 모두 6200명이므로

(11월과 12월의 입장객 수)$= 6200 - 1100 - 1400 - 1600 = 2100$(명)

12월의 입장객 수를 □명이라 하면 11월의 입장객 수는 (□-500)명입니다.

(□-500)$+$□$= 2100$, □$+$□$= 2600$, □$= 1300$

따라서 12월의 입장객 수는 1300명, 11월의 입장객 수는 $1300 - 500 = 800$(명)입니다.

11월과 12월의 자료 값에 알맞게 점을 찍은 후 찍은 점들을 선분으로 차례로 연결하여 꺾은선그래프를 완성합니다.

5 18칸

세로 눈금 5칸의 크기가 50개이므로 세로 눈금 한 칸의 크기는 $50 \div 5 = 10$(개)입니다.
장난감 판매량이 가장 많은 때는 10월로 530개, 판매량이 가장 적은 때는 8월로 440개입니다.
(장난감 판매량의 차)=(10월의 장난감 판매량)−(8월의 장난감 판매량)
$$= 530 - 440 = 90(개)$$
따라서 세로 눈금 한 칸의 크기를 5개로 하여 꺾은선그래프를 다시 그리면 세로 눈금은 $90 \div 5 = 18$(칸) 차이가 납니다.

6 250명

세로 눈금 5칸의 크기가 50명이므로 세로 눈금 한 칸의 크기는 $50 \div 5 = 10$(명)입니다.
남학생 수와 여학생 수의 차가 가장 큰 해는 두 꺾은선 사이의 간격이 가장 큰 2016년입니다.
2016년의 남학생 수는 150명이고, 여학생 수는 100명이므로
(2016년의 전체 학생 수)$= 150 + 100 = 250$(명)입니다.

7 나 공장

왼쪽 꺾은선그래프는 세로 눈금 한 칸의 크기가 $50 \div 5 = 10$(개)이고,
오른쪽 꺾은선그래프는 세로 눈금 한 칸의 크기가 $200 \div 5 = 40$(개)입니다.
생산량이 가장 많은 달과 가장 적은 달의 생산량의 차를 각각 구하면
가 공장: $580 - 480 = 100$(개), 나 공장: $560 - 400 = 160$(개)
따라서 생산량이 가장 많은 달과 가장 적은 달의 생산량의 차가 더 큰 공장은 나 공장입니다.

8 20분

정민이는 출발하여 10분 동안 자전거를 타다가 그 후로는 걸어갔으므로 10분 후의 꺾은선그래프에서 정민이가 1분 동안 걷는 거리를 구합니다.
정민이는 $30 - 10 = 20$(분) 동안 $2000 - 1200 = 800$ (m)를 걸었으므로
(정민이가 1분 동안 걷는 거리)$= 800 \div 20 = 40$ (m)입니다.
따라서 정민이가 처음부터 걸어간다면 공원까지 가는 데 $2000 \div 40 = 50$(분)이 걸리므로 효주보다 $50 - 30 = 20$(분) 늦게 도착합니다.

다시 푸는
MATH MASTER

30~33쪽

1 목요일, 7200000원

전체 관람료가 늘어난 날은 꺾은선이 오른쪽 위로 올라간 때이므로 목요일입니다.
목요일은 수요일보다 $3000 - 2200 = 800$(명) 늘었으므로 전체 관람료는
$9000 \times 800 = 7200000$(원) 늘었습니다.

2 7분과 8분 사이, 16 L

그래프에서 선분의 기울어진 정도가 가장 심한 때를 찾으면 7분과 8분 사이입니다.
따라서 물을 가장 많이 담은 때는 7분과 8분 사이입니다.

세로 눈금 한 칸의 크기는 $20 \div 5 = 4$(L)이므로 7분과 8분 사이에 담은 물은
$4 \times 4 = 16$(L)입니다.

3 약 4 cm

9살인 해의 7월에 현희의 키는 124 cm와 130 cm의 중간값인
약 $(124+130) \div 2 = 127$(cm)이고,
경은이의 키는 130 cm와 132 cm의 중간값인 약 $(130+132) \div 2 = 131$(cm)입니다.
따라서 두 사람의 키의 차는 약 $131-127 = 4$(cm)입니다.

4 2번

두 그래프가 만나는 때를 찾아보면 가로 눈금이 11살과 12살 사이, 13살과 14살 사이
입니다. 따라서 두 사람의 몸무게가 같은 때는 모두 2번입니다.

5 300

세로 눈금 $5+8+12+9+6 = 40$(칸)이 800 MB를 나타내므로
세로 눈금 한 칸의 크기는 $800 \div 40 = 20$(MB)입니다.
따라서 ㉠ $= 20 \times 5 = 100$, ㉡ $= 20 \times 10 = 200$이므로
㉠ $+$ ㉡ $= 100+200 = 300$입니다.

6 오전 10시, 오후 1시, 오후 2시

교실과 운동장의 온도의 차가 0.2℃ 이하이려면 눈금 2칸이나 1칸 만큼 벌어져 있어야
합니다.
따라서 오전 10시, 오후 1시, 오후 2시입니다.

7 12분

㉎ 세로 눈금 5칸의 크기가 25 L이므로 세로 눈금 한 칸의 크기는 $25 \div 5 = 5$(L)입니다.
물을 담은 지 4분 후부터 수도꼭지를 2개로 하여 물을 담았습니다.
수도꼭지를 2개 사용하는 구간에서는 1분에 20 L씩 물이 찹니다.
물이 가득 차는 데까지 걸리는 시간은 $4+(200-40) \div 20 = 12$(분)입니다.

채점 기준	배점
수도꼭지 2개로 물을 담는 구간을 찾았나요?	1점
수도꼭지를 2개 사용하는 구간에서 물이 1분에 얼마만큼 차는지 구했나요?	2점
물이 가득 차는 데까지 걸리는 시간을 구했나요?	2점

8 풀이 참조

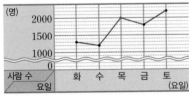

놀이공원에 방문한 사람의 수

금요일에 전날보다 줄어든 사람 수를 □명이라 하면 목요일에 전날보다 늘어난 사람 수
는 (□ $\times 4$)명입니다.
(□ $\times 4$) $-$ □ $= 1800-1200 = 600$, □ $\times 3 = 600$, □ $= 200$
➡ (목요일에 놀이공원에 방문한 사람 수)
  $= 1200+(200 \times 4) = 1200+800 = 2000$(명)

9 풀이 참조

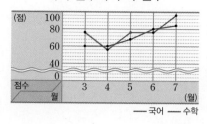

국어 점수와 수학 점수

(국어 점수의 합)=60+60+68+80+84=352(점)
(수학 점수의 합)=352+28=380(점)
(3월, 4월, 6월, 7월의 수학 점수의 합)=76+56+76+96=304(점)
➡ (5월의 수학 점수)=380−304=76(점)

10 680000원

왼쪽 꺾은선그래프에서 화요일의 빵 생산량은 1400개입니다.
오른쪽 막대그래프에서 화요일의 종류별 빵 생산량을 보면
빵 ㉠은 300개, 빵 ㉡은 450개, 빵 ㉢은 250개이므로
(화요일에 생산한 빵 ㉣의 개수)=1400−(300+450+250)=400(개)
따라서 화요일에 생산한 빵 ㉣을 판 금액은 모두 1700×400=680000(원)입니다.

6 다각형

1 6 cm

(정육각형의 여섯 변의 길이의 합)=10×6=60(cm)
따라서 정십오각형의 한 변의 길이는 60÷15=4(cm)이므로
한 변의 길이는 10−4=6(cm) 짧아집니다.

2 30 cm

합이 34이고 차가 14인 두 수를 알아봅니다.

두 수	27	26	25	24	23	22
	7	8	9	10	11	12
차	20	18	16	14	12	10

합이 34이고 차가 14인 두 수는 24와 10이므로
(선분 ㄴㄹ)=24 cm, (선분 ㄱㄷ)=10 cm입니다.
마름모의 한 대각선은 다른 대각선을 반으로 나누므로
(선분 ㄴㅁ)=24÷2=12(cm)이고,
(선분 ㄱㅁ)=10÷2=5(cm)입니다.
따라서 삼각형 ㄱㄴㅁ의 둘레는 13+12+5=30(cm)입니다.

3 13 cm

(큰 정사각형의 한 변의 길이)=(원의 지름)=26 cm
원의 지름과 선분 ㄱㄷ의 길이가 같고 선분 ㄱㄷ은 사각형 ㄱㄴㄷㄹ의 대각선입니다.

정사각형은 한 대각선이 다른 대각선을 반으로 나누므로
(선분 ㄱㅇ)=(선분 ㄱㄷ)÷2=26÷2=13(cm)입니다.

4 36°

정오각형은 삼각형 3개로 나눌 수 있으므로
(정오각형의 모든 각의 크기의 합)=180°×3=540°입니다.
정오각형은 모든 각의 크기가 같으므로
(정오각형의 한 각의 크기)=540°÷5=108°입니다.
정오각형의 모든 변의 길이는 같으므로 삼각형 ㄱㅁㄹ, 삼각형 ㄴㄷㄹ은 이등변삼각형
입니다.
(각 ㄱㄹㅁ)=(각 ㄴㄹㄷ)=(180°−108°)÷2=36°
➡ ㉠=108°−36°−36°=36°

5 132°

정오각형의 한 각의 크기는 (180°×3)÷5=108°이고,
정육각형의 한 각의 크기는 (360°×2)÷6=120°입니다.
1바퀴가 이루는 각은 360°이므로 ㉠=360°−108°−120°=132°입니다.

6 3가지

정삼각형 1개와 정사각형 1개를 이용하여 만들 수 있는 모양: 1가지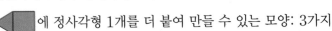

 에 정사각형 1개를 더 붙여 만들 수 있는 모양: 3가지

7 약 22

오른쪽 모양을 가와 마로 나누어 봅니다.
오른쪽 모양은 가 모양 조각 14개, 마 모양 조각
4개로 만든 모양이므로 오른쪽 모양의 크기는
약 1×14+2×4=14+8=22입니다.

(예)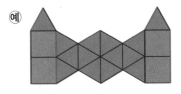

8 72 cm

(각 ㄹㅁㄷ)=180°−120°=60°
직사각형은 두 대각선의 길이가 같고 한 대각선이 다른 대각선을 반으로 나누므로
(선분 ㄹㅁ)=(선분 ㅁㄷ)=36÷2=18(cm)이고,
(각 ㅁㄹㄷ)=(각 ㅁㄷㄹ)=(180°−60°)÷2=60°입니다.
삼각형 ㄹㅁㄷ은 정삼각형이고 삼각형 ㄹㄷㅂ도 정삼각형이므로
(선분 ㄹㅁ)=(선분 ㅁㄷ)=(선분 ㄷㅂ)=(선분 ㅂㄹ)=18 cm입니다.
따라서 (사각형 ㄹㅁㄷㅂ의 둘레)=18+18+18+18=72(cm)입니다.

1 21°

마름모에서 이웃하는 두 각의 크기의 합이 180°이므로
(각 ㄹㅁㅅ)=180°−(각 ㅁㄹㅂ)=180°−150°=30°입니다.
정오각형의 한 각의 크기는 (180°×3)÷5=108°이므로 (각 ㄱㅁㄹ)=108°이고,
(각 ㄱㅁㅅ)=108°+30°=138°입니다.
변 ㄱㅁ의 길이와 변 ㅁㅅ의 길이가 같으므로 삼각형 ㄱㅁㅅ은 이등변삼각형입니다.
따라서 ㉠=(180°−138°)÷2=21°입니다.

2 41개

⟮예⟯ 정구각형에 그을 수 있는 대각선 수는 (9−3)×9÷2=27(개)입니다.
정칠각형에 그을 수 있는 대각선 수는 (7−3)×7÷2=14(개)입니다.
따라서 대각선 수의 합은 27+14=41(개)입니다.

채점 기준	배점
정구각형에 그을 수 있는 대각선 수를 구했나요?	2점
정칠각형에 그을 수 있는 대각선 수를 구했나요?	2점
대각선 수의 합을 구했나요?	1점

3 440°

보조선을 그으면 오른쪽 그림은 오각형이 됩니다.
◎=80°이므로 ㉫+㉬=㉮+㉯입니다.
㉠, ㉡, ㉢, ㉣, ㉤, ㉫, ㉬의 합은 ㉠, ㉡, ㉢, ㉣, ㉤, ㉮, ㉯의
합과 같으므로 오각형의 모든 각의 크기의 합과 같습니다.
따라서 오각형은 삼각형 3개로 나눌 수 있으므로
㉠, ㉡, ㉢, ㉣, ㉤, ㉫, ㉬의 합은 180°×3=540°이고,
㉫+㉬=180°−80°=100°이므로
(㉠, ㉡, ㉢, ㉣, ㉤의 합)
=(㉠, ㉡, ㉢, ㉣, ㉤, ㉫, ㉬의 합)−(㉫, ㉬의 합)=540°−100°=440°

4 35개

구하는 다각형의 변의 수를 □개라고 하면 다각형의 꼭짓점을 이어서 삼각형으로 나누면 생기는 삼각형은 (□−2)개입니다.
(□−2)×180°=1440°, □−2=8, □=10
따라서 십각형이므로 대각선의 수는 (10−3)×10÷2=35(개)입니다.

5 42 cm

마름모의 두 대각선은 수직으로 만나므로 (각 ㄴㅇㄱ)=90°,
삼각형 ㄱㄴㅇ에서 (각 ㄴㄱㅇ)=180°−30°−90°=60°입니다.
마름모는 네 변의 길이가 모두 같으므로 (변 ㄱㄴ)=(변 ㄴㄷ)입니다.
삼각형 ㄱㄴㄷ은 이등변삼각형이므로 (각 ㄴㄷㅇ)=(각 ㄴㄱㅇ)=60°,
(각 ㄱㄴㄷ)=180°−60°−60°=60°이므로 삼각형 ㄱㄴㄷ은 정삼각형입니다.
마름모의 한 대각선은 다른 대각선을 반으로 나누므로
(선분 ㄱㅇ)=(선분 ㄷㅇ)=7 cm이고,

(선분 ㄱㄷ)=7+7=14(cm)입니다.

➡ (선분 ㄱㄴ)=(선분 ㄴㄷ)=(선분 ㄱㄷ)=14 cm

따라서 (삼각형 ㄱㄴㄷ의 둘레)=14+14+14=42(cm)입니다.

6 정십일각형, 66 cm

꼭짓점의 개수를 □개라고 하면 대각선의 수는 44개이므로

(□-3)×□÷2=44, (□-3)×□=88

차가 3이고 곱이 88인 두 수를 찾으면

11-8=3, 8×11=88이므로 □=11

따라서 구하는 정다각형은 정십일각형이고,

둘레는 11×6=66(cm)입니다.

7 다

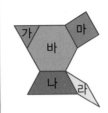

8 8개

사다리꼴로 주어진 정육각형을 만들려면
그림과 같이 8개 필요합니다.

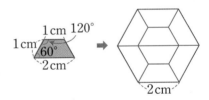

9 15개

둘레가 440 cm이므로 이어 붙인 도형의 변의 개수는 440÷10=44(개)입니다.
정육각형을 3개씩 묶어 변의 수의 규칙을 찾습니다.

  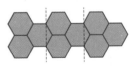

변의 수: 12개　　　12+8=20(개)　　　12+8+8=28(개)

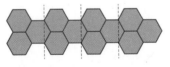　　　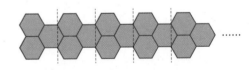

12+8+8+8=36(개)　　　12+8+8+8+8=44(개)

따라서 이어 붙인 도형의 둘레가 440 cm일 때 이어 붙인 정육각형의 개수는 15개입니다.

10 144°

정다각형이므로 (변 ㄱㄴ)=(변 ㄴㄷ)=(변 ㄷㄹ)=(변 ㄹㅁ),

(각 ㄱㄴㄷ)=(각 ㄴㄷㄹ)=(각 ㄷㄹㅁ)

삼각형 ㄴㄱㄷ, 삼각형 ㄹㄷㅁ은 이등변삼각형이므로

➡ (각 ㄴㄱㄷ)=(각 ㄴㄷㄱ)=(각 ㄹㄷㅁ)=(각 ㄹㅁㄷ)

각 ㄴㄱㄷ의 크기를 ㉠이라고 하면 (각 ㄱㄴㄷ)=180°−㉠−㉠,

(각 ㄴㄷㄹ)=㉠+108°+㉠

(각 ㄱㄴㄷ)=(각 ㄴㄷㄹ)이므로 180°−㉠−㉠=㉠+108°+㉠,

㉠+㉠+㉠+㉠=72°, ㉠×4=72° ➡ ㉠=18°

따라서 (각 ㄴㄷㄹ)=18°+108°+18°=144°이므로 정다각형의 한 각의 크기는 144°입니다.

상위권의 기준

최상위
수학

수학 좀 한다면

상위권의 기준

최상위
수학
S

수학 좀 한다면

한걸음 한걸음 디딤돌을 걷다 보면
수학이 완성됩니다.

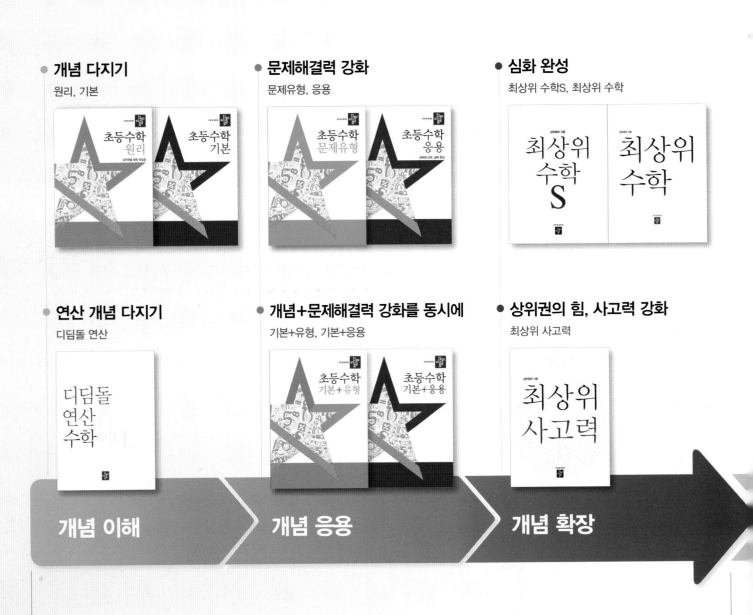

개념 다지기
원리, 기본

문제해결력 강화
문제유형, 응용

심화 완성
최상위 수학S, 최상위 수학

연산 개념 다지기
디딤돌 연산

개념+문제해결력 강화를 동시에
기본+유형, 기본+응용

상위권의 힘, 사고력 강화
최상위 사고력

개념 이해

개념 응용

개념 확장

학습 능력과 목표에 따라
맞춤형이 가능한 디딤돌 초등 수학